21世纪高等学校规划教材

概率论与数理统计

张雁芳　王刈禾　主编

刘洋洋　刘浪　副主编

人民邮电出版社

北京

图书在版编目（ＣＩＰ）数据

概率论与数理统计 / 张雁芳，王刘禾主编. -- 北京：
人民邮电出版社，2015.9
21世纪高等学校规划教材
ISBN 978-7-115-39940-3

Ⅰ．①概… Ⅱ．①张… ②王… Ⅲ．①概率论－高等
学校－教材②数理统计－高等学校－教材 Ⅳ．①021

中国版本图书馆CIP数据核字(2015)第182689号

内 容 提 要

本书以培养应用技术型人才为目标，以教育部高等学校教学指导委员会 2014 年数学课程教学要求为标准，借助大量实例系统讲解概率统计的基本概念、基本理论和基本计算方法，以增强学习的直观性和应用性，从而提高学生的学习兴趣和实际动手能力．本书前四章是概率论基本内容，在中学概率感性认识基础上进行系统、深入讲解，同时为数理统计准备必要的理论基础；后四章是在概率论基础上侧重分析如何用统计方法分析、解决带有随机性的实际问题．两部分内容配合紧密，每章还有大量习题作为正文的有机组成部分．本书可以作为应用技术型院校各类专业学生、自考生的概率统计教材，也可作为相关专业技术分析人员的自学或参考书．

◆ 主　　编　　张雁芳　　王刘禾
　　副 主 编　　刘洋洋　　刘　浪
　　责任编辑　　张孟玮
　　执行编辑　　李　召
　　责任印制　　沈　蓉　　彭志环
◆ 人民邮电出版社出版发行　　北京市丰台区成寿寺路 11 号
　　邮编　100164　　电子邮件　315@ptpress.com.cn
　　网址　http://www.ptpress.com.cn

◆ 开本：787×1092　1/16
　　印张：11.25　　　　　　　2015 年 9 月第 1 版
　　字数：262 千字　　　　　2015 年 9 月北京第 1 次印刷

定价：29.80 元
读者服务热线：(010)81055256　印装质量热线：(010)81055316
反盗版热线：(010)81055315

概率论与数理统计作为大学各专业都开设的一门基础学科，是数学类课程中应用性较强的一门课程，在自然科学、社会科学、工程技术、农业生产、医疗卫生等领域都有着广泛的应用. 这门学科的思维方式与传统的确定性数学的思维方式不太一样，它是建立在随机现象的统计规律上的，是寻找偶然中的必然，概率统计观念已成为现代观念的重要组成部分. 我国新课改从小学就开始了概率统计观念的教育，对随机现象的辨别和简单的分析，已成为绝大部分大一新生可以完成的事情，但是他们的认知基本还停留在感性认识阶段，对概率统计的基本理论、基本方法掌握不系统、不深入，没办法灵活应用. 而目前，高等教育领域有一大批普通本科高校将向应用技术型高校转型，对知识的应用提出了更高的要求，教育部高等学校数学课程教学指导委员会（以下简称数学教指委）也根据转型要求于 2014 年对《大学数学课程教学基本要求》进行了修订. 修订后的大纲更突出应用、淡化理论. 为做好基础教育和高等教育衔接，适应转型发展，本书作者严格按照数学教指委的要求，在自己多年的教学基础上，依据"理论够用、加强应用"的原则，为当前应用技术型人才培养提供参考教材.

本书依据 2014 版《大学数学课程教学基本要求》组织内容，着眼于系统介绍概率论与数理统计的基本思想、基本概念、基本理论和基本应用，让对概率统计有一定感性认识的学生形成系统观念；在内容设计上按照由简单到复杂、由特殊到一般的探索思路，逐步展开，借助大量实例揭示理论和概念的本质，同时在实例中进行应用示范，以开拓学生的思路与视野，培养学生转化知识进行应用的能力，在应用中进一步激发学生学习兴趣和热情. 在材料组织安排与例题的选配中，既考虑到为讲授者留有个人发挥的空间，又便于他们根据教学要求与学生情况对教材内容进行取舍.

本书可以作为应用技术型院校各类专业学生、自考生的概率统计教材，也可作为相关专业技术分析人员的自学或参考书. 讲授本书全部内容约 54 学时，其中概率论部分 26 学时，数理统计部分 28 学时.

本书主编为张雁芳、王刘禾，副主编为刘洋洋、刘浪.

本书编写过程中，得到了湖北文理学院及湖北文理学院理工学院有关领导和教师的支持与帮助，在此谨致谢意.

限于编者的水平和精力，书中难免存在错误和不妥之处，敬请广大读者批评指正.

编 者

2015 年 6 月

当今社会，是一个数据时代，人类与世界交流，数据是唯一的语言，小到工厂管理，大到科学研究，无不需要数据给我们指明前进的方向．数据能够帮助我们认识世界，做出决策和预测．概率统计作为数据分析的通用语言，成为数据时代预测未来的根基，也成为现代素养的一部分．

这样的结果应该是赌徒梅累当年没有预料到的．梅累当年向数学家帕斯卡求教，仅仅是为了解决赌局中赌资的分配问题，谁知道可怕的数学家们前仆后继把这个问题研究成了一种强大的工具，工程、经济、金融等各个领域随处可见它的身影．只要存在随机现象的地方就离不了概率统计．

历史上，早期的概率和统计几乎无太多关联，沿着各自的轨迹发展．赌徒之问引发了概率的研究，人口、兵力、文化水平等社会问题导致了统计的产生．回答赌徒之问的帕斯卡、费马、惠更斯被誉为概率论的创始人，开启用数学方法描述社会现象先河的政治经济学之父威廉·配第被马克思称为统计学创始人．帕斯卡、费马完整地解决了"分赌注问题"，并建立了概率论的一个基本概念——数学期望．拉普拉斯利用高等数学知识将古典概率向近代概率推进，他明确了概率的古典定义，引入了更有力的数学分析工具，并证明了"棣莫弗—拉普拉斯定理"，这是最早的中心极限定理．"如果我们能把一切事件永恒地观察下去，则我们终将发现：世间的一切事物都受到因果律的支配，而我们也注定会在种种极其纷纭杂乱的事象中认识到某种必然."写下这段话的伯努利发现了"大数定律"的极限定理，从而推动了概率统计的融合，被誉为概率论的奠基人．在帕斯卡、费马、惠更斯、拉普拉斯、泊松、高斯、柯尔莫哥洛夫、麦克斯韦、玻尔兹曼、吉布斯等一代又一代数学家继续努力下，概率统计由解决一个个问题逐渐发展为一门学科，成为联系宏观与微观的桥梁、确定性与不确定性的中介．现在，概率统计已经成为动力学、系统论、协同学等众多学科的重要组成部分，成为心理学等社会科学研究中的重要方法．

概率统计作为研究随机现象规律的学科，它为人们认识客观世界提供了重要的思维模式和解决问题的方法．实际上，概率和统计是这种工具的不同侧面，虽然它们之间有交融的部分．概率是概率论的简称，一般研究随机事件发生的可能性大小、统计独立性和更深层次上的规律性．统计，这里指的是数理统计，一般研究如何有效地收集、整理和分析受随机因素影响的数据，并对所考虑的问题做出推断或预测，为采取某种决策和行动提供依据或建议．统计推断以概率知识为基础，通过局部或部分推断整体．概率为统计学的发展提供了理论基础．

从方法论上讲，统计是推理，概率是归纳．通俗来讲，概率论研究的是一个白箱子，你知道这个箱子的构造（里面有几个红球、几个白球，也就是所谓的分布函数），然后计算下一个摸出来的球是红球的概率．而统计学面对的是一个黑箱子，你只看得到每次摸出来的是红球还是白球，然后需要猜测这个黑箱子的内部结构，例如红球和白球的比例是多少（参数估计）？能不能认为红球 40%，白球 60%（假设检验）？概率论中的许多定理与结论，如大数定律、中心极限定理等保证了统计推断的合理性. 做统计推断一般都需要对那个黑箱子做各种各样的假设，这些假设都是概率模型，统计推断实际上就是在估计这些模型的参数. 概率统计不仅是科学研究中具有重要意义的理论，也是一种具有普遍意义的思想方法. 大家在学习的时候，要真正理解各个公式背后的现实生活意义，能够用概率统计的方法解决一些实际问题.

在日常生活中，随机现象非常普遍，比如每期福利彩票的中奖号码．概率论与数理统计就是研究随机现象规律性的学科．从本章开始，将引入概率论的基本概念、基本性质，并逐步开展概率统计理论和方法的研究．

1.1　随机事件

1.1.1　随机试验、样本空间、事件

1. 随机试验

为了找到某种随机现象的规律，就需要对这种随机现象进行研究．研究的方法就是进行试验，一般是进行大量的试验，根据试验结果的统计规律，构造概率模型，作出客观、量化的判断．

这里的试验不同于物理、化学中的实验，这里的试验称为**随机试验**，主要目的是研究随机现象．具体来讲，所谓随机试验（random experiment，一般记为 E）是指满足下述条件的试验：

（1）试验在相同的条件下可以重复进行；

（2）每次试验可出现不同的结果，但最终出现哪种结果，试验之前不能确定；

（3）事先知道试验可能出现的全部结果．

【例 1.1】 随机试验的例子．

E_1：掷一枚匀称的骰子并观察顶面出现的点数．

E_2：抛一枚匀称的硬币 4 次，观察正面出现的次数．

E_3：抛一枚匀称的硬币 4 次，观察正反面出现的序列．

E_4：在一条生产线上制造零件，一天（24h）生产的次品零件的数目．

E_5：10 个零件含有 3 个次品，一个接一个（不放回）取出零件直至最后一个次品零件取出时，从这批零件中取出的零件总数．

E_6：制造零件直至 10 个正品生产出来时制造的零件总数．

E_7：生产一个灯泡，将它插入插座，记录直至灯灭所经过的时间（以小时计），即记录它的寿命．

E_8：向坐标平面区域 D：$x^2 + y^2 \leqslant 100$ 内随机投掷一点（假设点必落在 D 上），观察落点 M 的坐标．

E_9：测量某个零件的尺寸，观察测得的尺寸与规定尺寸的偏差 x（mm）．

2. 样本空间

定义 1.1 对我们所研究的每一个试验 E，我们定义 E 的一切可能结果的集合为它的**样本空间**（sample space），一般记为 Ω. 每一可能结果称为**样本点**（sample point），常记作 ω.

【例 1.2】给出例 1.1 中随机试验的样本空间，把试验 E_i 的样本空间记为 Ω_i.

$\Omega_1 = \{1, 2, 3, 4, 5, 6\}$.

$\Omega_2 = \{0, 1, 2, 3, 4\}$.

$\Omega_3 = \{$由 $a_1 a_2 a_3 a_4$ 组成的一切序列$\}$，这里每个 $a_1 = H$ 或 T 由第 i 次投掷时出现正面还是反面而定.

$\Omega_4 = \{0, 1, 2, \cdots, N\}$，这里 N 是在 24h 内能够生产零件的最大数目.

$\Omega_5 = \{3, 4, 5, 6, 7, 8, 9, 10\}$.

$\Omega_6 = \{10, 11, 12, \cdots\}$.

$\Omega_7 = \{t \mid t \geqslant 0\}$.

$\Omega_8 = \{(x, y) \mid x^2 + y^2 \leqslant 100\}$.

$\Omega_7 = \{x \mid a < x < b\}$.

样本点和样本空间是概率论中的两个基本概念. 随着对所讨论问题的兴趣不同，同一随机试验可以有不同的样本空间，如 E_2、E_3. 所以讨论问题前必须先确定相应的样本空间.

请注意，样本空间的样本点即试验的结果不一定是数. 样本空间的样本点的个数有 3 种情况：个数有限，如 $\Omega_1 \sim \Omega_5$；个数无穷多个但可数可列，如 Ω_6；个数无穷且不可数，如 $\Omega_7 \sim \Omega_9$.

3. 事件

样本空间的某些样本点组成的集合称为**随机事件**（random event），简称**事件**，一般用大写字母 A、B、C 等表示.

【例 1.3】按要求列出例 1.1 中随机试验对应的各个事件. 用 A_i 来表示相应于试验 E_i 的一个事件.

A_1：出现偶数点，即 $A_1 = \{2, 4, 6\}$.

A_2：出现两次正面，即 $A_2 = \{2\}$.

A_3：正面多于反面，即 $A_3 = \{HHHH, HHHT, HHTH, HTHH, THHH\}$.

A_4：全部是正品，即 $A_4 = \{0\}$.

A_5：取出的零件总数不多于 5 个，即 $A_5 = \{3, 4, 5\}$.

A_6：制造的零件总数不少于 12 个，即 $A_6 = \{12, 13, 14, \cdots\}$.

A_7：灯亮持续 12h 以上，即 $A_7 = \{t \mid t > 12\}$.

A_8：落在第一象限，即 $A_8 = \{(x, y) \mid x^2 + y^2 \leqslant 100$ 且 $x > 0, y > 0\}$.

A_9：偏差小于 0.1（mm），即 $A_9 = \{x \mid a < -0.1 < x < 0.1 < b\}$.

关于事件的定义，有以下几点说明.

（1）如果在一次试验中出现了某个样本点 ω，而 $\omega \in A$，则称事件 A 发生了.

（2）由样本空间 Ω 中的单个元素组成的子集称为基本事件.

（3）Ω 本身称为必然事件，空集 $\varnothing$ 称为不可能事件.

（4）当样本空间 Ω 是有限或可数可列时，每一个子集都可以看作是一个事件. 当 Ω 是无穷不可数时，不是每一个可能的子集都能作为一个事件，但一般不是事件的子集在实际中基本不会出现，所以在这里我们不必关心. 在此我们可以假定，我们所考虑的子集都是事件.

1.1.2　事件间关系与运算

假设以下讨论都是在同一样本空间 Ω 中进行的.

1. 事件的关系

（1）包含关系.

如果 B 中的样本点都是 A 中的样本点，则称 B 包含于 A，或称事件 A 包含 B，也称 B 为 A 的子事件，记作 $A \supset B$（或 $B \subset A$）. 用概率论语言描述：事件 B 的发生必然导致事件 A 发生.

$B \subset A$ 一个等价的说法为，如果事件 A 不发生，则事件 B 必然不发生.

为方便起见，规定对于任一事件 A，有 $\varnothing \subset A \subset \Omega$.

（2）相等关系.

若 $A \supset B$ 同时 $B \supset A$，则称事件 A 与 B 相等，记作 $A = B$.

（3）互不相容关系.

如果 A 与 B 没有相同的样本点，即 $AB = \varnothing$，则称 A 与 B 互不相容（或称为互斥）. 用概率论语言描述为：事件 A 与 B 不能同时发生，即若事件 A 发生，则事件 B 必然不发生，反之亦然. 但是，有可能事件 A 与 B 都不发生.

基本事件是两两互不相容的.

（4）互逆关系.

如果 A 与 B 互不相容且它们中必有一事件发生，即 $AB = \varnothing$ 且 $A \cup B = \Omega$，则称事件 A 与 B 是对立的（或互逆的），称事件 A 是事件 B 的对立事件（或逆事件）；同样，事件 B 也是事件 A 的对立事件（或逆事件），记为 $B = \overline{A}$ 或 $\overline{A} = B$.

对立事件必为互不相容事件，而互不相容事件未必是对立事件.

2. 事件间的运算

现在我们利用集合理论将已知的集合（即事件）A、B 通过各种运算以得到新的集合（事件）. 下面就来叙述它们.

（1）事件 A 与 B 的和（并），记作 $A + B$（也可记作 $A \cup B$），称为和事件.

其含义为"由事件 A 与 B 中所有样本点（相同的只计入一次）组成的新事件". 用概率论语言描述为事件 A 与 B 至少有一个发生.

（2）事件 A 与 B 的积（交），记作 AB（也可记作 $A \cap B$），称为积事件.

其含义为"由事件 A 与 B 中公共样本点组成的新事件". 用概率论语言描述为事件 A 与 B 同时发生.

（3）事件 A 与 B 的差，记作作 $A - B$，称为差事件.

其含义为"由在事件 A 中而不在 B 中的样本点组成的新事件". 用概率论语言描述为事件 A 发生，但 B 不发生. 显然 $A - B = A\overline{B} = A - AB$.

（4）事件 A 的补运算，记作 $B = \overline{A}$，称为 A 的对立事件，或者 A 的**逆事件**.

其含义为"由在样本空间 Ω 中但不在事件 A 中的样本点组成的新事件 B",即 $AB=\varnothing$ 且 $A+B=\Omega$. 用概率论语言描述为事件 A 不发生.

3. 事件运算的性质

事件的关系与运算满足集合论中有关集合运算的一切性质.

（1）**交换律**：$A+B=B+A$，$AB=BA$.

（2）**结合律**：$(A+B)+C=A+(B+C)$，$(AB)C=A(BC)$.

（3）**等幂律**：$A+A=A$，$AA=A$.

（4）**吸收律**：若 $A\subset B$，则 $AB=A$，$A+B=B$.

（5）**分配律**：$(A+B)C=AC+BC$，$(AB)+C=(A+C)(B+C)$.

（6）**德·摩根（De Morgan）律**：$\overline{A+B}=\overline{A}\,\overline{B}$，$\overline{AB}=\overline{A}+\overline{B}$.

对于多个事件，甚至对于无限可列个事件，德·摩根律也成立. 用概率论语言描述为任意多个事件至少有一个发生的反面是这些事件都不发生；任意多个事件都发生的反面是这些事件中至少有一个不发生.

从集合角度讲，任意一个事件都是样本空间的一个子集，事件之间的关系我们也可以借助 Venn 图来理解. 事件既可以用语言描述，也可以用集合表示，读者要学会把集合论的写法与事件运算的有关意义互相翻译，要学会利用事件的运算把复杂事件分解成简单事件.

【例 1.4】 若 A、B、C 是某个随机试验的三个事件，则

｛事件 A 发生而 B 与 C 都不发生｝表示为 $A\overline{B}\overline{C}$ 或 $A-B-C$ 或 $A-(B+C)$；

｛事件 A 与 B 都发生而 C 不发生｝表示为 $AB\overline{C}$ 或 $AB-C$ 或 $AB-ABC$；

｛A、B、C 三个事件都发生｝表示为 ABC；

｛A、B、C 三个事件恰好发生一个｝表示为 $A\overline{B}\overline{C}+\overline{A}B\overline{C}+\overline{A}\overline{B}C$；

｛A、B、C 三个事件恰好发生两个｝表示为 $AB\overline{C}+A\overline{B}C+\overline{A}BC$；

｛A、B、C 三个事件至少发生一个｝表示为 $A+B+C$ 或 $A\overline{B}\overline{C}+\overline{A}B\overline{C}+\overline{A}\overline{B}C+ABC+AB\overline{C}+A\overline{B}C+\overline{A}BC$.

【例 1.5】 一电路系统由元件 A 与 B 并联所得的线路再与元件 C 串联而成（如图 1.1 所示）. 若以 A、B、C 表示相应元件能正常工作的事件，那么事件 $W=\{$系统能正常工作$\}=\{$元件 A 与 B 至少一个能正常工作并且 C 能正常工作$\}=(A+B)C$ 或者 $AC+BC$.

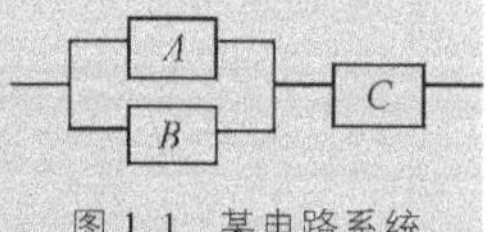

图 1.1 某电路系统

在此题中可以利用电路的相关知识来验证德·摩根律：

$$\overline{W}=\overline{(A+B)C}=\overline{C}+\overline{(A+B)}=\overline{C}+(\overline{A}\,\overline{B}).$$

本书所讨论的试验的一个基本特征是在进行试验之前我们不知道哪个结果会发生. 也就是说，如果 A 是相应于某一试验的一个事件，那么我们不能断言 A 将发生还是不发生. 因此很重要的一个问题是尝试把事件 A 与一个数联系，这个数在某种意义上能量度出事件 A 发生的可能性大小，这个目的引导我们得到概率理论.

1.2 古典概型与概率

事件发生（出现）可能性大小是用概率来描述的. 概率的概念是逐步形成和完善起来

的. 最初人们讨论的是古典概型试验中事件发生的概率, 即古典概率.

1.2.1 古典概型、 随机抽球问题

1. 古典概型

所谓**古典概型**是指样本空间中的样本点的个数是有限的且每个样本点（组成的基本事件）发生的可能性是相同的, 简称为有限性与等可能性. 对于古典概型试验, 概率定义如下.

定义 1.2 设试验 E 是古典概型的, 其样本空间 $\Omega = \{\omega_1, \omega_2, \cdots, \omega_n\}$. 若事件 A 由 k 个样本点组成, 则定义 A（发生）的概率为 $\dfrac{k}{n}$, 记为 $P(A)$, 即

$$P(A) = \frac{A \text{ 中样本点数}}{\Omega \text{ 中样本点数}} = \frac{k}{n},$$

并称这样定义的概率为**古典概率**, 称概率这样的定义为古典定义.

显然, 古典概率的计算要借助加法原理、乘法原理以及排列与组合的相关知识得出 k 和 n, 进而求得相应概率.

根据定义可得古典概率满足以下 3 个性质.

（1） 对任意事件 A, 有 $0 \leqslant P(A) \leqslant 1$.

（2） $P(\Omega) = 1$.

（3） 设 $A_1, A_2, \cdots, A_m$ 为两两互斥的 m 个事件, 则 $P(\bigcup_{i=1}^{m} A_i) = \sum_{i=1}^{m} P(A_i)$.

这三条分别称为概率的有界性、规范性与有限可加性.

下面讨论几种常见的古典概型计算及其应用.

2. 随机抽球问题

随机抽球问题是概率论中第一种典型的古典概型. 我们先讨论一个相对比较简单的抽球问题.

【例 1.6】 一口袋装有 6 只球, 其中 4 只黑球、2 只红球. 从袋中取球两次, 每次随机地取一只. 考虑两种取球方式：（a） 第一次取一只球, 观察其颜色后放回袋中, 搅匀后再取一球. 这种取球方式叫作**放回抽样**. （b） 第一次取一球不放回袋中, 第二次从剩余的球中再取一球. 这种取球方式叫作**不放回抽样**. 试分别就上面两种情况求：

（1） 取到的两只球都是黑球的概率.

（2） 取到的两只球颜色相同的概率.

（3） 取到的两只球中至少有一只是黑球的概率.

解 设 $A = \{$取到的两只球都是黑球$\}$, $B = \{$取到的两只球都是红球$\}$, $C = \{$取到的两只球中至少有一只是黑球$\}$. 易知 $\{$取到两只颜色相同的球$\} = A + B$.

在袋中分两次取两只球, 每一种取法为一个基本事件, 显然此时样本空间中仅包含有限个元素, 且由对称性知每个基本事件发生的可能性相同, 因而可利用古典定义来计算事件的概率.

（a） 放回抽样的情况.

第一次从袋中取球有 6 只球可供抽取, 第二次也有 6 只球可供抽取. 由乘法原理知, 共有 6×6 种取法. 即样本空间中元素总数为 6×6. 对于事件 A 而言, 由于第一次有 4 只黑

球可供抽取，第二次也有 4 只黑球可供抽取，由乘法原理共有 4×4 种取法，即 A 中包含 4×4 个元素．同理，B 中包含 2×2 个元素．于是

$$P(A) = \frac{4 \times 4}{6 \times 6} = \frac{4}{9}; \quad P(B) = \frac{2 \times 2}{6 \times 6} = \frac{1}{9}.$$

由于 $AB = \varnothing$，得

$$P(A + B) = P(A) + P(B) = \frac{4}{9} + \frac{1}{9} = \frac{5}{9},$$

$$P(C) = P(\bar{B}) = 1 - P(B) = \frac{8}{9}.$$

（b）不放回抽样的情况，由读者自己完成．

【例 1.7】 袋中有 a 只黑球，b 只红球，k 个人依次在袋中取一只球，（1）作放回抽样；（2）作不放回抽样，求第 $i(i = 1, 2, \cdots, k)$ 人取到黑球（记为事件 B）的概率 $(k \leqslant a + b)$．

解　（1）放回抽样的情况，显然有

$$P(B) = \frac{a}{a + b}.$$

（2）不放回抽样的情况．各人取一只球，每种取法是一个基本事件，共有 $(a+b)(a+b-1)\cdots(a+b-k+1) = A_{a+b}^{k}$ 个基本事件，且由于对称性知每个基本事件发生的可能性相同．当事件 B 发生时，第 i 人取的应是黑球，它可以是 a 只黑球中的任一只，有 a 种取法．其余被取的 $k-1$ 只球可以是其余 $a+b-1$ 只球中的任意 $k-1$ 只，共有 $(a+b-1)(a+b-2)\cdots[a+b-1-(k-1)+1] = A_{a+b-1}^{k-1}$ 种取法，于是 B 中包含 $a \cdot A_{a+b-1}^{k-1}$ 个基本事件，故由定义 1.2 得

$$P(B) = a \cdot A_{a+b-1}^{k-1} / A_{a+b}^{k} = \frac{a}{a + b}.$$

值得注意的是 $P(B)$ 与 i 无关，即 k 个人取球，尽管取球的先后次序不同，各人取到黑球的概率是一样的，大家机会相同（例如在购买福利彩票时，各人得奖的机会是一样的）．另外，还值得注意的是放回抽样的情况与不放回抽样的情况下 $P(B)$ 是一样的．

【例 1.8】 设袋中有 N 个红球，M 个黑球，现有放回地从袋中摸球，求：

（1）在 n 次摸球中恰好摸到 $k(k \leqslant n)$ 个黑球的概率．

（2）第 k 次才摸到黑球的概率．

（3）如果摸球是不放回的，求在 n 次摸球中恰好摸到 $k(k = 0, 1, 2, \cdots, \min(M, n))$ 个黑球的概率．

解　（1）由于袋中有 $N + M$ 个球，且摸球是有放回的，故每次摸球都有 $N + M$ 种可能（这里设想球是编了号的，即是可辨的），设 A 表示事件"有放回地摸球，在 n 次摸球中恰好摸到 $k(k \leqslant n)$ 个黑球"，则

$$P(A) = \frac{C_n^k M^k N^{n-k}}{(N + M)^n} = C_n^k p^k (1 - p)^{n-k}, \quad k = 0, 1, 2, \cdots, n, \ \text{其中} \ p = \frac{M}{N + M}.$$

由于 $C_n^k p^k (1-p)^{n-k}$ 是二项展开式 $(p + 1 - p)^n = \sum_{k=0}^{\infty} C_n^k p^k (1-p)^{n-k}$ 的一般项，所以称 $C_n^k p^k (1-p)^{n-k}$ 为二项分布的概率公式．

（2）设 B 表示事件"有放回摸球中第 k 次才摸到黑球"，则

$$P(B)=\frac{MN^{k-1}}{(N+M)^k}=p(1-p)^{k-1},\ k=1,\ 2,\ \cdots,\ 其中\ p=\frac{M}{N+M}.$$

由于 $p(1-p)^{k-1}$ 是几何级数 $\sum\limits_{k=1}^{\infty}p(1-p)^{k-1}$ 的一般项，所以称 $p(1-p)^{k-1}$ 为几何分布的概率公式.

（3）设 C 表示事件"无放回地摸球，在 n 次摸球中恰好摸到 k 个黑球"，则

$$P(C)=\frac{C_M^k C_N^{n-k}}{C_{N+M}^n},\ k=0,\ 1,\ 2,\ \cdots,\ \min(n,\ M).$$

$\dfrac{C_M^k C_N^{n-k}}{C_{N+M}^n}$ 式即所谓**超几何分布的概率公式**.

二项分布模型和超几何分布模型最主要的区别在于是有放回抽样还是不放回抽样. 有放回抽样时，每次抽取的总体没有改变，因而每次抽到某物的概率都是相同的，可以看成是独立重复试验，此种抽样是二项分布模型；而不放回抽样，取出一个则总体中就少一个，因此每次取到某物的概率是不同的，此种抽样为超几何分布模型.

在实际中，产品的检验、疾病的抽查、农作物的选种等问题均可化为随机抽球问题. 如某人有 6 把钥匙，其中 3 把大门钥匙，但是他忘记了哪 3 把是大门钥匙，只好不放回随机试开，求他第 $k(1\leqslant k\leqslant 4)$ 次才打开大门的概率与在 3 次（试开）内打开大门的概率. 这个问题中如果把"钥匙"换成"球"，"大门钥匙"换成"黑球"，则问题就变成摸球问题，其中事件"第 $k(1\leqslant k\leqslant 4)$ 次才打开大门"变成"第 $k(1\leqslant k\leqslant 4)$ 次才摸到黑球"，事件"在 3 次（试开）内打开大门"变成事件"在前 3 次内摸到黑球". 我们选择抽球模型的目的在于使问题的数学意义更加突出，而不必过多地交待实际背景.

1.2.2　随机分球问题

"分球入盒"问题是概率论中另一种重要的古典概型. 实际中的投信、分配、住宿、不定方程的求解问题都与"分球入盒"问题具有相通之处.

【例 1.9】 将 n 只不同编号的球放入 $N(N\geqslant n)$ 个盒中，每球以相同的概率被放入盒中，每盒容纳球数不限，试求：

（1）恰有 n 个盒中各有一球的概率.

（2）n 个球都在一个盒中的概率.

（3）至少有 2 个球在同一个盒中的概率.

解　因为每个球有 N 种放法，n 个球有 N^n 种放法，即样本点总数为 N^n.

（1）设 A 表示事件"恰有 n 个盒中各有一球". N 个盒中有 n 个盒各有 1 个球，是哪 n 个盒子？可能是前 n 个，也可能是后 n 个，共有 C_N^n 种不同情形. 对于某种指定的情形（如前 n 个盒中各有 1 个球），第一个球有 n 种放法，第 2 个球有 $n-1$ 种放法，依此类推，第 n 个球有 1 种放法，再由排列组合的乘法原理知，A 中有 $C_N^n n!$ 个样本点，所以

$$P(A)=\frac{C_N^n n!}{N^n}.$$

（2）设 B 表示事件"n 个球都在一个盒中"，哪一个盒子？是 N 个之中的一个. 这有 C_N^1 种可能，即 B 中有 N 个样本点，所以

$$P(B) = \frac{N}{N^n} = \frac{1}{N^{n-1}}.$$

（3）设 C 表示事件"至少有 2 个球在同一个盒中"，显然，$C = \overline{A}$，所以

$$P(C) = 1 - \frac{C_N^n n!}{N^n}.$$

实际应用：假设每人的生日在一年 365 天中的任一天是等可能的，即都等于 $1/365$，那么随机选取 $n(n \leqslant 365)$ 个人，他们的生日各不相同的概率为

$$\frac{C_{365}^n n!}{365^n} = \frac{365 \cdot 364 \cdots (365 - n + 1)}{365^n},$$

那么，n 个人中至少有两个人生日相同的概率为

$$p = 1 - \frac{365 \cdot 364 \cdots (365 - n + 1)}{365^n}.$$

经计算可得表 1.1 的结果.

表 1.1　n 个人中至少有两个人生日相同的概率

n	20	23	30	40	50	64	100
p	0.411	0.507	0.706	0.891	0.970	0.997	0.9999997

从表 1.1 可看出，在仅有 64 人的班级里，"至少有两人生日相同"这一事件的概率与 1 相差无几，因此，如做调查的话，几乎总是会出现的. 读者不妨试一试.

【例 1.10】将 15 名新生随机地平均分配到 3 个班级中去，这 15 名新生中有 3 名是优秀生. 问：

（1）每一个班级各分配到一名优秀生的概率是多少？

（2）3 名优秀生分配在同一个班级的概率是多少？

解　15 名新生平均分配到 3 个班级中的分法总数为 $C_{15}^5 C_{10}^5 C_5^5 = \dfrac{15!}{5! \times 5! \times 5!}$，每一种分配法为一基本事件，且由对称性易知每个基本事件发生的可能性相同.

（1）将 3 名优秀生分配到 3 个班级使每个班级都有一名优秀生的分法共 $3!$ 种. 对于这每一种分法，其余 12 名新生平均分配到 3 个班级中的分法共有 $\dfrac{12!}{4! \times 4! \times 4!}$ 种. 因此，每一班级各分配到一名优秀生的分法共有 $\dfrac{3! \times 12!}{4! \times 4! \times 4!}$ 种. 于是，所求概率为

$$p_1 = \frac{3! \times 12!}{4! \times 4! \times 4!} \Big/ \frac{15!}{5! \times 5! \times 5!} = \frac{25}{91}.$$

（2）将 3 名优秀生分配在同一班级的分法共有 3 种. 对于这每一种分法，其余 12 名新生的分法（一个班级 2 名，另两个班级各 5 名）有 $12! / (2! \times 5! \times 5!)$ 种. 因此，3 名优秀生分配在同一班级的分法共有 $(3 \times 12!) / (2! \times 5! \times 5!)$ 种，于是，所求概率为

$$p_2 = \frac{3 \times 12!}{2! \times 5! \times 5!} \Big/ \frac{15!}{5! \times 5! \times 5!} = \frac{6}{91}.$$

"分球入盒"是应用非常广泛的一种古典概型，座位问题、下电梯问题等都可转化为分球入盒模型. 这里的球都是可辨的，还有球不可辨的情况下分球入盒问题，有兴趣的读

者可查阅相关参考资料.

1.3　概率的定义及性质

从例 1.1 可以看出，每个试验（本书中随机试验简称为试验）的每次试验结果都具有不确定性，事先都不能预测其结果，这反映了随机试验结果的出现具有偶然性；但如果进行大量重复试验，所出现结果又具有某种规律性，正是这种规律性使得在研究中有可能构造一个精确的数学模型，利用这个模型可以分析这个试验. 随机现象在大量试验中所呈现出的规律性，称为随机现象的**统计规律性**. 事实上，随机现象的统计规律是随机现象本质特征的一种反映，因此，我们可以通过研究随机现象的统计规律来揭示随机现象本质特征. 例如，检验从同一个工厂来的大量灯泡，那么大体上寿命超过 100h 的灯泡数目可以相当精确地预报出来.

1.3.1　概率的定义

从上节可以看出，古典概率的计算要求试验满足有限性与等可能性，这使得它在实际应用中受到了很大的限制，为此，人们根据随机现象的统计规律性引入了概率的统计定义. 例如，抛硬币试验. 重复地抛一枚匀称的硬币，虽然正面和反面会以几乎完全偶然的形式相继出现，但根据前人经验总结，在大量的抛掷以后出现正面和反面的比率将大致相等. 历史上有很多数学家做过抛硬币的试验. 表 1.2 就是几位数学家做试验的结果.

表 1.2　历史上掷均匀硬币的试验

试验者	试验次数	正面出现的次数	正面出现的频率
摩根	2048	1061	0.5181
蒲丰	4040	2048	0.5069
皮尔逊	12000	6019	0.5016
皮尔逊	24000	12012	0.5005
维尼	30000	14994	0.4998

由表 1.2 可以看出，试验中出现正面次数与抛硬币次数的比值随着试验次数越来越多时，越来越靠近 0.5，表现了很强的规律性.

1. 频率与概率

定义 1.3　在相同的条件下，重复进行了 n 次试验，在这 n 次试验中，事件 A 发生的次数 n_A 称为事件 A 发生的**频数**，比值 $\dfrac{n_A}{n}$ 称为事件 A 发生的频率（Frequency），并记为 $f_n(A)$，即 $f_n(A) = \dfrac{n_A}{n}$.

【例 1.11】掷一枚硬币 10 次，正面共出现 6 次，记 $A = \{$出现正面$\}$，则 $f_{10}(A) = \dfrac{3}{5}$.

【例 1.12】某人打靶 15 次，每次考查中靶环数，其中有 4 次中 8 环，记 $B = \{$中 8 环$\}$，则 $f_{15}(B) = \dfrac{4}{15}$.

随机现象的统计规律性表明，随着试验次数的增加，事件 A 出现的频率 $f_n(A)$ 会稳定在某一常数 p 附近，即频率的稳定值，这个频率的稳定值就是事件 A 发生的概率.

定义 1.4 设 E 是随机试验，Ω 是它的样本空间，A 为它的一个事件. 如果随着重复试验次数的增加，A 出现的频率在 0 与 1 之间某个数字 p 附近摆动，则定义 A 的概率为 p，记为 $P(A)$（显然 $P(A)$ 是一个集合函数），称这样定义的概率为**统计概率**，称概率的这样的定义为**统计定义**.

统计概率也有古典概率的 3 个性质，即有界性、规范性与有限可加性.

概率的统计定义对试验不作任何要求，它适合所有试验，也比较直观. 但是在数学上很不严密. 因为其依据是重复试验次数很多时频率呈现出的稳定性. 其中何谓"很多"？"摆动"如何理解？"p"如何确定？都没有严谨的说明.

人们又重新审视概率的这些定义，找出共同的本质的特征，给出了概率的公理化定义.

2. 概率的公理化定义

定义 1.5 设 E 是随机试验，Ω 是它的样本空间，A 为它的一个事件，定义一个实数值 $P(A)$ 满足：

（1）非负性：$P(A) \geqslant 0$；

（2）规范性：$P(\Omega) = 1$；

（3）可列可加性：若 A_1，A_2，$\cdots$ 两两互不相容，有

$$P\left(\bigcup_{i=1}^{\infty} A_i\right) = \sum_{i=1}^{\infty} P(A_i),$$

则称 **P（A）为事件 A 的概率**.

由概率的公理化定义知，概率是事件（集合）的映射，当这个映射能满足上述公理的三条，就被称为概率.

从古典定义到统计定义再到一般的公理化定义，揭示了一般的研究规律，从简单到复杂，从特殊到一般，从具体到抽象.

1.3.2 概率的性质

由概率的定义和事件之间的关系，可以推得概率的一些重要性质.

性质 1 $P(\varnothing) = 0$.

因为 $P(\Omega) = 1$，所以 $P(\varnothing) = 1 - P(\Omega) = 0$.

性质 2 （有限可加性） 若 A_1，A_2，$\cdots$，A_n 是两两互不相容的事件，则

$$P(A_1 + A_2 + \cdots + A_n) = P(A_1) + P(A_2) + \cdots + P(A_n).$$

上式称为概率的**有限可加性**.

性质 3 设 A_1、A_2 是两个事件，若 $A_1 \subset A_2$，则有

$$P(A_2 - A_1) = P(A_2) - P(A_1).$$

证 由 $A_1 \subset A_2$，知 $A_2 = A_1 + (A_2 - A_1)$，且 $A_1(A! - A_1) = \varnothing$，再由概率的有限可加性得 $P(A_2) = P(A_1) + P(A_2 - A_1)$，即

$$P(A_2 - A_1) = P(A_2) - P(A_1).$$

推论 1（单调性）　设 A_1、A_2 是两个事件，若 $A_1 \subset A_2$，则有 $P(A_2) \geqslant P(A_1)$.

证　由概率的非负性知 $P(A_2 - A_1) \geqslant 0$，所以有 $P(A_2) \geqslant P(A_1)$.

推论 2　对于任意一个事件 A，$P(A) \leqslant 1$.

证　因为 $A \subset \Omega$，所以 $P(A) \leqslant P(\Omega) = 1$.

性质 4（逆事件的概率）　对于任意一个事件 A，有

$$P(\bar{A}) = 1 - P(A).$$

证　因 $A + \bar{A} = \Omega$，且 $A\bar{A} = \varnothing$，于是 $1 = P(\Omega) = P(A + \bar{A}) = P(A) + P(\bar{A})$，所以

$$P(\bar{A}) = 1 - P(A).$$

性质 5　对于任意两事件 A_1、A_2，有

$$P(A_1 - A_2) = P(A_1) - P(A_1 A_2).$$

性质 6（加法公式）　对于任意两事件 A_1、A_2，有

$$P(A_1 + A_2) = P(A_1) + P(A_2) - P(A_1 A_2).$$

证　因 $A_1 + A_2 = A_1 + (A_2 - A_1 A_2)$，且 $A_1(A_2 - A_1 A_2) = \varnothing$，$A_1 A_2 \subset A_2$，由性质 2 和性质 3 得

$$P(A_1 + A_2) = P(A_1) + P(A_2 - A_1 A_2) = P(A_1) + P(A_2) - P(A_1 A_2).$$

此加法公式还能推广到多个事件的情况.

推论 3（半可加性）　对于任意两事件 A_1、A_2，有

$$P(A_1 + A_2) \leqslant P(A_1) + P(A_2).$$

【例 1.13】 设 A_1、A_2、A_3 为任意三个事件，则有
$$P(A_1 + A_2 + A_3) = P(A_1) + P(A_2) + P(A_3) - P(A_1 A_2) - P(A_1 A_3) - P(A_2 A_3) + P(A_1 A_2 A_3).$$

事实上：
$$P(A_1 + A_2 + A_3) = P(A_1 + A_2) + P(A_3) - P[(A_1 + A_2)A_3]$$
$$= P(A_1) + P(A_2) - P(A_1 A_2) + P(A_3) - [P(A_1 A_3) + P(A_2 A_3) - P(A_1 A_2 A_3)]$$
$$= P(A_1) + P(A_2) + P(A_3) - P(A_1 A_2) - P(A_1 A_3) - P(A_2 A_3) + P(A_1 A_2 A_3).$$

一般地，对于任意 n 个事件 $A_1, A_2, \cdots, A_n$，可以利用归纳法推出相应加法公式.

1.4　条件概率

1.4.1　条件概率的定义

条件概率是概率论中的一个重要而实用的概念. 它所考虑的是事件 B 已发生的条件下事件 A 发生的概率. 先举一个例子.

【例 1.14】 某个班级有学生 40 人，其中共青团员 15 人. 全班分成 4 个小组，第一小组有 10 人，其中共青团员 4 人. 如果要在班级内任选一人当学生代表，那么这个代表恰好在第一小组内的概率为 $\dfrac{10}{40} = \dfrac{1}{4}$. 现在要在班级中任选一个共青团员当学生代表，问这个代表恰好在第一小组内的概率是多少？大多数读者一定会立即算出这个概率是 4/15. 这两个概率不相同是容易理解的，因为在第二个问题里，任选一个学生必须是团员，这就比第一个问题多了一个"附加"条件. 如果我们记

$A=\{$在班内任选一个学生，该学生属于第一小组$\}$，

$B=\{$在班内任选一个学生，该学生是共青团员$\}$，

可以看到，在第一个问题里求得的是 $P(A)$，而在第二个问题里，是在"已知事件 B 发生"的附加条件下，求 A 发生的概率，这个概率称作是在 B 发生的条件下，A 发生的条件概率，并且记作 $P(A\mid B)$. 于是有

$$P(A\mid B)=\frac{4}{15}=\frac{\dfrac{4}{40}}{\dfrac{15}{40}}=\frac{P(AB)}{P(B)}.$$

我们把事件 B 已发生作为条件，在此条件下事件 A 发生的概率称为条件概率.

定义 1.6 设 A、B 是两个事件，且 $P(B)>0$，称

$$P(A\mid B)=\frac{P(AB)}{P(B)} \tag{1.4.1}$$

为在事件 B 发生的条件下事件 A 发生的**条件概率**（Conditional probability）.

不难验证，条件概率 $P(\cdot\mid B)$ 符合概率定义中的三个条件，即

（1）非负性：对于每一事件 A，有 $P(A\mid B)\geqslant 0$；

（2）规范性：对于必然事件 Ω，有 $P(\Omega\mid B)=1$；

（3）可列可加性：设 $A_1,A_2,\cdots,A_n,\cdots$ 是两两互不相容的事件，则有

$$P\left(\sum_{n=1}^{\infty}A_n\mid B\right)=\sum_{n=1}^{\infty}P(A_n\mid B).$$

既然条件概率符合上述三个条件，故 1.3 节中对概率所证明的一些重要结果都适用于条件概率. 例如，对于任意事件 A_1、A_2 有

$$P(A_1+A_2\mid B)=P(A_1\mid B)+P(A_2\mid B)-P(A_1A_2\mid B). \tag{1.4.2}$$

【例 1.15】 一盒子装有 4 件产品，其中有 3 件一等品，1 件二等品. 从中依次取出两件产品，每次任取一件，作不放回抽样. 记事件 $A=\{$第一次取到的是一等品$\}$，事件 $B=\{$第二次取到的是一等品$\}$. 试求条件概率 $P(A\mid B)$.

解 将产品编号：1，2，3 号为一等品；4 号为二等品. 以 (i,j) 表示第一次、第二次分别取到第 i 号、第 j 号产品. 试验 E（抽取产品两次，记录其号码）的样本空间为

$\Omega=\{(1,2),(1,3),(1,4),(2,1),(2,3),(2,4),\cdots,(4,1),(4,2),(4,3)\}$，

$B=\{(1,2),(1,3),(2,1),(2,3),(3,1),(3,2),(4,1),(4,2),(4,3)\}$，

$AB=\{(1,2),(1,3),(2,1),(2,3),(3,1),(3,2)\}$，

按式 (1.4.1)，得条件概率

$$P(A\mid B)=\frac{P(AB)}{P(B)}=\frac{\dfrac{6}{12}}{\dfrac{9}{12}}=\frac{2}{3}.$$

此题也可以直接按条件概率的含义用缩小样本空间的方法来求 $P(A\mid B)$. 我们知道，当事件 B 发生以后，试验 E 所有可能结果的集合就是 B，B 中有 9 个元素，其中只有 $(1,2)$，$(1,3)$，$(2,1)$，$(2,3)$，$(3,1)$，$(3,2)$ 这 6 个元素属于 A，故可得 $P(A\mid B)=\dfrac{2}{3}$.

【例 1.16】 老张的妻子一胎生了 3 个孩子，已知老大是女孩，求另两个孩子也都是女孩的概率（假设男孩、女孩出生率相同）．

解　这是一个古典概型问题．

用 B 表示事件"老大是女孩"，用 A 表示事件"三个孩子都是女孩"，则 B 由 4 个样本点组成，A 由一个样本点组成，所求概率是在 B 发生的条件下 A 发生的概率．所以 $P(A \mid B) = \dfrac{1}{4}$．

1.4.2　乘法公式

由条件概率的定义（1.4.1），立即可得下述定理．

定理 1.1　设 A、B 是两个事件，且 $P(B) > 0$，则
$$P(AB) = P(B)P(A \mid B). \tag{1.4.3}$$
式（1.4.3）称为乘法公式，它也可写成
$$P(AB) = P(A)P(B \mid A) \quad (P(A) > 0).$$

式（1.4.3）可以推广到多个事件的积的情况．

例如，设 A、B、C 为事件，且 $P(AB) > 0$，则有
$$P(ABC) = P(C \mid AB)P(AB) = P(C \mid AB)P(B \mid A)P(A). \tag{1.4.4}$$
在这里，注意到由假设 $P(AB) > 0$ 可推得 $P(A) \geqslant P(AB) > 0$．

【例 1.17】 设某光学仪器厂制造的透镜，第一次落下时被打破的概率为 $\dfrac{1}{2}$，若第一次落下未被打破，第二次落下被打破的概率为 $\dfrac{7}{10}$，若前两次落下未被打破，第三次落下被打破的概率为 $\dfrac{9}{10}$．试求透镜落下三次而未被打破的概率．

解　以 $A_i (i = 1, 2, 3)$ 表示事件"透镜第 i 次落下被打破"，以 B 表示事件"透镜落下三次而未被打破"．因为 $B = \overline{A_1}\,\overline{A_2}\,\overline{A_3}$，故有
$$P(B) = P(\overline{A_1}\,\overline{A_2}\,\overline{A_3}) = P(\overline{A_1})P(\overline{A_2} \mid \overline{A_1})P(\overline{A_3} \mid \overline{A_1}\,\overline{A_2})$$
$$= \left(1 - \frac{1}{2}\right)\left(1 - \frac{7}{10}\right)\left(1 - \frac{9}{10}\right) = \frac{3}{200}.$$

另解，按题意 $\overline{B} = A_1 + \overline{A_1}A_2 + \overline{A_1}\,\overline{A_2}A_3$，而 A_1、$\overline{A_1}A_2$、$\overline{A_1}\,\overline{A_2}A_3$ 是两两互不相容的事件，

故有
$$P(\overline{B}) = P(A_1) + P(\overline{A_1}A_2) + P(\overline{A_1}\,\overline{A_2}A_3).$$
已知 $P(A_1) = \dfrac{1}{2}$，$P(A_2 \mid \overline{A_1}) = \dfrac{7}{10}$，$P(A_3 \mid \overline{A_1}\,\overline{A_2}) = \dfrac{9}{10}$，即有
$$P(\overline{A_1}A_2) = P(A_2 \mid \overline{A_1})P(\overline{A_1}) = \frac{7}{10}\left(1 - \frac{1}{2}\right) = \frac{7}{20},$$
$$P(\overline{A_1}\,\overline{A_2}A_3) = P(A_3 \mid \overline{A_1}\,\overline{A_2})P(\overline{A_2} \mid \overline{A_1})P(\overline{A_1}) = \frac{9}{10}\left(1 - \frac{7}{10}\right)\left(1 - \frac{1}{2}\right) = \frac{27}{200},$$
故得

$$P(\overline{B})=\frac{1}{2}+\frac{7}{20}+\frac{27}{200}=\frac{197}{200},\ P(B)=1-\frac{197}{200}=\frac{3}{200}.$$

【例 1.18】 设袋中有 n_1 只红球，n_2 只白球．每次自袋中任取一只球，观察其颜色后放回，并再放入 a 只与所取出的那只球同色的球．若在袋中连续取四次，试求第一、二次取到红球且第三、四次取到白球的概率．

解 以 $A_i(i=1,2,3,4)$ 表示事件"第 i 次取到红球"，则 $\overline{A_3}$、$\overline{A_4}$ 分别表示事件第三、四次取到白球．所求概率为

$$P(A_1 A_2 \overline{A_3}\ \overline{A_4})=P(A_1)P(A_2\mid A_1)P(\overline{A_3}\mid A_1 A_2)P(\overline{A_4}\mid A_1 A_2 \overline{A_3})$$

$$=\frac{n_1}{n_1+n_2}\cdot\frac{n_1+a}{n_1+n_2+a}\cdot\frac{n_2}{n_1+n_2+2a}\cdot\frac{n_2+a}{n_1+n_2+3a}.$$

1.4.3　全概率公式

在前面的学习中，我们知道概率的加法公式和乘法公式可以解决很多概率计算问题，但对于许多较复杂的概率计算我们还无能为力．本节我们学习全概率公式．首先引入样本空间的划分．

1. 样本空间的划分

定义 1.7　设 Ω 为试验 E 的样本空间，B_1，B_2，$\cdots$，B_n 为 E 的一组事件．若

(1) $B_i B_j=\varnothing$，$i\neq j$，i，$j=1,2,\cdots,n$；

(2) $B_1+B_2+\cdots+B_n=\Omega$，

则称 B_1，B_2，$\cdots$，B_n 为样本空间 Ω 的一个划分．

若 B_1，B_2，$\cdots$，B_n 是样本空间的一个划分，那么，对每次试验，事件 B_1，B_2，$\cdots$，B_n 中必须有一个且仅有一个发生．

比如，试验 E 为"掷一颗骰子观察其点数"．它的样本空间为 $\Omega=\{1,2,3,4,5,6\}$．E 的一组事件 $B_1=\{1,2,3\}$，$B_2=\{4,5\}$，$B_3=\{6\}$ 是 Ω 的一个划分．而事件组 $C_1=\{1,2,3\}$，$C_2=\{3,4\}$，$C_3=\{5,6\}$ 不是 Ω 的划分．

2. 全概率公式

定理 1.2　设试验 E 的样本空间为 Ω，A 为 E 的事件，B_1，B_2，$\cdots$，B_n 为 Ω 的一个划分，且 $P(B_i)>0(i=1,2,\cdots,n)$，则

$$P(A)=P(A\mid B_1)P(B_1)+P(A\mid B_2)P(B_2)+\cdots+P(A\mid B_n)(B_n).$$

$$(1.4.5)$$

式 (1.4.5) 称为**全概率公式**．

证　因为

$$A=A\Omega=A(B_1+B_2+\cdots+B_n)=AB_1+AB_2+\cdots+AB_n,$$

由假设 $P(B_i)>0(i=1,2,\cdots,n)$，且 $(AB_i)(AB_j)=\varnothing$，$i\neq j$，i，$j=1,2,\cdots,n$，得到

$$P(A)=P(AB_1)+P(AB_2)+\cdots+P(AB_n)$$

$$=P(A\mid B_1)P(B_1)+P(A\mid B_2)P(B_2)+\cdots+P(A\mid B_n)P(B_n).$$

特别地，若取 $n=2$，并将 B_1 记为 B，此时 B_2 就是 $\overline{B}$，那么全概率公式为

$$P(A)=P(A\mid B)P(B)+P(A\mid\overline{B})P(\overline{B}).$$

全概率公式解决由因索果问题. 每个原因都可能导致事件 A 发生，故 A 发生的概率是各原因引起 A 发生的概率的总和，"全概率公式"之"全"取为此意. 通过这个公式将对一复杂事件 A 的概率求解问题转化为了在不同情况下发生的简单事件的概率的求和问题.

【例 1.19】 高射炮向敌机发射三发炮弹，每弹击中与否相互独立且每发炮弹击中的概率均为 0.3，又知敌机若中一弹，坠毁的概率为 0.2，若中两弹，坠毁的概率为 0.6，若中三弹，敌机必坠毁. 求敌机坠毁的概率.

解　设事件 $A=$ "敌机坠毁"，事件 $B_i=$ "敌机中 i 弹"，$i=0，1，2，3$.

由题意知，B_0、B_1、B_2、B_3 是样本空间的一个划分，但是事件 A 只和 B_1、B_2、B_3 有关，所以

$$P(A)=\sum_{i=1}^{3}P(B_i)P(A\mid B_i).$$

而
$$P(B_1)=C_3^1 0.3 \cdot 0.7^2=0.441,$$
$$P(B_2)=C_3^2 0.3^2 \cdot 0.7=0.189,$$
$$P(B_3)=C_3^3 0.3^3=0.027,$$

从而得 $P(A)=0.441\times0.2+0.189\times0.6+0.027=0.2286$.

【例 1.20】 据美国的一份资料报导，在美国总的来说患肺癌的概率约为 0.1%，在人群中有 20% 是吸烟者，他们患肺癌的概率约为 0.4%，求不吸烟者患肺癌的概率是多少？

解　以 C 记事件"患肺癌"，以 A 记事件"吸烟"，按题意 $P(C)=0.001$，$P(A)=0.20$，$P(C\mid A)=0.004$. 需要求条件概率 $P(C\mid\overline{A})$. 由全概率公式有

$$P(C)=P(C\mid A)P(A)+P(C\mid\overline{A})P(\overline{A}).$$

将数据代入，得

$$0.001=0.004\times0.20+P(C\mid\overline{A})P(\overline{A})$$
$$=0.004\times0.20+P(C\mid\overline{A})\times0.80,$$
$$P(C\mid\overline{A})=0.00025.$$

1.4.4　贝叶斯公式

贝叶斯公式和前面的概率加法公式、乘法公式以及全概率公式构成概率计算问题的四大公式. 贝叶斯公式在医学、市场预测、信号估计、概率推理以及产品检查中有非常广泛的应用，它实质上是加法公式和乘法公式的综合运用. 全概率公式给出了事件 A 随着两两互斥的事件 B_1，B_2，$\cdots$，B_n 中某一个出现而出现的概率. 如果反过来知道事件 A 已出现，但不知道它因 B_1，B_2，$\cdots$，B_n 中哪一个事件出现而与之同时出现，这样便产生了在事件 A 已出现的条件下，求事件 $B_i(i=1，2，\cdots，n)$ 出现的条件概率的问题，解决这类问题有如下公式.

定理 1.3　设试验 E 的样本空间为 Ω，A 为 E 的事件，B_1，B_2，$\cdots$，B_n 为 Ω 的一个划分，且 $P(A)>0$，$P(B_i)>0(i=1，2，\cdots，n)$，则

$$P(B_i\mid A)=\frac{P(A\mid B_i)P(B_i)}{\sum_{j=1}^{n}P(A\mid B_j)P(B_j)}，\quad i=1，2，\cdots，n. \tag{1.4.6}$$

式（1.4.6）称为**贝叶斯公式**.

证 由条件概率的定义及全概率公式即得

$$P(B_i \mid A) = \frac{P(B_i A)}{P(A)} = \frac{P(A \mid B_i)P(B_i)}{\sum\limits_{j=1}^{n} P(A \mid B_j)P(B_j)}, \quad i = 1, 2, \cdots, n.$$

特别地，若取 $n=2$，并将 B_1 记为 B，此时 B_2 就是 $\bar{B}$，那么，贝叶斯公式为

$$P(B \mid A) = \frac{P(AB)}{P(A)} = \frac{P(A \mid B)P(B)}{P(A \mid B)P(B) + P(A \mid \bar{B})P(\bar{B})}.$$

在日常生活中，我们会遇到许多由因求果的问题，也会遇到许多由果溯因的问题. 比如某种传染疾病已经出现，寻找传染源；机械发生了故障，寻找故障源等就是典型的由果溯因问题. 在一定条件下，这类由果溯因问题可通过贝叶斯公式来求解. 通常称各"原因"的概率 $P(B_i)$ 为先验概率，结果 A 发生的条件下各"原因"的概率 $P(B_i \mid A)$ 为后验概率，前者往往是根据以往经验确定的一种主观概率，而后者是在结果 A 发生之后对原因 B_i 的重新认识. 以下从几个例子来说明贝叶斯公式的应用.

【例 1.21】 某电子设备制造厂所用的元件是由三家元件制造厂提供的. 根据以往的记录有表 1.3 的数据.

表 1.3　三家元件制造厂所占份额及次品率

元件制造厂	次品率	提供元件的份额
1	0.02	0.15
2	0.01	0.80
3	0.03	0.05

设这三家工厂的产品在仓库中是均匀混合的，且无区别的标志.

（1）在仓库中随机取一只元件，求它是次品的概率.

（2）在仓库中随机取一只元件，已知取到的是次品，为分析此次品出自何厂，需求出此次品由三家工厂生产的概率分别是多少. 试求这些概率.

解 设 A 表示"取到的是一只次品"，B_i（$i=1, 2, 3$）表示"所取到的产品是由第 i 家工厂提供的". 易知，B_1、B_2、B_3 是样本空间 Ω 的一个划分，且有

$$P(B_1) = 0.15, \ P(B_2) = 0.80, \ P(B_3) = 0.05;$$

$$P(A \mid B_1) = 0.02, \ P(A \mid B_2) = 0.01, \ P(A \mid B_3) = 0.03.$$

（1）由全概率公式得

$$P(A) = P(A \mid B_1)P(B_1) + P(A \mid B_2)P(B_2) + P(A \mid B_3)p(B_3) = 0.0125.$$

（2）由贝叶斯公式得

$$P(B_1 \mid A) = \frac{P(A \mid B_1)P(B_1)}{P(A)} = \frac{0.02 \times 0.15}{0.0125} = 0.24.$$

$$P(B_2 \mid A) = 0.64, \ P(B_3 \mid A) = 0.12.$$

以上结果表明，这只次品来自第 2 家工厂的可能性最大.

【例 1.22】 对以往分析结果表明，当机器调整良好时，产品的合格率为 98%，而当机器发生某种故障时，其合格率为 55%. 每天早上机器开动时，机器调整良好的概率为 95%.

试求已知某日早上第一件产品是合格品时，机器调整良好的概率是多少？

解　设 $A=\{$产品合格$\}$，$B=\{$机器调整良好$\}$.

已知 $P(A\mid B)=0.98$，$P(A\mid\bar{B})=0.55$，$P(B)=0.95$，$P(\bar{B})=0.05$，所需求的概率为 $P(B\mid A)$. 由贝叶斯公式得

$$P(B\mid A)=\frac{P(A\mid B)P(B)}{P(A\mid B)P(B)+P(A\mid\bar{B})P(\bar{B})}$$

$$=\frac{0.98\times0.95}{0.98\times0.95+0.55\times0.05}=0.97.$$

这就是说，当生产出第一件产品是合格品时，此时机器调整良好的概率为 0.97. 这里，概率 0.95 是由以往的数据分析得到的，叫作先验概率. 而在得到信息（即生产第一件产品是合格品）之后再重新加以修正的概率（即 0.97）叫作后验概率. 有了后验概率我们就能对机器的情况有进一步的了解.

【例 1.23】根据以往的临床记录，某种诊断癌症的试验具有如下的效果：若以 A 表示事件"试验反应为阳性"，以 C 表示事件"被诊断者患有癌症"，则有 $P(A\mid C)=0.95$，$P(\bar{A}\mid\bar{C})=0.95$. 现在对自然人群进行普查，设被诊断的人患有癌症的概率为 0.005，即 $P(C)=0.005$，试求 $P(C\mid A)$.

解　已知

$$P(A\mid C)=0.95,\quad P(A\mid\bar{C})=1-P(\bar{A}\mid\bar{C})=0.05,$$

$$P(C)=0.005,\quad P(\bar{C})=0.995.$$

由贝叶斯公式 得

$$P(C\mid A)=\frac{P(A\mid C)P(C)}{P(A\mid C)P(C)+P(A\mid\bar{C})P(\bar{C})}=0.087.$$

本题的结果表明，虽然 $P(A\mid C)=0.95$，$P(\bar{A}\mid\bar{C})=0.95$，这两个概率都比较高，但若将此试验用于普查，则有 $P(C\mid A)=0.087$，亦即其正确性只有 8.7%（平均 1000 个具有阳性反应的人中大约只有 87 人确实患有癌症）. 如果没注意到这一点，将会得出错误的诊断，这也说明，若将 $P(A\mid C)$ 和 $P(C\mid A)$ 混淆了会造成不良的后果.

1.5　事件的独立性

前面我们已经研究了彼此之间有关系的事件，如不能同时发生的事件 A 和 B（称为互不相容或互斥事件，即 $A\bigcap B=\varnothing$，此时 $P(A\mid B)=0$；而当 $A\subset B$ 时，$P(B\mid A)=1$.

现在可以提出一个问题，是否存在事件 A 发生与否不受事件 B 是否发生的影响的情况？事实上，事件 A 发生与否不受事件 B 的影响，也就是意味着有 $P(A)=P(A\mid B)$，即无条件概率等于条件概率.

这时乘法公式就有了更自然的形式：

$$P(AB)=P(B)P(A\mid B)=P(B)P(A).$$

由此启示我们引入下述定义.

定义 1.8　设 A、B 是两事件，如果满足等式

$$P(AB)=P(A)P(B),\tag{1.5.1}$$

则称事件 A 与 B 相互独立，简称 A、B 独立.

易知，若 $P(A)>0$，$P(B)>0$，则 A、B 相互独立与 A、B 互不相容不能同时成立.

定理 1.4 设 A、B 是两事件，且 $P(A)>0$，若 A、B 相互独立，则 $P(A)=P(A\mid B)$，反之亦然.

例如，将一枚匀称的骰子投掷两次，定义事件如下：$A=\{$第一次出现偶数$\}$，$B=\{$第二次出现 5 或 6$\}$，直观上很清楚，A 和 B 完全无关. 验证：

$$P(A)=\frac{18}{36}=\frac{1}{2}, \quad P(B)=\frac{12}{36}=\frac{1}{3}, \quad P(AB)=\frac{1}{6}, \quad P(A\mid B)=\frac{P(AB)}{P(B)}=\frac{1}{2}.$$

定理的正确性是显然的.

定理 1.5 若事件 A 与 B 相互独立，则 A 与 $\bar{B}$，$\bar{A}$ 与 B，$\bar{A}$ 与 $\bar{B}$ 各对事件也相互独立.

证 因为 $A=A(B+\bar{B})=AB+A\bar{B}$，得

$$P(A)=P(AB+A\bar{B})=P(AB)+P(A\bar{B})=P(A)P(B)+P(A\bar{B}),$$

所以有

$$P(A\bar{B})=P(A)-P(A)P(B)=P(A)[1-P(B)]=P(A)P(\bar{B}).$$

这就证明了 A 与 $\bar{B}$ 的相互独立性. 对 $\bar{A}$ 与 B，$\bar{A}$ 与 $\bar{B}$ 各对事件的相互独立性，请读者自行证明.

【例 1.24】 分别掷两枚均匀的硬币，令 $A=\{$硬币甲出现正面$\}$，$B=\{$硬币乙出现正面$\}$，验证事件 A 与 B 是相互独立的.

证 这时样本空间为

$$\Omega=\{(\text{正}，\text{正})，(\text{正}，\text{反})，(\text{反}，\text{正})，(\text{反}，\text{反})\},$$

共含有 4 个基本事件，它们是等可能的，各有概率为 $\frac{1}{4}$，而

$$A=\{(\text{正}，\text{正})，(\text{正}，\text{反})\}, \quad B=\{(\text{正}，\text{正})，(\text{反}，\text{正})\}, \quad AB=\{(\text{正}，\text{正})\}, \quad \text{由此}$$

知，$P(A)=P(B)=\frac{1}{2}$，这时有 $P(AB)=\frac{1}{4}=P(A)P(B)$ 成立，所以 A、B 相互独立.

下面我们将独立性的概念推广到三个事件的情况.

定义 1.9 设 A、B、C 是三个事件，如果同时满足下列等式：

$$P(AB)=P(A)P(B),$$
$$P(AC)=P(A)P(C),$$
$$P(BC)=P(B)P(C)$$
$$P(ABC)=P(A)P(B)P(C),$$

则称事件 A、B、C 相互独立.

一般地，设 A_1，A_2，$\cdots$，A_n 是 n $(n>2)$ 个事件，如果同时满足下列等式：

$$P(A_iA_j)=P(A_i)P(A_j)(\forall i\neq j),$$
$$P(A_iA_jA_k)=P(A_i)P(A_j)P(A_k)(\forall i、j、k \text{ 互不相等}),$$

$$\cdots\cdots$$

$$P(A_1A_2\cdots A_n)=P(A_1)P(A_2)\cdots P(A_n),$$

即对于其中任意 2 个，任意 3 个，$\cdots$，任意 n 个事件积的概率，都等于各事件概率之

积，则称事件 A_1，A_2，$\cdots$，A_n 相互独立.

值得注意的是，$n(n > 2)$ 个事件相互独立必然有事件两两相互独立，而两两相互独立的事件不一定 n 个事件相互独立.

例如，将一个均匀的四面体一面涂上红色，一面涂上黄色，一面涂上黑色，第四面涂上红、黄、黑三种颜色，任取一面观察其颜色. 令 $A = \{$有红色$\}$，$B = \{$有黄色$\}$，$C = \{$有黑色$\}$，则

$$P(A) = P(B) = P(C) = \frac{1}{2},$$

$$P(AB) = P(A)P(B) = \frac{1}{4},$$

$$P(AC) = P(A)P(C) = \frac{1}{4},$$

$$P(BC) = P(B)P(C) = \frac{1}{4}.$$

即有事件 A、B、C 两两相互独立. 但

$$P(ABC) = \frac{1}{4} \neq P(A)P(B)P(C).$$

这说明事件 A、B、C 不是相互独立的.

事件相互独立的含义是它们中一个事件已经发生，不影响另一个事件发生的概率. 在实际应用中，对于事件的独立性常常是根据事件的实际意义去判断.

【例 1.25】 要验收一批（100 件）乐器. 验收方案如下：自该批乐器中随机地取 3 件测试（设 3 件乐器的测试结果是相互独立的），如果 3 件中至少有一件在测试中被认为是音色不纯，则这批乐器就被拒绝接收. 设一件音色不纯的乐器经测试查出其为音色不纯的概率为 0.95，而一件音色纯的乐器经测试被误认为不纯的概率为 0.01. 如果已知这 100 件乐器中恰有 4 件是音色不纯的，试问这批乐器被接收的概率是多少？

解　以 $H_i(i = 0, 1, 2, 3)$ 表示事件"随机地取出 3 件乐器，其中恰有 i 件音色不纯"，H_0、H_1、H_2、H_3 是 Ω 的一个划分，以 A 表示事件"这批乐器被接收". 已知一件音色纯的乐器，经测试被认为音色纯的概率为 0.99，而一件音色不纯的乐器，经测试被误认为音色纯的概率为 0.05，并且 3 件乐器的测试结果是相互独立的，于是有

$$P(A \mid H_0) = 0.99^3,$$

$$P(A \mid H_1) = 0.99^2 \times 0.05,$$

$$P(A \mid H_2) = 0.99 \times 0.05^2,$$

$$P(A \mid H_3) = 0.05^3.$$

而 $P(H_0) = \dfrac{C_{96}^3}{C_{100}^3}$，$P(H_1) = \dfrac{C_4^1 C_{96}^2}{C_{100}^3}$，$P(H_2) = \dfrac{C_4^2 C_{96}^1}{C_{100}^3}$，$P(H_3) = \dfrac{C_4^3}{C_{100}^3}$，故

$$P(A) = \sum_{i=0}^{3} P(H_i)P(A \mid H_i) = 0.8574 + 0.0055 + 0 + 0 = 0.8629.$$

【例 1.26】 一个元件能正常工作的概率称为这个元件的可靠度，一个系统能正常工作的概率称为这个系统的可靠度. 用 $2n$ 个相同的电子元件组成一个系统，有两种不同的连接方式，第 I 种是先串联后并联，如图 1.2 所示；第 II 种是先并联后串联，如图 1.3 所示.

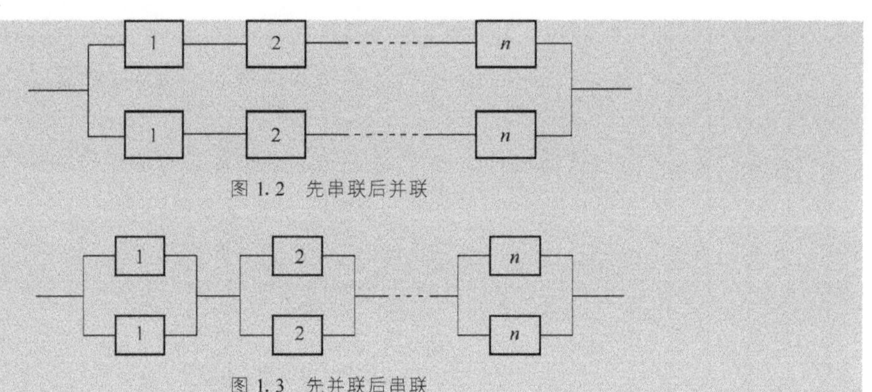

图 1.2　先串联后并联

图 1.3　先并联后串联

如果各个元件能否正常工作是相互独立的，每个元件能正常工作的概率为 p，试比较两个系统哪一个更可靠一些（即可靠度更大一些）．

解　对于系统 I，它有两条通路工作，分别记这两条通路的可靠度为 R_{1-1} 和 R_{1-2}，每条通路能正常工作当且仅当该通路上的所有元件都能正常工作，由独立性知，每一条通路的可靠度为

$$R_{1-1}=R_{1-2}=p^n,$$

于是系统 I 的可靠度为

$$R_1=1-(1-R_{1-1})(1-R_{1-2})=1-(1-p^n)^2=p^n(2-p^n).$$

对于系统 II，先求每一个并联的小节（如图 1.4 所示）的可靠度，由每个电子元件工作的独立性知，每一个小节的可靠度为

$$R_{2-i}=1-(1-p)^2=p(2-p)(i=1,\ 2,\ \cdots,\ n),$$

而整个系统由相同的 n 个小节串联而成，再一次利用独立性即可得到系统 II 的可靠度为

$$R_2=R_{2-1}R_{2-2}\cdots R_{2-n}=[p(2-p)]^n=p^n(2-p)^n.$$

利用数学归纳法，可以证明当 $n\geqslant 2$ 时，总有

$$(2-p)^n>2-p^n$$

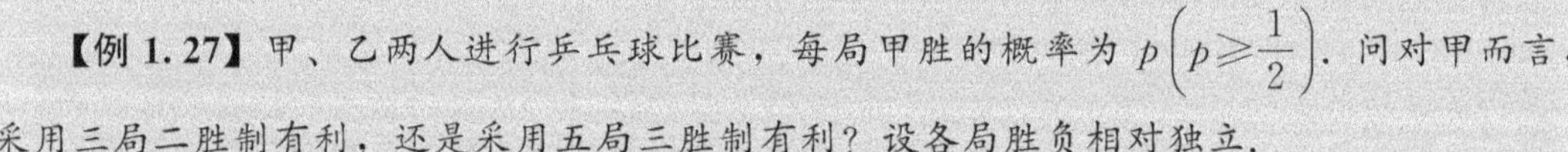

图 1.4　并联小节

成立．从而当 $n\geqslant 2$ 时，有 $R_2>R_1$，即系统 II 比系统 I 更可靠些．

【例 1.27】 甲、乙两人进行乒乓球比赛，每局甲胜的概率为 $p\left(p\geqslant\dfrac{1}{2}\right)$．问对甲而言，采用三局二胜制有利，还是采用五局三胜制有利？设各局胜负相对独立．

解　采用三局二胜制，若甲最终获胜，其胜局的情况是"甲甲"或"乙甲甲"或"甲乙甲"．而这三种结局互不相容，于是由独立性得

$$p_1=P(甲获胜)=p^2+2p^2(1-p).$$

采用五局三胜制，若甲最终获胜，至少需比赛 3 局（可能赛 3 局，也可能赛 4 局或 5 局），且最后一局必须是甲胜，而前面甲需胜两局．例如，共赛 4 局，则甲的胜局情况是"甲乙甲甲""乙甲甲甲""甲甲乙甲"，且这三种结局互不相容．由独立性得在五局三胜制下甲最终获胜的概率为

$$p_2=P(甲获胜)=p^3+C_3^2 p^3(1-p)+C_4^2 p^3(1-p)^2.$$

而　　$p_2-p_1=p^2(6p^3-15p^2+12p-3)=3p^2(p-1)^2(2p-1),$

当 $p>\dfrac{1}{2}$ 时，$p_2>p_1$；当 $p=\dfrac{1}{2}$ 时，$p_2=p_1=\dfrac{1}{2}$. 故当 $p>\dfrac{1}{2}$ 时，对甲来说采用五局三胜制更为有利；当 $p=\dfrac{1}{2}$ 时，两种赛制甲、乙最终获胜的概率是相同的，都是 50%.

1.6　伯努利概型

1.6.1　伯努利试验

在实际问题中有很多试验只考察某个事件发生与否，如掷一枚硬币，只考察正面或反面出现与否；检测一件产品，只考察合格与否；考察一条线路，只记录"通"与"不通"等，所有这些试验的样本空间都只有两个可能结果，我们称这种试验为**伯努利（Bernoulli）试验**.

如果用 A 代表"事件 A 发生"，且发生的可能性 $P(A)=p\,(0<p<1)$，则 $\overline{A}$ 就代表"事件 A 不发生"，且 $P(\overline{A})=1-p$.

1.6.2　伯努利概型

随机现象的统计规律性只有在大量重复试验（在相同条件下）中才能表现出来. 将一个伯努利试验独立重复进行 n 次，这是一种非常重要的概率模型，称为 **n 重伯努利概型**.

n 重伯努利概型是"在同样条件下进行重复试验"的一种数学模型. 历史上，n 重伯努利概型是概率论中最早研究的模型之一，在理论上具有重要意义，并且在工业产品质量检验、群体遗传学等方面都有广泛的实际应用.

由于每次试验我们只考察事件 A 发生与否，从而 **n 重伯努利概型**的样本空间总共有 2^n 个样本点. 每个样本点出现的概率不全相同，故虽是有限样本空间，却不是古典概型.

n 重伯努利概型中，每个样本点即是一个基本事件，由它们又可组成很多复合事件. 利用事件的运算公式和概率的运算公式，可以计算这些事件的概率.

【例 1.28】 某人独立射击 5 次，每次命中的概率是 0.8，求事件 $B=\{$前两次命中，后三次不命中$\}$ 的概率.

解　这是独立重复 5 次的伯努利试验. 记 $A_k=\{$第 k 次命中$\}(k=1,2,3,4,5)$，则
$$P(A_k)=0.8,\quad P(\overline{A_k})=0.2.$$
所考虑的事件 $B=A_1A_2\overline{A_3}\,\overline{A_4}\,\overline{A_5}$，由独立事件乘积的概率计算得
$$P(B)=P(A_1)P(A_2)P(\overline{A_3})P(\overline{A_4})P(\overline{A_5})=0.8^2\times0.2^3.$$

【例 1.29】 在 n 重伯努利概型中，求事件 $B_k=\{$事件 A 发生 k 次$\}$ 的概率.

解　与上题不同的是这里只指定 A 发生的次数，而没有限定 A 在哪几次发生，也即可以是开始的 k 次，也可以是中间某 k 次，也可能是最后 k 次. 在不致引起误会的前提下，每种基本事件可记为 k 个 A 与 $n-k$ 个 $\overline{A}$ 的乘积，而 B_k 则为这些基本事件的和事件，即
$$B_k=\underbrace{AA\cdots A}_{k\,\text{个}}\underbrace{\overline{A}\,\overline{A}\cdots\overline{A}}_{n-k\,\text{个}}+\underbrace{A\overline{A}\,AA\cdots A}_{k-1\,\text{个}}\underbrace{\overline{A}\,\overline{A}\cdots\overline{A}}_{n-k-1\,\text{个}}+\cdots+\underbrace{\overline{A}\,\overline{A}\cdots\overline{A}}_{n-k\,\text{个}}\underbrace{AA\cdots A}_{k\,\text{个}},$$

它共有 C_n^k 项，并且各项事件是互不相容的，每一项中各事件又是相互独立的. 任一项的概率都是 $p^k q^{n-k}$（其中 $q=1-p$）.

由有限加法定理得

$$P(B_k)=C_n^k p^k q^{n-k}，也记作 b(k,n,p)=C_n^k p^k q^{n-k}. \tag{1.6.1}$$

它是二项展开式 $(p+q)^n=\sum_{k=0}^{n} C_n^k p^k q^{n-k}$ 第 k 项（其和恰好为 1），故称为二项分布. 这是伯努利概型中最重要的概率，由它可推出很多事件的概率.

【例 1.30】 从学校乘汽车去火车站一路上有 4 个交通岗，到各个岗遇到红灯是相互独立的，且概率均为 0.3，求某人从学校到火车站途中 2 次遇到红灯的概率.

解 设 $B=\{$途中 2 次遇到红灯$\}$.

途中遇到 4 次交通岗为 4 重伯努利试验，其中 $n=4$，$p=0.3$，所以

$$P(B)=C_4^2 \times 0.3^2 \times 0.7^2=0.2646.$$

【例 1.31】 n 台同类机器，每台在某段时间内损坏的概率为 p，求在这段时间内不少于 m 台能正常使用的概率.

解 每台机器能在这段时间内正常使用的概率为 p，不能正常使用的概率为 $q=1-p$.

$$\{\text{不少于 } m \text{ 台能正常使用}\}=\sum_{k=m}^{n}\{k \text{ 台能正常使用}\}，其中，和式中各项事件是互不相容的.$$

故所求概率为

$$P\,(\text{不少于 } m \text{ 台能正常使用})=\sum_{k=m}^{n}P\,(\text{恰有 } k \text{ 台正常使用})=\sum_{k=m}^{n}C_n^k p^k q^{n-k}.$$

【例 1.32】 一张试卷共有 10 道选择题，每题有 4 个选项，其中只有一个正确答案，某同学投机取巧，随意选择，试问他至少做对 6 道的概率是多大？

解 设 $B=$ "至少做对 6 道"，每答一题有两个可能结果，$A=$ "答对"，

$\overline{A}=$ "答错"，$P(A)=\dfrac{1}{4}$，故做 10 道题就是 10 重**伯努利概型**，所以

$$P(B)=\sum_{k=6}^{10}P_{10}(k)=\sum_{k=6}^{10}C_{10}^k \left(\frac{1}{4}\right)^k \left(1-\frac{1}{4}\right)^{10-k}=0.01973.$$

人们在长期实践中总结得出"概率很小的事件在一次试验中实际上几乎是不发生的"（称之为实际推断原理），故如本例所说该同学随意猜测，能在 10 道中猜对 6 道以上的概率是很小的，在实际中几乎是不发生的.

本章小结

本章介绍了概率的各种定义以及事件概率的计算方法，这些内容是学习后续概率统计知识的基础. 计算事件的概率是概率论部分问题的核心，因此我们应与中学的有关知识有效衔接，对如何表示一个复杂事件有清楚的认识，并牢固掌握计算复杂事件概率的方法.

本章学习要点：

1. 理解随机事件的概念，了解随机试验、样本空间的概念，掌握事件之间的关系与运算，会利用事件间的关系和运算结果表示较为复杂的事件.

2. 了解频率和概率的统计定义、公理化定义，理解古典概型及概率的意义，掌握概率的基本性质并能运用这些性质进行概率计算.

3. 理解条件概率的概念，掌握概率的乘法公式、全概率公式、贝叶斯公式，并能运用这些公式进行概率计算.

4. 理解事件的独立性概念，注意区别事件间的独立性与事件间的互不相容性的差别，能运用事件独立性进行概率计算.

5. 理解伯努利概型的意义，掌握伯努利概型下的事件概率计算，能够将实际问题归结为伯努利概型，然后用二项概率计算有关事件的概率.

习题 1

1. 设全集由一切点 (x, y) 构成，两个坐标 x、y 是整数，且点 (x, y) 位于由直线 $x=0$、$y=0$、$x=6$、$y=6$ 所围成的正方形内或其边界上. 列出下列各集的元素.

(1) $A = \{(x, y) \mid x^2 + y^2 \leqslant 6\}$；　　(2) $B = \{(x, y) \mid y \leqslant x^2\}$；

(3) $C = \{(x, y) \mid x \leqslant y^2\}$；　　　　　　(4) $B \bigcap C$；　　　　　　(5) $(B \bigcup A) \bigcap \overline{C}$.

2. 写出下列随机试验的样本空间.

(1) 观察并标记一条生产线上生产的零件，直到连续出现 2 个次品或连续出现 4 个正品，其中次品记为 B，正品记为 N.

(2) 已知一盒 N 个灯泡中有 $r(r < N)$ 个灯泡已断丝，逐个检验这些灯泡，直到发现一个次品为止.

(3) 已知一盒 N 个灯泡中有 $r(r < N)$ 个灯泡已断丝，逐个检验这些灯泡，直到检验出全部次品为止.

3. 设 A、B、C 为某试验的三个事件，试用 A、B、C 的运算关系式表示下列事件.

(1) A、B、C 至少有两个发生；　　　(2) A、B、C 至多有两个发生；

(3) A、B、C 至多有一个发生；　　　(4) A、B、C 不都发生.

4. 设 A、B 是两个事件，且 $P(A) = 0.6$，$P(B) = 0.7$，问：

(1) 在什么条件下 $P(AB)$ 取得最大值，最大值是多少？

(2) 在什么条件下 $P(AB)$ 取得最小值，最小值是多少？

5. 设 A、B、C 为某试验的三个事件，且 $P(A) = P(B) = P(C) = \dfrac{1}{4}$，$P(AB) = P(BC) = 0$，$P(AC) = \dfrac{1}{8}$，求事件 A、B、C 至少有一个发生的概率.

6. 已知 $P(\overline{A}) = 0.3$，$P(B) = 0.4$，$P(A\overline{B}) = 0.5$，求 $P(B \mid A + \overline{B})$.

7. 已知 $P(A) = \dfrac{1}{4}$，$P(B \mid A) = \dfrac{1}{3}$，$P(A \mid B) = \dfrac{1}{2}$，求 $P(A + B)$.

8. 在分别写有 2、4、6、7、8、11、12、13 的 8 张卡片中任取两张，把两张卡片上的数字组成一个分数，求所得分数为既约分数的概率.

9. 在写有从 1 到 10 的 10 张卡片中任取三张，求：

(1) 取得的最大号码为 5 的概率；

(2) 取得的最小号码为 5 的概率.

10. 任取一个正整数，求下列事件的概率.

（1）该数平方的末位数字是 1；

（2）该数四次方的末位数字是 1；

（3）该数立方的最后两位数字都是 1.

11. 在 1500 个产品中有 400 个次品，1100 个正品，从中任取 200 个，求：

（1）恰有 90 个次品的概率；

（2）至少有 2 个次品的概率.

12. 将 3 个球随机放入 4 个盒子中（每个盒子容量 $\geqslant 3$），求盒子中球的最大个数分别为 1、2、3 的概率.

13. 某油漆公司发出 17 桶油漆，其中白漆 10 桶、黑漆 4 桶、红漆 3 桶. 在搬运途中所有标签脱落，交货人随机将油漆发给顾客. 问一个订货为 4 桶白漆、3 桶黑漆和 2 桶红漆的顾客，能按所定颜色如数得到订货的概率是多少？

14. 一栋 10 层楼的楼房中的一架电梯，在底层登上 7 位乘客，电梯在每一层楼都停，从第二层起可能有乘客离开电梯，假设每一位乘客在任意一层离开电梯是等可能的，求没有两位及两位以上的乘客在同一层离开的概率.

15. 某班有 n 个学生参加口试，考签共有 $N(N \leqslant n)$ 张，每个人抽到考签用后放回，在考试结束后，问至少有一张考签没有被抽到的概率是多少？

16. 已知 10 件产品中有 2 件次品，在其中任取两次，每次一件，作不放回抽样，求下列各事件的概率.

（1）两件都是正品；

（2）两件都是次品；

（3）一件正品，一件次品；

（4）第二次取出的是次品.

17. 在某城市中共发行甲、乙、丙三种报纸，在这个城市居民中，订甲报的有 45%，订乙报的有 35%，订丙报的有 30%；同时订甲、乙两报的有 10%，同时订甲、丙两报的有 8%，同时订乙、丙两报的有 5%；同时订三种报的有 3%. 求下列事件的概率.

（1）只订一种报纸的；

（2）正好订两种报纸的；

（3）至少订一种报纸的；

（4）不订任何报纸的.

18. 设甲袋中有 n 只白球、m 只红球，乙袋中有 N 只白球、M 只红球.

（1）先从甲袋中任取一球放入乙袋中，再从乙袋中任取一只球，求取出的是白球的概率；

（2）先从甲袋中任取两只球放入乙袋中，再从乙袋中任取一只球，求取出的是白球的概率.

19. 若甲袋中有 5 只白球、4 只红球，乙袋中有 N 只白球、M 只红球，先从甲袋中任取两只球放入乙袋中，再从乙袋中任取两只球，求这两只球恰为一白一红的概率.

20. 某种产品的商标为"MAXAM". 其中有两个字母脱落，有人捡起随机贴上，求贴上后仍为"MAXAM"的概率.

21. 已知男性中有 5% 是色盲患者，女性中有 2.5% 是色盲患者，今从男女人数相等的一组人群中任选一人.

（1）求此人是色盲患者的概率；

（2）若已知此人为色盲患者，求此人是男性的概率.

22. 一个学生接连参加同一课程的两次考试，第一次及格的概率为 p，若第一次及格则第二次及格的概率也为 p；若第一次不及格则第二次及格的概率为 $\dfrac{p}{2}$.

（1）若至少有一次及格则他能获得某种资格，求他取得该资格的概率；

（2）若已知他第二次考试及格，求他第一次考试及格的概率.

23. 将两信息分别编码为 A 和 B 传递出去，接收站接收时，A 被误收作 B 的概率为 0.02，而 B 被误收作 A 的概率为 0.01. 信息 A 和 B 传递的频繁程度为 $2:1$，若接收站接收到的是信息 A，问原发信息是 A 的概率是多少？

24. 某保险公司把被保险人分为 3 类："谨慎的""一般的""冒失的". 统计资料表明，上述三种人在一年内发生事故的概率依次为 0.05、0.15 和 0.30.

（1）如果"谨慎的"被保险人占 20%，"一般的"占 50%，"冒失的"占 30%，求被保险人一年内出事故的概率；

（2）若已知被保险人一年内出了事故，则他是"冒失的"的概率是多少？

25. 有两箱同种类的零件，第一箱装 50 只，其中 10 只一等品；第二箱装 30 只，其中 18 只一等品. 今从两箱中任取一箱，然后从该箱取零件两次，每次一只，作不放回抽样. 求：

（1）第一次取到的零件是一等品的概率；

（2）在第一次取到一等品的条件下，第二次也取到一等品的概率.

26. 加工某一零件需要经过四道工序，设第一、第二、第三、第四道工序的次品率分别为 0.02、0.03、0.05、0.03，假定各道工序是相互独立的，求加工出来的零件的次品率.

27. 要验收一批产品，共 100 件，从中随机抽取 3 件来检测，且每件产品检测是相互独立的. 只要 3 件中有 1 件不合格，就拒绝接收这批产品. 如果这批产品中有 2 件不合格，且 1 件不合格的产品被检测出的概率为 0.95，而 1 件合格品被误检为不合格的概率为 0.01. 求被检测的 3 件产品中至少有 1 件不合格的概率与该批产品被接收的概率.

28. 设每次射击的命中率为 0.2，问至少必须进行多少次独立射击才能使至少击中一次的概率不小于 0.9？

29. 两人轮流射击，甲命中的概率为 a，乙命中的概率为 b. 甲先射击，乙后射击，谁先击中谁获胜. 求甲获胜的概率.

30. 一张试卷，有 5 道选择题，每题有 4 个备选答案，其中只有一个是正确答案，某同学投机取巧，随意选择，求他至多填对 3 道题的概率.

第 2 章　随机变量及其分布

在第 1 章，学习了"样本空间""事件""概率"等相关知识，知道了样本空间中包含了一次试验中所有可能会出现的结果，事件是样本空间中满足一定条件的子集，每个事件都有相应的概率来度量其发生的可能性. 本章将讨论随机变量. 随机变量的本质是利用函数手段将随机试验的结果数值化，从而将随机试验中的各种事件通过随机变量的关系式表达出来，进而把对事件及事件概率的研究扩大为对随机变量及其取值规律的研究.

2.1　离散型随机变量

2.1.1　随机变量的概念、 离散型随机变量

1. 随机变量的概念

在描述一个试验的样本空间时，试验的结果不一定是一个数. 事实上，前面已经出现过许多例子，在这些例子中，试验的结果并不是数量. 例如，在抛硬币的试验中，试验结果通常用"正面""反面"表示. 但是在很多试验场合中，为方便起见，通常用数字来表示试验结果，这样的处理方式不仅会让表达变得简单，而且还可以将分析工具引入随机现象的研究中. 比如，在抛硬币的试验中，按照通常的计数法我们可以记正面为 1，反面为 0；也可记正面为 0，反面为 1. 其实质就是将样本空间中的每一个样本点和一个实数相对应，以便可以用数学方法来研究随机试验. 下面给出正式的定义.

定义 2.1　设随机试验 E 的样本空间为 Ω，对于每一个元素 $\omega \in \Omega$ 赋予一个实数 x，即 $x = X(\omega)$，这样所得到的函数 X 被称为**随机变量**（random variable）.

我们用大写字母 X，Y，Z，$\cdots$ 表示随机变量，用小写字母 x，y，z，$\cdots$ 表示随机变量的值.

注：（1）上述的术语虽然说起来是有点别扭，但已被广泛地采用并已约定俗成. 定义中已尽可能清楚地说明 X 是一个函数，但按传统习惯仍称它为一个（随机）变量.

（2）按照随机变量的取值情况，可以把随机变量分为两大类：离散型随机变量和非离散型随机变量，非离散型随机变量中最重要并且在实际中经常遇到的是连续型随机变量.

（3）事实上，并不是一切函数都可以考虑作为一个随机变量，最基本的要求是对于每一个实数 x，事件 $\{\omega \mid X(\omega) = x\}$ 和对每一个区间 I 事件 $\{\omega \mid X(\omega) \in I\}$ 按照公理有意义明确的概率，实际上在绝大多数情况中都会满足这一要求，在此就不再作进一步论述.

（4）在某些情形中，样本空间的结果 ω 已经具有我们所需要的数字特征，这时只需取函数 $X(\omega) = \omega$ 即可.

（5）在后面对随机变量的讨论中，一般不需要知道 X 的函数性质，通常感兴趣的是 X 的可能值，而不管这些值来自哪里.

【例 2.1】 同时抛掷两枚硬币，则这个试验的样本空间为 $\Omega = \{HH, HT, TH, TT\}$，定义随机变量 X 如下：用 X 表示抛掷中出现正面的次数，则

$$X(HH) = 2, \quad X(HT) = X(TH) = 1, \quad X(TT) = 0.$$

如果记 R_X 表示 X 所有可能的取值构成的集合，则 R_X 也可被称为分布空间．在某种意义上我们可以把 R_X 看为另一个样本空间．原来的样本空间 Ω 对应于试验的非数值的结果，而 R_X 是对应于数值化的 X 的样本空间，如果 $X(\omega) = \omega$，那么 $\Omega = R_X$．

第 1 章中我们研究了样本空间 Ω 的事件，下面我们来讨论关于随机变量 X 的事件，即分布空间 R_X 的子集，将样本空间 Ω 的事件与随机变量 X 的关系式联系起来．

定义 2.2　设随机试验 E 的样本空间为 Ω，X 是定义在 Ω 上的随机变量，R_X 是它的分布空间，B 是关于 R_X 的一个事件，即 $B \subset R_X$，则 $A = \{\omega \mid X(\omega) \in B\}$ 时，称 A 和 B 是**等价事件**．

用概率论语言描述为事件 A 和 B 总是同时发生，即只要 A 发生，B 一定发生，反之亦然．但要注意的是，在等价事件的定义中，A 和 B 对应于不同的样本空间．

【例 2.2】 在例 2.1 中 $\Omega = \{HH, HT, TH, TT\}$，$R_X = \{0, 1, 2\}$，取 $B = \{1\}$，则 $A = \{HT, TH\}$ 等价于 B．

定义 2.3　设 B 是分布空间 R_X 的一个事件，$A = \{\omega \mid X(\omega) \in B\}$，则 $P(B) = P(A)$．

【例 2.3】 如果在例 2.1 中硬币是匀称的，那么有 $P(HT) = P(TH) = \dfrac{1}{4}$，所以

$$P(B) = P(A) = \frac{1}{2}.$$

所以对于随机变量 X，样本空间的事件 $\{\omega \mid X(\omega) = x\}$ 可简记为 $\{X = x\}$，事件 $\{\omega \mid X(\omega) \leqslant x\}$ 可简记为 $\{X \leqslant x\}$ 等．

2. 离散型随机变量

定义 2.4　设 X 是一个随机变量，如果 X 的可能值的数目是有限个或可数可列个，则称这种随机变量为**离散型随机变量**．

【例 2.4】 一个放射源正在发射 α 粒子，在某一指定的时间内，用计数装置观察这些粒子的发射，随机变量 X 表示观察到的粒子数目，则 X 的可能值由全部非负整数组成．

【例 2.5】 抛一枚硬币一次，则样本空间为 $\Omega = \{\omega_1, \omega_2\}$，元素 ω_1、ω_2 分别表示"正面向上"和"反面向上"．

（1）若随机变量 X 表示正面向上的次数，则

$$X(\omega_1) = 1, \quad X(\omega_2) = 0.$$

（2）若随机变量 X 表示反面向上的次数，则

$$X(\omega_1) = 0, \quad X(\omega_2) = 1.$$

（3）更一般地，在这个随机试验中，若正面向上，有 10 点奖励，反面向上，有 5 点奖励，随机变量 X 表示奖励点数，则

$$X(\omega_1) = 10, \quad X(\omega_2) = 5.$$

为了描述离散型随机变量 X，不仅需要知道 X 的所有取值，而且还应知道 X 取每个值的概率．

定义 2.5　设随机变量 X 所有可能取值为 $x_1, x_2, \cdots, x_i, \cdots X$ 取每个可能值的概率

$$P\{X = x_i\} = p_i, \quad i = 1, 2, \cdots \tag{2.1.1}$$

称式（2.1.1）为离散型随机变量的概率**分布列**或**分布律**.

分布律除了公式法表示外，也可以表示成表 2.1 的形式.

表 2.1　X 的分布律

X	x_1	x_2	$\cdots$	x_i	$\cdots$
p_i	p_1	p_2	$\cdots$	p_i	$\cdots$

离散型随机变量的分布律清楚而完整地表示了 X 取值的情况及其概率分布，它具有下列基本性质.

（1）$p_i \geqslant 0$，$i = 1,\ 2,\ \cdots$

（2）$\displaystyle\sum_{i=1}^{\infty} p_i = 1.$

反之，若某一数列 $\{p_k\}$ 具有以上两条性质，则它必可作为某随机变量的分布律.

【例 2.6】 抛一枚均匀硬币 3 次，随机变量 X 表示正面向上的次数，则

$\{X = 2\}$ 表示随机事件"恰好出现 2 次正面"，其概率 $P\{X = 2\} = \dfrac{3}{8}$；

$\{X \geqslant 1\}$ 表示随机事件"至少出现 1 次正面"，其概率 $P\{X \geqslant 1\} = \dfrac{7}{8}$.

【例 2.7】 给出例 2.6 中随机变量 X 的分布，并根据分布计算概率 $P\{X \geqslant 1\}$，$P\{0 < X \leqslant 2\}$.

解　X 的所有可能取值为 $0,\ 1,\ 2,\ 3$，并且

$$P(X = i) = C_3^i \left(\frac{1}{2}\right)^i \left(\frac{1}{2}\right)^{3-i},\ i = 0,\ 1,\ 2,\ 3,$$

所以随机变量 X 的分布律见表 2.2.

表 2.2　X 的分布律

X	0	1	2	3
p_i	$\dfrac{1}{8}$	$\dfrac{3}{8}$	$\dfrac{3}{8}$	$\dfrac{1}{8}$

$$P\{X \geqslant 1\} = P\{X = 1\} + P\{X = 2\} + P\{X = 3\} = \frac{3}{8} + \frac{3}{8} + \frac{1}{8} = \frac{7}{8},$$

$$P\{0 < X \leqslant 2\} = P\{X = 1\} + P\{X = 2\} = \frac{3}{8} + \frac{3}{8} = \frac{6}{8} = \frac{3}{4}.$$

注：在求离散型随机变量的分布律时，首先要找出其所有可能的取值，然后再求出每个值对应的概率.

【例 2.8】 设 X 是一个离散型随机变量，其分布律见表 2.3.

表 2.3　X 的分布律

X	-1	0	1
p_i	$\dfrac{1}{2}$	$1 - 2q$	q^2

（1）求 q 的值.

（2）求 $P(X<0)$，$P(X\leqslant 0)$．

解　（1）由分布律的性质得

$$1-2q\geqslant 0,\quad q^2\geqslant 0,\quad \frac{1}{2}+(1-2q)+q^2=1,$$

所以

$$q=1-\frac{\sqrt{2}}{2}.$$

（2）$P(X<0)=P(X=-1)=\dfrac{1}{2}$，

$$P(X\leqslant 0)=P(X=-1)+P(X=0)=\sqrt{2}-\frac{1}{2}.$$

2.1.2　几个常用的离散型分布

就确定性模型而言，某些函数关系（如线性、二次、指数、三角函数等）起着重要作用；同样，在随机模型中，某些概率分布比其他分布更经常地出现．本节我们将详细地讨论几种离散型随机变量．

1. 两点分布

定义 2.6　若随机变量 X 只可能取 0 和 1 两个值，且 $P\{X=1\}=p$，$P\{X=0\}=q$，其中 $0<p<1$，$q=1-p$，则称 X 服从参数为 p 的两点分布，也称为（0—1）分布．

X 的分布律见表 2.4．

表 2.4　两点分布的分布律

X	0	1
p_i	q	p

（0—1）分布是最简单的概率分布，任何只有两种结果的随机现象，比如新生儿是男是女，明天是否下雨，抽查一产品是正品还是次品等，都可用它来描述．

2. 二项分布

定义 2.7　若随机变量 X 的可能值为 0，1，2，$\cdots$，n，并且分布律为

$$P\{X=k\}=C_n^k p^k q^{n-k},\quad k=0,1,2,\cdots,n,\quad 0<p<1,\quad q=1-p,$$

则称 X 服从参数为 n、p 的**二项分布**（binomial distribution），记为 $X\sim B(n,p)$．

注意到 $P\{X=k\}=C_n^k p^k q^{n-k}$ 正是二项式 $(p+q)^n$ 展开式中的一项，这也是这个分布的名称的来历．

当 $n=1$ 时，二项分布退化为两点分布．换句话说，两点分布是二项分布的特例，而二项分布又是两点分布的推广．

在 n 重伯努利试验中，令 X 表示事件 A 发生的次数，则

$$P\{X=k\}=C_n^k p^k q^{n-k},\quad k=0,1,2,\cdots,n.$$

即 X 服从参数为 n、p 的二项分布．

二项分布是一种常用分布，如一批产品的不合格率为 p，检查 n 件产品，n 件产品中不合格数 X 服从二项分布等．

显然，例 2.6 是一个描述三重伯努利试验的例子，X 服从二项分布，即 $X\sim B\left(3,\dfrac{1}{2}\right)$．

【例 2.9】 甲、乙两支篮球队比赛，在一场比赛中，甲队获胜（没有平局）的概率为 0.6. 现在有两个比赛方案，比赛 3 场或比赛 5 场，获胜场次多的一方胜利，分别在两个方案下计算甲篮球队胜利的概率.

解 甲篮球队要胜利，必须在 3 场比赛中获胜至少 2 场、在 5 场比赛中获胜至少 3 场. 设甲篮球队获胜场次数为随机变量 X，则在 3 场比赛方案中，$X \sim B(3, 0.6)$，甲篮球队胜利的概率为

$$P\{X \geqslant 2\} = P\{X = 2\} + P\{X = 3\}$$
$$= C_3^2 \, 0.6^2 \cdot 0.4 + 0.6^3 = 0.648.$$

在 5 场比赛方案中，$X \sim B(5, 0.6)$，甲篮球队胜利的概率为

$$P\{X \geqslant 3\} = \sum_{k=3}^{5} C_5^k \, 0.6^k \cdot 0.4^{5-k} = 0.683.$$

可见，从胜利的概率角度来说，比赛场次越多，对强队越有利.

【例 2.10】 有一大批产品，其验收方案如下：先做第一次检验，从中任取 10 件，经验收若无次品则接受这批产品，次品数大于 2 则拒收；否则作第二次检验，其做法是从中再任取 5 件，仅当 5 件中无次品时接受这批产品. 若这批产品的次品率为 10%，求：

(1) 这批产品经第一次检验就能接受的概率；

(2) 需作第二次检验的概率；

(3) 这批产品按第二次检验的标准被接受的概率；

(4) 这批产品在第一次检验未能做决定且第二次检验时被通过的概率；

(5) 这批产品被接受的概率.

解 设 X 表示 10 件中次品的个数，Y 表示 5 件中次品的个数. 由于产品总数很大，近似地，$X \sim B(10, 0.1)$，$Y \sim B(5, 0.1)$，则

(1) $P\{X = 0\} = 0.9^{10} = 0.349$；

(2) $P\{1 \leqslant X \leqslant 2\} = P\{X = 1\} + P\{X = 2\}$
$$= C_{10}^1 \, 0.1^1 \cdot 0.9^9 + C_{10}^2 \, 0.1^2 \cdot 0.9^8 = 0.581；$$

(3) $P\{Y = 0\} = 0.9^5 = 0.590$；

(4) $P\{1 \leqslant X \leqslant 2, Y = 0\} = P\{1 \leqslant X \leqslant 2\} P\{Y = 0\}$（两次检验结果独立）$= 0.343$；

(5) $P\{X = 0\} + P\{1 \leqslant X \leqslant 2, Y = 0\} = 0.692$.

3. 泊松分布

泊松分布是一种重要的离散概型，因为它能作为许多随机现象的恰如其分的概率模型.

定义 2.8 若随机变量 X 的分布律为

$$P\{X = k\} = \frac{\lambda^k \mathrm{e}^{-\lambda}}{k!}, \; k = 0, 1, 2, \cdots,$$

其中 $\lambda > 0$ 是常数，则称 X 服从参数为 λ 的**泊松分布**（Poisson distribution），记为 $X \sim P(\lambda)$.

显然，$p_k = P\{X = k\} \geqslant 0$，且

$$\sum_{k=1}^{\infty} p_k = \sum_{k=1}^{\infty} \frac{\lambda^k \mathrm{e}^{-\lambda}}{k!} = \mathrm{e}^{-\lambda} \sum_{k=1}^{\infty} \frac{\lambda^k}{k!} = \mathrm{e}^{-\lambda} \mathrm{e}^{\lambda} = 1.$$

定理 2.1（泊松定理） 设 $\lim\limits_{n \to \infty} np_n = \lambda$（$\lambda > 0$ 是常数），则对任意的非负整数 k，有

$$\lim_{n \to \infty} C_n^k p_n^{\ k} (1 - p_n)^{n-k} = \frac{\lambda^k e^{-\lambda}}{k!}.$$

证明略.

注：（1）上述定理的实质是说，只要 n 很大、p 很小时，我们就可以用泊松分布的概率来逼近二项分布的概率.

（2）二项分布由两个参数 n 和 p 来描述其特征，而泊松分布只用一个参数 $\lambda = np$ 来描述其特征，这个参数表示每单位时间（或者说每单位空间）成功的期望次数，这个参数也称为分布的强度.

【例 2.11】 设某商店中每月销售某种商品的数量服从参数为 5 的泊松分布，问在月初进货时至少应进多少件此种商品，才能保证当月不脱销的概率为 0.95.

解　设 X 是商店中每月销售这种商品的数量，a 是月初进货量，则事件"当月不脱销"可表示为 $\{X \leqslant a\}$；又由题设知 $X \sim P(5)$，于是由 $P\{X \leqslant a\} \geqslant 0.95$ 得 $P\{X \geqslant a+1\} \leqslant 0.05$，

查泊松分布表（附表 4）得

$$a+1 \geqslant 10, \ a \geqslant 9.$$

即在月初进货时至少应进 9 件此种商品，才能保证当月不脱销的概率为 0.95.

对于二项分布 $B(n, p)$，当 n 很大、p 很小时，泊松定理给出了利用泊松分布近似计算二项分布概率的公式

$$C_n^k p_n^{\ k} (1 - p_n)^{n-k} \approx \frac{\lambda^k e^{-\lambda}}{k!}, \ k = 0, 1, 2, \cdots, n.$$

或者说，记

$$X \sim B(n, p), \lambda = np, Y \sim P(\lambda),$$

则

$$P\{X = k\} \approx P\{Y = k\}, \ k = 0, 1, 2, \cdots, n.$$

在实际计算时，一般认为，当 $n \geqslant 20$，$p \leqslant 0.05$ 时，近似效果较好；$n \geqslant 100$，$np \leqslant 10$ 时近似效果非常好.

【例 2.12】 设有 5000 个元件，每个元件损坏的概率为 0.001，且各元件损坏与否相互独立，求至少有 2 个元件损坏的概率.

解　设 X 是损坏元件数，则 $X \sim B(n, p)$，$n = 5000$，$p = 0.001$，记

$$\lambda = np = 5, Y \sim P(\lambda),$$

查泊松分布表得

$$P\{X \geqslant 2\} \approx P\{Y \geqslant 2\} = 0.96.$$

从这个例子可以看出，当 n 很大时，计算二项分布概率很麻烦，如这个例子中计算 $P\{X = 2\} = C_{5000}^2 0.001^2 \cdot 0.999^{4998}$，而 n 很大、p 很小时，利用泊松定理做近似计算就很简单，近似效果也很好.

泊松分布是重要的离散型随机变量分布，适合于描述单位时间内随机事件发生的次数. 若每次试验中一个事件发生的概率很小，称这个事件为稀有事件. 由泊松定理，泊松分布可以作为描述大量试验中稀有事件出现的次数的数学模型. 比如，某商店门前有大量的人经过，每人以一个较小的概率进入商店，则进入商店的人数可以用泊松分布描述；同样地，在大量产品中抽检较多产品，检查出的次品数；数字通信中的误码数；放射性物质放射出的粒子数等，都可以用泊松分布描述.

2.1.3 几何分布、超几何分布

1. 几何分布

几何分布是离散型概率分布的一种，所描述的是 n 重伯努利试验成功的概率.

在 n 次伯努利试验中，前 $n-1$ 次皆失败，第 n 次才成功的概率就叫作几何分布.

独立重复试验中，试验首次成功所需的试验次数服从几何分布。

假定我们进行试验 E，试验中只关心事件 A 发生或不发生. 如同讨论二项分布一样，假定我们重复试验 E，且重复是独立的，在每次重复中，$P(A)=p$ 和 $P(\overline{A})=1-p$ 保持不变，试验重复到 A 第一次发生为止，设 X 表示直到事件 A 第一次发生为止时试验重复的次数，则 X 可能取值为 1，2，….

定义 2.9 所谓几何分布是指随机变量 X 满足如下概率分布：

$$P(X=k)=(1-p)^{k-1}p, \ k=1, 2, \cdots.$$

几何分布随机变量常常用来表示元件或产品的寿命. 它有一个重要的性质，一般称这个性质为"无记忆性". 即如果随机变量 X 服从几何分布，则

$$P\{X>m+n \mid X>n\}=P\{X>m\}, \ m, n=0, 1, 2, \cdots.$$

这表明：如果它已经活了 n 年，再活 m 年的概率与它从出生到活 m 年的概率一样.

【例 2.13】 如果某一项检验得出"阳性"反应的概率等于 0.4，求在第一次出现阳性反应之前阴性反应出现次数少于 5 次的概率.

解 设随机变量 X 表示第一次出现阳性反应时的试验次数，则 X 满足几何分布，所以

$$P(X\leqslant 5)=\sum_{k=1}^{5}p\,(1-p)^{k-1}=0.92224.$$

【例 2.14】 已知某地区患色盲者比例为 0.25%，试求：

（1）为发现一例患色盲者至少要检查 25 人的概率；

（2）为使发现患色盲者的概率不小于 0.9，至少需要对多少人的辨色力进行检查？

解 设随机变量 X 表示恰好发现一例患色盲者需要检查的人数，则 X 满足几何分布，所以

（1）$P(X\geqslant 25)=\sum_{k=25}^{\infty}p\,(1-p)^{k-1}=(1-p)^{24}=0.9975^{24}\approx 0.94.$

（2）设至少对 n 个人的辨色力进行检查使得 $P(X\leqslant n)\geqslant 0.9$，则

$$P(X\leqslant n)=\sum_{k=1}^{n}p\,(1-p)^{k-1}=1-(1-p)^{n},$$

由 $1-(1-p)^{n}\geqslant 0.9$ 可得 $n\geqslant 919.8827$，即至少需要检查 920 人才能使发现患色盲者的概率不低于 0.9.

2. 超几何分布

超几何分布是产品抽样检查中用的. 它是二项分布的变体.

一批产品共 N 件，其中有 M 件次品，随机取出的 n 件产品中，次品数 X 服从超几何分布，记为 $X \sim H(n, M, N)$.

定义 2.10 所谓超几何分布是指随机变量 X 满足如下概率分布：

$$P(X=k)=\frac{C_M^k C_{N-M}^{n-k}}{C_N^n}, \ k=0, 1, 2, \cdots, l, \ l=\min(n, M).$$

【例 2.15】 已知一个口袋内装有 10 张大小相同的票，其号数分别为 0，1，2，$\cdots$，9，现从中任取 2 张，求所抽号数至少有一张为偶数的概率.

解　由题知 $N=10$，X 表示抽到偶数的数目，则有 $X \sim H(2，5，10)$，所求概率为

$$p=P(X=1)+P(X=2)=\frac{C_5^1 C_5^1}{C_{10}^2}+\frac{C_5^2 C_5^0}{C_{10}^2}=\frac{7}{9}.$$

生活中有很多超几何分布，比如，从全班任选 n 个人，选到女生的人数；从扑克牌中取 n 张，取到黑桃的张数；中奖的张数等，都可以用超几何分布描述。

注：（1）超几何分布必须同时满足两个条件：一是抽取的产品不再放回去，二是产品数是有限个为 N（总数较少）. 当这两个条件中任意一个发生改变，则不再是超几何分布.

（2）当抽取的方式从无放回变为有放回，超几何分布变为二项分布；当产品总数 N 很大时，超几何分布也变为二项分布. 事实上，二项分布是超几何分布的近似分布.

2.2　连续型随机变量

2.2.1　连续型随机变量、概率密度

离散型随机变量的所有可能取值可以逐个列出，但客观实际中，大量随机变量的取值是区间，而区间的点不能逐个列出，我们描述这种随机变量时，不能完全照搬离散型随机变量的描述方法.

假定随机变量 X 的所有可能取值是由很多的有限个实数所组成，比如说，0，0.01，0.02，$\cdots$，0.98，0.99，1 一切满足规律的值，对于每一个这样的值可赋予一个非负的数 $P(X=x_i)$，$i=1$，2，$\cdots$，它的和等于 1，甚至是 X 的所有可能取值是无穷多个但是可数可列时还可按这种方式来描述它的分布律. 但是当 X 的可能取值为无穷不可数的时候，比如可取区间 $[0，1]$ 上所有值的时候，对每一个值赋予一个非负的数 $P(X=x)$，使得它们的和等于 1 是不可能的也是没意义的事情，就像求质量过程中当运算对象由质点系变为一整块时考虑一点的质量是没有意义一样. 借助极限和元素法思想，我们将利用一个非负函数 $f(x)(x \in R_X)$ 构造概率来代替离散型随机变量中逐点定义的情况.

定义 2.11　对于随机变量 X 而言，如果存在一个非负函数 $f(x)$ 使得

$$P(a \leqslant X \leqslant b)=\int_a^b f(x)\mathrm{d}x(-\infty < a < b < +\infty).$$

则称 X 为**连续型随机变量**，$f(x)$ 称为 X 的**概率密度函数**或**密度函数**，简称**概率密度**（density function）. 这里的概率密度函数 $f(x)$ 必须满足如下两条性质：

（1）$f(x) \geqslant 0$，$\forall x \in R_X$；

（2）$\displaystyle\int_{-\infty}^{+\infty} f(x)\mathrm{d}x=1.$

可以证明，这种对 R_X 中的事件所赋予的概率满足第 1 章概率的公理化定义，这里取 $\{x \mid -\infty < x < +\infty\}$ 作为样本空间.

注：（1）连续型随机变量的概率密度函数一定满足以上两条性质. 反之，满足这两条性质的函数是某个随机变量的概率密度函数.

（2）X 上述概率描述的一个结果是，对于 X 的任一个确定的值 $x_0(-\infty < x_0 <$

$+\infty)$，有 $P(X=x_0)=0$，这说明不可能事件概率为 0，概率为 0 不一定是不可能事件. 因为在连续型情形中，$P\{A\}=0$，不意味着 $A=\varnothing$.

（3）$f(x)$ 不代表任意东西的概率，只有对这个函数积分时才产生概率. 由积分中值定理得 $P(x\leqslant X\leqslant x+\Delta x)=\int_x^{x+\Delta x}f(x)\mathrm{d}x=\Delta xf(\xi)$，$x\leqslant\xi\leqslant x+\Delta x$，如果 Δx 很小，$\Delta xf(x)$ 就近似地等于 $P(x\leqslant X\leqslant x+\Delta x)$（如果 f 是右连续的，当 $\Delta x\to 0$ 时，这个近似值就变得更为精确）.

（4）根据（2）中 $P(X=x_0)=0$ 这个结果我们可以得到
$$P(c\leqslant X\leqslant d)=P(c<X\leqslant d)=P(c\leqslant X<d)=P(c<X<d).$$

在上面关于连续型随机变量的讨论中，假设概率密度函数是存在的. 下面我们用一个简单的例子来验证这种存在性. 在此例中，只要对随机变量的概率特性作一个适当的假定，便容易确定相应的概率密度函数.

【例 2.16】设 X 是连续型随机变量，X 取在 $(0,1)$ 中的一切值，那么是否存在相应的概率密度函数 $f(x)$，使得 $P(a<X<b)=\int_a^b f(x)\mathrm{d}x$？

解 假定：如果 I 是 $(0,1)$ 中的任一个区间，那么 $P(X\in I)$ 与 I 的长度 $L(I)$ 成正比，即 $P(X\in I)=kL(I)$，这里 k 是比例常数. 特别地，当 $I=(0,1)$ 时，$P(X\in I)=1=kL(I)=k$，得出 $k=1$.

所以如果 $a<b<0$ 或者 $1<a<b$ 时，$P(a<X<b)=0$，得出 $f(x)=0$；如果 $0<a<b<1$，$P(a<X<b)=b-a$，得出 $f(x)=1$，综上，得相应的概率密度函数为
$$f(x)=\begin{cases}1, & 0<x<1,\\ 0, & \text{其他}.\end{cases}$$
显然满足概率密度的性质.

【例 2.17】已知随机变量 X 的密度函数为
$$f(x)=\begin{cases}cx, & x\in[0,1],\\ 0, & \text{其他}.\end{cases}$$
（1）求常数 c；
（2）求 $P\{0.3<X<0.8\}$；
（3）求 $P\left\{X\leqslant\dfrac{1}{2}\Big|\dfrac{1}{3}\leqslant X\leqslant\dfrac{2}{3}\right\}$.

解 （1）由密度函数的性质知
$$1=\int_{-\infty}^{+\infty}f(x)\mathrm{d}x=\int_0^1 cx\,\mathrm{d}x=\frac{c}{2},$$
得 $c=2$；

（2）$P\{0.3<X<0.8\}=\int_{0.3}^{0.8}2x\,\mathrm{d}x=0.55$；

（3）$P\left\{X\leqslant\dfrac{1}{2}\Big|\dfrac{1}{3}\leqslant X\leqslant\dfrac{2}{3}\right\}=\dfrac{P\left(\dfrac{1}{3}\leqslant X\leqslant\dfrac{1}{2}\right)}{P\left(\dfrac{1}{3}\leqslant X\leqslant\dfrac{2}{3}\right)}=\dfrac{\int_{\frac{1}{3}}^{\frac{1}{2}}2x\,\mathrm{d}x}{\int_{\frac{1}{3}}^{\frac{2}{3}}2x\,\mathrm{d}x}=\dfrac{5}{12}$.

本题第三问是直接利用条件概率的定义进行计算.

2.2.2　均匀分布、 指数分布

1. 均匀分布

定义 2.12　设 X 是一个取区间 $[a, b]$ 内一切值的连续型随机变量，这里 a 和 b 是有限数，如果 X 的密度函数是

$$f(x) = \begin{cases} \dfrac{1}{b-a}, & a \leqslant x \leqslant b, \\ 0, & \text{其他}, \end{cases}$$

则称 X 在区间 $[a, b]$ 上服从**均匀分布**（uniform distribution），记为 $X \sim U\,[a, b]$.

注：（1）均匀分布随机变量的密度函数在所定义的区间上是常数，为了满足条件 $\int_{-\infty}^{+\infty} f(x)\mathrm{d}x = 1$，这个常数必须等于这个区间长度的倒数，即 $\dfrac{1}{b-a}$.

（2）均匀分布的均匀性是指随机变量 X 落在区间 $[a, b]$ 内长度相等的子区间上的概率是相等的.

（3）$P(c \leqslant x \leqslant d) = \dfrac{d-c}{b-a}$，$a \leqslant c \leqslant d \leqslant b$.

【例 2.18】 在线段 $[0, 2]$ 上随机地选取一点，问所取的点在 1 和 $\dfrac{3}{2}$ 之间的概率是多少？

解　设随机变量 X 表示所取点的坐标，则 X 的密度函数为 $f(x) = \dfrac{1}{2}(0 < x < 2)$，所以

$$P\left(1 \leqslant x \leqslant \dfrac{3}{2}\right) = \dfrac{\dfrac{3}{2} - 1}{2 - 0} = \dfrac{1}{4}.$$

【例 2.19】 某汽车站汽车发往东、西两个方向，往东的汽车从上午 8：00 开始发车，往西的汽车从上午 8：05 开始发车，都是每 30min 一趟，某乘客到站时间是 9：00 到 9：30 间均匀分布的随机变量，乘客到站后乘坐随后最先发出的汽车，试求该乘客乘坐的汽车是往东的概率.

解　设乘客在 9：00 过 Xmin 到达汽车站，则 $X \sim U\,[0, 30]$，当 $0 < X < 5$ 时，随后最先发出的汽车往西；当 $5 \leqslant X \leqslant 30$ 时，随后最先发出的汽车往东，于是所求的概率为

$$P\{5 \leqslant X \leqslant 30\} = \dfrac{30 - 5}{30 - 0} = \dfrac{5}{6}.$$

2. 指数分布

定义 2.13　若连续型随机变量 X 的密度函数为

$$f(x) = \begin{cases} \lambda \mathrm{e}^{-\lambda x}, & x > 0, \\ 0, & x \leqslant 0, \end{cases}$$

其中 $\lambda > 0$ 为常数，则称 X 服从参数为 λ 的**指数分布**（exponentially distribution），记为 $X \sim E(\lambda)$.

容易验证，$f(x)$ 满足密度函数的性质.

指数分布在排队论和可靠性理论中有广泛的应用，例如，电子元件的寿命、电话通话的时间、服务系统服务时间等.

【例 2.20】 某电子元件寿命（h）$X \sim E(\lambda)$，s，$t>0$，试求：

（1）$P\{X>t\}$；

（2）$P\{X>s+t\,|\,X>s\}$.

解 （1）$P\{X>t\}=1-P(X \leqslant t)=1-\displaystyle\int_{-\infty}^{t}\lambda\,\mathrm{e}^{-\lambda x}\,\mathrm{d}x=\mathrm{e}^{-\lambda t}$；

（2）$P\{X>s+t\,|\,X>s\}=\dfrac{P\{X>s,\ X>s+t\}}{P\{X>s\}}$

$$=\dfrac{P\{X>s+t\}}{P\{X>s\}}=\dfrac{\mathrm{e}^{-\lambda(s+t)}}{\mathrm{e}^{-\lambda s}}=\mathrm{e}^{-\lambda t}.$$

在上例中，$P\{X>t\}$ 是电子元件至少能使用 t h 的概率，$P\{X>s+t\,|\,X>s\}$ 是已经使用 s h 没损坏的条件下，还能继续至少使用 t h 的概率. 这两者相等，说明已用过但没有损坏的电子元件，使用效果等同于新的电子元件，电子元件对它的使用经历没有记忆. 这称之为指数分布的"无记忆性"，即对任意的 s，$t>0$，有

$$P\{X>t\}=P\{X>s+t\,|\,X>s\}.$$

机械部件在使用过程中，会显著发生磨损老化，而电子元件在使用的初期阶段老化现象不显著，可以用指数分布来描述电子元件的寿命.

2.2.3　正态分布

定义 2.14　若连续型随机变量 X 的密度函数为

$$f(x)=\frac{1}{\sqrt{2\pi}\,\sigma}\mathrm{e}^{-\frac{(x-\mu)^2}{2\sigma^2}},\quad -\infty<x<+\infty,$$

其中 $-\infty<\mu<+\infty$，$\sigma>0$ 为常数，则称 X 服从参数为 μ、σ 的正态分布（normal distribution），记为 $X \sim N(\mu,\ \sigma^2)$.

正态分布概率密度函数的几何特征如下.

（1）钟形曲线，关于 $x=\mu$ 对称（见图 2.1）；

（2）当 $x=\mu$ 时，$f(x)$ 取得最大值 $\dfrac{1}{\sqrt{2\pi}\,\sigma}$；

（3）当 $x \to \pm\infty$ 时，$f(x) \to 0$；

（4）曲线在 $x=\mu\pm\sigma$ 处有拐点；

（5）曲线以 x 轴为渐进线；

（6）当 σ 固定而 μ 变动时，曲线形状不变沿 x 轴平移；

（7）当 μ 固定而 σ 变动时，曲线对称轴位置不变，形状改变，σ 越小，曲线越"陡峭"，σ 越大，曲线越"平缓".

习惯上，称服从正态分布的随机变量为正态随机变量，又称正态分布的概率密度曲线为正态分布曲线.

特别地，当 $\mu=0$，$\sigma=1$ 时称 X 服从标准正态分布 $N(0,\ 1)$，其概率密度 $\dfrac{1}{\sqrt{2\pi}}\mathrm{e}^{-\frac{x^2}{2}}$ 记

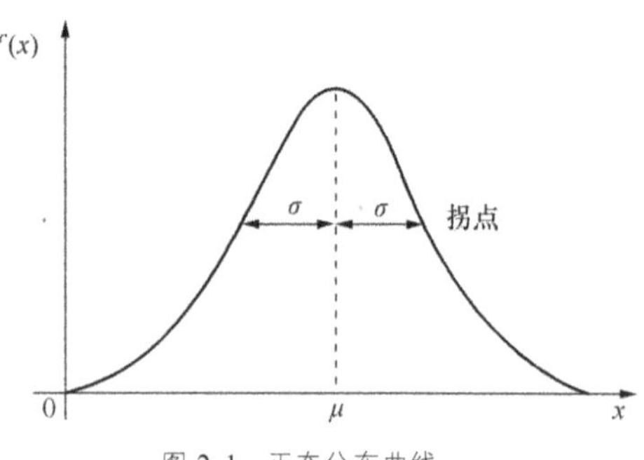

图 2.1　正态分布曲线

为 $\varphi(x)$.

定义 2.15　若 $P(X > \tau_a) = \int_{\tau_a}^{\infty} \varphi(x) \mathrm{d}x = \alpha$ ，$0 < \alpha < 1$，则称 τ_a 为 X 的上 α 分位点.

正态分布是最常见的一种分布，在实际问题中许多随机变量服从或近似服从正态分布. 如一个地区的男性成年人的身高和体重，测量某个物理量所产生的随机误差，某地区的年降水量等，它们都服从正态分布. 本书第 4 章的中心极限定理表明，一个变量，如果由大量独立、微小且均匀的随机因素叠加而生成，那么它就近似服从正态分布. 由此可见，在理论研究和实际应用中正态分布都占有十分重要的地位。

2.3　随机变量的分布函数

2.3.1　分布函数的定义

对于随机变量 X，不仅要知道 X 取哪些值以及取这些值的概率；而且更重要的是要知道 X 在任意有限区间 (a, b) 内取值的概率，为此，我们将引入随机变量的分布函数.

定义 2.16　设 X 为随机变量，x 是任意实数，称函数 $F(x) = P\{X \leqslant x\}$ 为随机变量 X 的**分布函数**（distribution function）.

注：（1）分布函数实质是概率累积函数，主要研究随机变量 X 落在区间 $(-\infty, x]$ 的概率，通过计算能够完整地描述随机变量的统计规律性.

（2）随机变量分布函数的定义适用于任意的随机变量，其中也包含了离散型随机变量，即离散型随机变量既有分布律也有分布函数，二者都能完全描述它的统计规律性.

（3）分布函数 $F(x)$ 是 x 的一个普通实函数.

定理 2.2　（1）如果 X 是一个离散型随机变量，那么

$$F(x) = \sum_{x_i \leqslant x} P\{X = x_i\},$$

这里对一切满足 $x_i \leqslant x$ 的 x_i 取和.

（2）如果 X 是一个具有概率密度函数 $f(x)$ 的连续型随机变量，那么

$$F(x) = \int_{-\infty}^{x} f(x) \mathrm{d}x.$$

证明：这两个结果都直接从定义得到.

【**例 2.21**】离散型随机变量 X 的分布律见表 2.5.

表 2.5　X 的分布律

X	0	1	2
p_i	0.2	0.5	0.3

求 X 的分布函数.

解　$F(x) = P\{X \leqslant x\}$.

对 $x < 0$，$(-\infty, x]$ 内不包含随机变量 X 的任何可能取值，因此 $F(x) = 0$；

对 $0 \leqslant x < 1$，$(-\infty, x]$ 内只包含随机变量 X 的一个可能取值 $x_1 = 0$，因此

$$F(x) = P\{X \leqslant x\} = P\{X = 0\} = 0.2；$$

对 $1 \leqslant x < 2$，$(-\infty, x]$ 内包含随机变量 X 的两个可能取值 $x_1 = 0$，$x_2 = 1$，因此

$$F(x) = P\{X \leqslant x\} = P\{X = 0\} + P\{X = 1\} = 0.2 + 0.5 = 0.7；$$

对 $x \geqslant 2$，$(-\infty, x]$ 内包含随机变量 X 的所有可能取值，因此

$$F(x) = P\{X \leqslant x\} = 1.$$

故 X 的分布函数为

$$F(x) = \begin{cases} 0, & x < 0, \\ 0.2, & 0 \leqslant x < 1, \\ 0.7, & 1 \leqslant x < 2, \\ 1, & x \geqslant 2. \end{cases}$$

注：在写出各个区间时，是否包括端点很重要.

由函数理论知，离散型随机变量的分布函数 $F(x)$ 是分段函数，图形为阶梯形曲线，间断点为跳跃间断点，跳跃幅度是随机变量取这个值的概率，但右连续.

【例 2.22】 离散型随机变量 X 的分布律见表 2.6.

表 2.6　X 的分布律

X	0	1	2	3	4
p_i	0.2	0.1	0.3	0.3	0.1

求 $F(1)$、$F(2.1)$、$F(3)$、$F(3.2)$.

解　由分布函数定义知 $F(x) = P\{X \leqslant x\}$，所以

$$F(1) = P(X \leqslant 1) = P(X = 0) + P(X = 1) = 0.3；$$
$$F(2.1) = P(X \leqslant 2.1) = P(X = 0) + P(X = 1) + P(X = 2) = 0.6；$$
$$F(3) = P(X \leqslant 3) = P(X = 0) + P(X = 1) + P(X = 2) + P(X = 3) = 0.9；$$
$$F(3.2) = P(X \leqslant 3.2) = 1 - P(X = 4) = 0.9.$$

【例 2.23】 试求：

(1) 均匀分布随机变量的分布函数的表达式.

(2) 指数分布随机变量的分布函数的表达式.

(3) 标准正态分布随机变量 $\varphi(x) = \dfrac{1}{\sqrt{2\pi}} \mathrm{e}^{-\frac{x^2}{2}}$ 的分布函数的表达式.

解　(1) $F(x) = P(X \leqslant x) = \displaystyle\int_{-\infty}^{x} f(x)\mathrm{d}x$

$$= \begin{cases} 0, & x < a, \\ \dfrac{x - a}{b - a}, & a \leqslant x < b, \\ 1, & x \geqslant b. \end{cases}$$

(2) $F(x) = \begin{cases} 1 - \mathrm{e}^{-\lambda x}, & x > 0, \\ 0, & x \leqslant 0. \end{cases}$

(3) $\Phi(x) = \displaystyle\int_{-\infty}^{x} \dfrac{1}{\sqrt{2\pi}} \mathrm{e}^{-\frac{t^2}{2}} \mathrm{d}t.$

连续型随机变量的分布函数的性质如下.

(1) 连续型随机变量的分布函数 $F(x)$ 可以由概率密度函数 $f(x)$ 确定，并且在 $f(x)$ 的连续点处 $F'(x)=f(x)$；

(2) $P\{a<X\leqslant b\}=F(b)-F(a)=\int_a^b f(x)\mathrm{d}x$，其中 $a\leqslant b$；

(3) $P(a<X\leqslant b)=P(a\leqslant X\leqslant b)=P(a<X<b)=P(a\leqslant X<b)=\int_a^b f(x)\,\mathrm{d}x$；

(4) $P(X=x)=0$，$-\infty<x<+\infty$.

因此，对连续型随机变量 X 在区间上取值的概率的求法有两种：

(1) 若 $F(x)$ 已知，则 $P\{a<X\leqslant b\}=F(b)-F(a)$；

(2) 若 $f(x)$ 已知，则 $P\{a<X\leqslant b\}=\int_a^b f(x)\mathrm{d}x$.

2.3.2　分布函数的性质

分布函数具有以下基本性质.

(1) $0\leqslant F(x)\leqslant 1$，$-\infty<x<+\infty$；

(2) $F(x)$ 是单调不减的函数；

(3) $F(-\infty)=\lim\limits_{x\to-\infty}F(x)=0$，$F(+\infty)=\lim\limits_{x\to+\infty}F(x)=1$；

(4) $F(x)$ 右连续.

证明略.

反之，满足这 4 个性质的函数，是某一个随机变量的分布函数.

已知 X 的分布函数 $F(x)$，我们可以求出下列重要事件的概率.

(1) $P(X\leqslant b)=F(b)$；

(2) $P(a<X\leqslant b)=F(b)-F(a)$，其中 $a<b$；

(3) $P(X>b)=1-F(b)$；

(4) $P\{X=a\}=F(a)-F(a-0)$；

(5) $P\{X<a\}=F(a-0)$.

【**例 2.24**】 设 $X\sim F(x)=a+b\arctan x$，$-\infty<x<+\infty$，求：

(1) a 与 b；

(2) $P(-1<X\leqslant 1)$.

解　(1) 由 $F(-\infty)=\lim\limits_{x\to-\infty}F(x)=0$，$F(+\infty)=\lim\limits_{x\to+\infty}F(x)=1$ 得

$$a-\frac{\pi}{2}b=0,\quad a+\frac{\pi}{2}b=1,$$

所以 $a=\dfrac{1}{2}$，$b=\dfrac{1}{\pi}$.

于是 $F(x)=\dfrac{1}{2}+\dfrac{1}{\pi}\arctan x$.

(2) $P(-1<X\leqslant 1)=F(1)-F(-1)=\dfrac{1}{2}$.

通常我们记 $\Phi(x)$ 为标准正态分布函数，它有下列性质.

（1）$\Phi(-x)=1-\Phi(x)$；

（2）$\Phi(0)=\dfrac{1}{2}$；

（3）$X\sim N(0,1)$ 时，$P\{a<X\leqslant b\}=\Phi(b)-\Phi(a)$．

若 $X\sim N(0,1)$，可以通过查 $\Phi(x)$ 的函数值表（见附表3）来求概率．

例如，随机变量 $X\sim N(0,1)$，则

$$P\{-1<X<2\}=\Phi(2)-\Phi(-1)$$
$$=\Phi(2)-(1-\Phi(1))=\Phi(2)+\Phi(1)-1,$$

而 $\Phi(1)$、$\Phi(2)$ 可在附表3中查出．

借助于标准正态分布表，容易计算在正态分布情形下任意事件发生的概率．

下面我们不加证明地给出 $X\sim N(\mu,\sigma^2)$ 时的以下结论．

（1）X 的分布函数 $F(x)=P(X\leqslant x)=P\left\{\dfrac{X-\mu}{\sigma}\leqslant\dfrac{x-\mu}{\sigma}\right\}=\Phi\left(\dfrac{x-\mu}{\sigma}\right)$；

（2）$P\{a<X\leqslant b\}=\Phi\left(\dfrac{b-\mu}{\sigma}\right)-\Phi\left(\dfrac{a-\mu}{\sigma}\right)$；

（3）$f(x)=F'(x)=\dfrac{1}{\sigma}\varphi\left(\dfrac{x-\mu}{\sigma}\right)$．

【例 2.25】 设随机变量 $X\sim N(1,2^2)$，求 $P\{2<X<3\}$．

解 $P\{2<X<3\}=P\left\{\dfrac{2-1}{2}<\dfrac{X-1}{2}<\dfrac{3-1}{2}\right\}$

$$=\Phi(1)-\Phi(0.5)=0.8413-0.6915=0.1498.$$

【例 2.26】 设随机变量 $X\sim N(\mu,\sigma^2)$，则

$$P\{\mu-\sigma<X<\mu+\sigma\}=\Phi(1)-\Phi(-1)=2\Phi(1)-1=0.6826;$$
$$P\{\mu-2\sigma<X<\mu+2\sigma\}=2\Phi(2)-1=0.9544;$$
$$P\{\mu-3\sigma<X<\mu+3\sigma\}=2\Phi(3)-1=0.9974.$$

正态分布随机变量 X 的取值范围是 $(-\infty,+\infty)$，由于 $P\{\mu-3\sigma<X<\mu+3\sigma\}=0.9974$，可以认为 X 的值几乎全部集中在 $(\mu-3\sigma,\mu+3\sigma)$ 区间内，超出这个范围的可能性仅占不到 0.3%，几乎不可能发生，也即 X 几乎不能在区间外取值，称之为"3σ"原则．

【例 2.27】 某机床生产的零件长度 $X\sim N(20,0.02^2)$，工厂规定该零件长度在区间 $(19.96,20.04)$ 内为合格品，求该机床产品的合格率．

解 因为 $19.96<X<20.04$ 表示产品合格，所以合格率为

$$P(19.96<X<20.04)=\Phi\left(\dfrac{20.04-20}{0.02}\right)-\Phi\left(\dfrac{19.96-20}{0.02}\right)$$
$$=\Phi(2)-\Phi(-2)=2\Phi(2)-1$$
$$=0.9544.$$

【例 2.28】 公共汽车的车门高度是按成年男子与车门顶碰头的机会在 1% 以下设计的．设男子身高（cm）$X\sim N(170,6^2)$，问车门高度如何确定？

解 设车门高度为 h，按设计要求，$P\{X\geqslant h\}\leqslant 0.01$ 或 $P\{X<h\}\geqslant 0.99$，因为 $X\sim N(170,6^2)$，故

$$P\{X < h\} = \Phi\left(\frac{h - 170}{6}\right) \geqslant 0.99,$$

查表（附表 3）得

$$\Phi(2.33) = 0.9901,$$

取 $\dfrac{h - 170}{6} = 2.33$，即 $h = 184$. 故车门高度设计为 184cm 可以满足要求.

【例 2.29】 设随机变量 $X \sim N(3，1)$，对 X 进行 3 次独立观测，求至少有两次观测值大于 3 的概率.

解　$X \sim N(3，1)$，则

$$P\{X > 3\} = \Phi(0) = 0.5.$$

设 Y 是 3 次独立观测中，观测值大于 3 的次数，则 $Y \sim B(3，0.5)$，于是

$$P\{Y \geqslant 2\} = C_3^2 \, 0.5^3 + C_3^3 \, 0.5^3 = 0.5.$$

2.4　随机变量函数的分布

对于一些随机变量，它们的分布不易直接得到，但与之有函数关系的随机变量，其分布却很容易知道. 因此，有必要研究随机变量之间的函数关系，从已知分布的随机变量，得到与之有函数关系的随机变量的分布.

2.4.1　一个例子

假定一根纤细的标准化的管子的半径 X 是一个连续型随机变量，它有密度函数 $f(x)$，设 $Y = \pi X^2$ 是管子的横截面积，显然，因为 X 的值是随机试验的结果，那么 Y 的值也应如此，即 Y 是（连续型）随机变量，并且 Y 的密度函数可以由 X 的密度函数用某种方式推导出来，在这一节，我们将研究这样的一般性的问题.

2.4.2　等价事件

设 E 是一个试验，Ω 是它的样本空间，X 是定义在 Ω 上的一个随机变量，假定 $y = g(x)$ 是 x 的一个实值函数，那么因为对每一个 $\omega \in \Omega$，确定 Y 的一个值 $y = g(x) = g(X(\omega))$，所以 $Y = g(X)$ 是一个随机变量. 在前面我们把函数 X 的一切可能值的集合 R_X 称为 X 的分布空间，这里我们称函数 Y 的一切可能值的集合 R_Y 为 Y 的分布空间.

定义 2.17　设 C 是 R_Y 的一个事件（子集），B 是一切使得 $g(x) \in C$ 的 x 的值的集合，是 R_X 的一个事件（子集），即满足 $B = \{x \mid x \in R_X，g(x) \in C\}$，则称 B、C 是等价事件.

注：（1）当且仅当 B 和 C 同时发生时，B 和 C 才是等价事件，即当 B 发生时 C 便发生，反之亦然.

（2）假定 A 是关于 Ω 的一个事件，它等价于 R_X 中的一个事件 B，而 C 是 R_Y 中的一个事件，它等价于事件 B，便有 A 等价于 C.

（3）一般而言，等价事件对应于不同的样本空间. 例如，当 $Y = g(X) = \pi X^2$ 时，事件 $B = \{X > 2\}$ 和 $C = \{Y > 4\pi\}$ 是等价的，因为如果 $Y = g(X) = \pi X^2$，那么当且仅当 $\{Y >$

$4\pi\}$ 发生时 $\{X>2\}$ 发生，因为在这里 X 不取负值. 需要注意的是，这里的表达式 $\{Y>4\pi\}$、$\{X>2\}$ 只是一种简写，完整地应该分别为事件 $C=\{x\mid Y(x)>4\pi\}$，事件 $B=\{\omega\mid X(\omega)>2\}$.

定义 2.18 设 X 是定义在样本空间 Ω 上的随机变量，R_X 是 X 的分布空间，设 g 是一个实值函数，考虑以 R_Y 为分布空间的随机变量 $Y=g(X)$，对于任一事件 $C\subset R_Y$，定义 $P(C)$ 为

$$P(C)=P(\{x\mid x\in R_X,\, g(x)\in C\}),$$

也就是说，相应于 Y 的分布空间的一个事件的概率被定义为由上式所给出的等价事件（关于 X）的概率.

注：（1）如果我们知道 X 的概率分布，并且我们能确定上述的等价事件，那么上述定义使得要计算相应于 Y 的复杂事件的概率成为可能.

（2）我们在前面已经讨论过如何把相应于 R_X 的概率和相应于 Ω 的概率联系起来，上式还可写成

$$
\begin{aligned}
P(C)&=P(\{x\mid x\in R_X,\, g(x)\in C\})\\
&=P(\{\omega\mid \omega\in\Omega,\, X(\omega)=x,\, g(x)=g(X(\omega))\in C\}).
\end{aligned}
$$

2.4.3 离散型随机变量函数的分布律

如果 X 是一个离散型随机变量，且 $Y=g(X)$，则 Y 也是一个离散型随机变量. 设随机变量 X 的分布律见表 2.7.

表 2.7 X 的分布律

X	x_1	x_2	$\cdots$	x_i	$\cdots$
p_i	p_1	p_2	$\cdots$	p_i	$\cdots$

$Y=g(X)$ 是随机变量 X 的函数，由 X 的取值 x_i，可以计算得到 $g(x_i)$，若 $g(x_i)$ 互不相同，则 Y 的取值为 $y_i=g(x_i)$，且

$$P\{Y=y_i\}=P\{X=x_i\}.$$

若 $g(x_i)$ 有相同的，设共有 l 个不同的 $x_{i_1}, x_{i_2}, \cdots, x_{i_l}$，使得

$$g(x_{i_1})=g(x_{i_2})=\cdots=g(x_{i_l})=y_i,$$

则
$$P\{Y=y_i\}=P\{X=x_{i_1}\}+P\{X=x_{i_2}\}+\cdots+P\{X=x_{i_l}\}.$$

【例 2.30】 随机变量 X 的分布律见表 2.8.

表 2.8 X 的分布律

X	0	1	2	3
p_i	0.1	0.2	0.3	0.4

求 $Y=(X-1)^2$ 的分布.

解 随机变量 X 取值为 $0,1,2,3$，记 $g(x)=(x-1)^2$，则
$$g(0)=1,\ g(1)=0,\ g(2)=1,\ g(3)=4,$$
随机变量 Y 的取值为 $0,1,4$，其中 $g(1)=0,\ g(3)=4$ 与其他不同，故

$$P\{Y=0\}=P\{X=1\}=0.2,\ \ P\{Y=4\}=P\{X=3\}=0.4.$$

而 $g(0)=g(2)=1$，故

$$P\{Y=1\}=P\{X=0\}+P\{X=2\}=0.4.$$

则随机变量 Y 的分布律见表 2.9.

表 2.9　Y 的分布律

Y	0	1	4
p_i	0.2	0.4	0.4

2.4.4　连续型随机变量函数的分布

1. 分布函数法（直接变换法）求随机变量函数的概率密度

设 X 是连续型随机变量，密度函数为 $f_X(x)$，$Y=g(X)$ 是随机变量 X 的函数，要得到 Y 的密度函数 $f_Y(y)$，一般从分布函数着手，即

$$F_Y(y)=P\{Y\leqslant y\}=P\{g(X)\leqslant y\}=P\{X\in D\},$$

最后的概率可以由 $f_X(x)$ 求出，这个方法的要点是从 $g(X)\leqslant y$ 解出 X 的取值范围.

【例 2.31】 设 X 是连续型随机变量，密度函数为 $f_X(x)$，求 $Y=g(X)=X^2$ 的密度函数.

解　由于 $Y=g(X)=X^2$，当 $y\leqslant 0$ 时，$F_Y(y)=0$；当 $y>0$ 时，有

$$\begin{aligned}
F_Y(y)&=P\{Y\leqslant y\}=P\{X^2\leqslant y\}=P\{-\sqrt{y}\leqslant X\leqslant \sqrt{y}\}\\
&=F_X(\sqrt{y})-F_X(-\sqrt{y}).
\end{aligned}$$

$F_Y(y)$ 关于 y 求导，得

$$f_Y(y)=\begin{cases}\dfrac{1}{2\sqrt{y}}\left[f_X(\sqrt{y})+f_X(-\sqrt{y})\right], & y>0,\\[2mm] 0, & y\leqslant 0.\end{cases}$$

【例 2.32】 设 X 是连续型随机变量，密度函数为 $f_X(x)=\begin{cases}\dfrac{x}{8}, & 0<x<4,\\[2mm] 0, & 其他,\end{cases}$ 求 $Y=2X+8$ 的概率密度.

解　记 Y 的分布函数为 $F_Y(y)$，则

$$F_Y(y)=P(Y\leqslant y)=P(2X+8\leqslant y)=P\left(X\leqslant \dfrac{y-8}{2}\right)=F_X\left(\dfrac{y-8}{2}\right),$$

$$f_Y(y)=F'_Y(y)=F'_X\left(\dfrac{y-8}{2}\right)\cdot \dfrac{1}{2}$$

$$=\begin{cases}\dfrac{1}{8}\cdot\dfrac{y-8}{2}\cdot\dfrac{1}{2}, & 0<\dfrac{y-8}{2}<4\\[2mm] 0, & 其他\end{cases}=\begin{cases}\dfrac{y-8}{32}, & 8<y<16,\\[2mm] 0, & 其他.\end{cases}$$

2. 公式法求随机变量函数的概率密度

当 $g(x)$ 严格单调时，有下面的结论.

定理 2.3　设随机变量 X，密度函数为 $f_X(x)$，又函数 $y = g(x)$ 严格单调，反函数 $h(y)$ 有连续导数，则 $Y = g(X)$ 是连续型随机变量，其密度函数为

$$f_Y(y) = \begin{cases} f_X(h(y))\,|h'(y)|, & \alpha < y < \beta, \\ 0, & \text{其他.} \end{cases}$$

其中，$\alpha = \min(g(-\infty), g(+\infty))$，$\beta = \max(g(-\infty), g(+\infty))$.

证　若函数 $y = g(x)$ 严格单调增加，当 $\alpha < y < \beta$ 时，有

$$F_Y(y) = P\{Y \leqslant y\} = P\{g(X) \leqslant y\} = P\{X \leqslant h(y)\} = F_X(h(y)),$$

$F_Y(y)$ 关于 y 求导即得证.

函数 $y = g(x)$ 严格单调减少时类似可证.

【例 2.33】　设连续型随机变量 X 的概率密度为 $f_X(x)$，求 $Y = aX + b$（a，b 为常数，$a \neq 0$）的密度函数.

解　由 $y = g(x) = ax + b$ 得 $x = \dfrac{1}{a}(y - b)$，即

$$x = h(y) = \frac{y - b}{a}, \quad h'(y) = \frac{1}{a},$$

所以

$$f_Y(y) = f_X(h(y))\,|h'(y)| = f_X\left(\frac{y-b}{a}\right)\frac{1}{|a|}.$$

【例 2.34】　设随机变量 $X \sim N(\mu, \sigma^2)$，求：

(1) $Y = \dfrac{X - \mu}{\sigma}$ 的概率密度；

(2) $Y = aX + b$（a、b 为常数，$a \neq 0$）的概率密度.

解　(1) 因为 $X \sim N(\mu, \sigma^2)$，所以

随机变量 $X \sim f_X(x)$，$f_X(x) = \dfrac{1}{\sqrt{2\pi}\sigma}\mathrm{e}^{-\frac{(x-\mu)^2}{2\sigma^2}}$，$-\infty < x < +\infty$.

由 $Y = \dfrac{X - \mu}{\sigma}$ 得 $y = \dfrac{x - \mu}{\sigma}$，所以

$$x = h(y) = \mu + \sigma y, \quad h'(y) = \sigma,$$

所以

$$f_Y(y) = f_X(h(y))\,|h'(y)| = f_X(\mu + \sigma y)\sigma = \frac{1}{\sqrt{2\pi}}\mathrm{e}^{-\frac{y^2}{2}},$$

即

$$Y = \frac{X - \mu}{\sigma} \sim N(0, 1).$$

(2) 令 $y = g(x) = ax + b$，得反函数 $x = h(y) = \dfrac{y - b}{a}$，求导得 $h'(y) = \dfrac{1}{a}$，故

$$f_Y(y) = \frac{1}{|a|\sigma\sqrt{2\pi}}\mathrm{e}^{-\frac{(y-(a\mu+b))^2}{2(a\sigma)^2}}, \quad -\infty < y < +\infty,$$

即

$$Y = aX + b \sim N(a\mu + b, (a\sigma)^2).$$

【例 2.34】 说明两个重要结论：

(1) 当 $X \sim N(\mu, \sigma^2)$ 时，$Y = \dfrac{X - \mu}{\sigma} \sim N(0, 1)$，且随机变量 $\dfrac{X - \mu}{\sigma}$ 称为 X 的标准化；

(2) 正态随机变量的线性变换 $Y = aX + b$ 仍是正态随机变量.

【例 2.35】 设 $X \sim U\left(-\dfrac{\pi}{2}, \dfrac{\pi}{2}\right)$，求 $Y = \tan X$ 的概率密度 $f_Y(y)$.

解　$y = g(x) = \tan x$，反函数 $x = h(y) = \arctan y$，$h'(y) = \dfrac{1}{1+y^2}$，又 $f_X(x) = \dfrac{1}{\pi}$，所以

$$f_Y(y) = \frac{1}{\pi} \frac{1}{1+y^2}.$$

这一概率分布称为柯西（Cauchy）分布.

本章小结

本章首先引入随机变量的概念，把随机试验的结果对应到实数，随机变量的取值有一定的概率，这是区别于普通函数的地方. 引入随机变量，方便我们用数学方法研究随机试验. 随后我们讨论了离散和连续两类随机变量，并介绍了几种离散的和连续的常用分布. 随机变量的函数在理论和应用中都很重要，应掌握由已知分布的随机变量求出其函数随机变量的分布的方法.

本章学习要点：

1. 理解随机变量的概念.

2. 理解随机变量分布函数的概念及性质，理解离散型随机变量的分布律及其性质，理解连续型随机变量的概率密度及其性质，会应用概率分布计算有关事件的概率.

3. 掌握 $(0-1)$ 分布、二项分布、泊松分布、几何分布、超几何分布、正态分布、均匀分布和指数分布.

4. 会求简单随机变量函数的概率分布.

习题 2

1. 一袋中有 5 只乒乓球，编号为 1，2，3，4，5，在其中同时取 3 只，以 X 表示取出的 3 只球中的最大号码，写出随机变量 X 的分布律.

2. 设在 15 只同类型零件中有 2 只为次品，在其中取 3 次，每次任取 1 只，作不放回抽样，以 X 表示取出的次品个数，求：

（1）X 的分布律；

（2）X 的分布函数并作图；

（3）$P\left\{X \leqslant \dfrac{1}{2}\right\}$，$P\left\{1 < X \leqslant \dfrac{3}{2}\right\}$，$P\left\{1 \leqslant X \leqslant \dfrac{3}{2}\right\}$，$P\{1 < X < 2\}$.

3. 设随机变量 X 的分布律分别为

（1）$P\{X = k\} = \dfrac{a}{N}$，$k = 1$，2，$\cdots$，$N$；

（2）$P\{X = k\} = \dfrac{ak}{N}$，$k = 1$，2，$\cdots$，$N$；

（3）$P\{X = k\} = a\dfrac{\lambda^k}{k!}$，$k = 0$，1，2，$\cdots$；

试确定常数 a.

4. 射手向目标独立地进行了 3 次射击，每次击中率为 0.8，求 3 次射击中击中目标的次数的分布律及分布函数，并求 3 次射击中至少击中 2 次的概率.

5. 一大楼装有 5 个同类型的供水设备，调查表明在任一时刻 t 每个设备使用的概率为 0.1，问在同一时刻：

（1）恰有 2 个设备被使用的概率是多少？

（2）至少有 3 个设备被使用的概率是多少？

（3）至多有 3 个设备被使用的概率是多少？

（4）至少有一个设备被使用的概率是多少？

6. 进行某种试验，成功的概率为 p，失败的概率为 $q=1-p$，以 X 表示试验首次成功所需试验的次数，试写出 X 的分布律，并计算 X 取偶数的概率.

7. 某公安局在长度为 t 的时间间隔内收到的紧急呼救的次数 X 服从参数为 $0.5t$ 的泊松分布，而与时间间隔起点无关（时间以小时计）.

（1）求某一天中午 12 时至下午 3 时没收到呼救的概率；

（2）求某一天中午 12 时至下午 5 时至少收到 1 次呼救的概率.

8. 电话交换台每分钟的呼唤次数服从参数为 4 的泊松分布，求：

（1）每分钟恰有 5 次呼唤的概率；

（2）每分钟的呼唤次数大于 8 的概率.

9. 某教科书出版了 2000 册，因装订等原因造成错误的概率为 0.001，试求在这 2000 册书中恰有 5 册错误的概率.

10. 有一繁忙的汽车站，每天有大量汽车通过，设每辆车在一天的某时段出事故的概率为 0.0001，在某天的该时段内有 20000 辆汽车通过，问出事故的次数不小于 3 的概率是多少？

11. 某一地区在夏天（比如 7 月和 8 月）任一天出现雷雨的概率等于 0.1，假定各天情况是独立的，试问在 8 月 3 号出现夏季的第一次雷雨的概率是多少？

12. 有 2500 名同一年龄和同社会阶层的人参加了保险公司的人寿保险. 在一年中每个人死亡的概率为 0.002，每个参加保险的人在 1 月 1 日须交 12 元保险费，而在死亡时家属可从保险公司领取 2000 元赔偿金. 求：

（1）保险公司亏本的概率；

（2）保险公司获利分别不少于 10000 元、20000 元的概率.

13. 设随机变量 X 的概率密度为

$$f(x)=\begin{cases} x, & 0\leqslant x<1, \\ 2-x, & 1\leqslant x<2, \\ 0, & 其他. \end{cases}$$

求 X 的分布函数 $F(x)$，并画出 $f(x)$ 及 $F(x)$ 的图形.

14. 已知随机变量 X 的密度函数为

$$f(x)=A\mathrm{e}^{-|x|}, \quad -\infty<x<+\infty,$$

求：（1）A 值；（2）$P\{0<X<1\}$；（3）$F(x)$.

15. 设连续型随机变量 X 的分布函数为

$$F(x) = \begin{cases} A + Be^{-\frac{x^2}{2}}, & x > 0, \\ 0, & x \leqslant 0, \end{cases}$$

求常数 A 和 B.

16. 设随机变量 X 的分布函数为

$$F(x) = \begin{cases} A + Be^{-\lambda x}, & x \geqslant 0, \\ 0, & x < 0, \end{cases} \quad (\lambda > 0).$$

（1）求常数 A、B；

（2）求 $P\{X \leqslant 2\}$，$P\{X > 3\}$；

（3）求概率密度 $f(x)$.

17. 已知

$$F(x) = \begin{cases} 0, & x < 0, \\ x + \dfrac{1}{2}, & 0 \leqslant x < \dfrac{1}{2}, \\ 1, & x \geqslant \dfrac{1}{2}. \end{cases}$$

（1）$F(x)$ 是否随机变量的分布函数？

（2）$F(x)$ 是否离散型或连续型随机变量的分布函数？

18. 设随机变量 $X \sim U[0, 5]$，求方程 $4x^2 + 4Xx + X + 2 = 0$ 有实根的概率.

19. 随机变量 X 在 $[2, 5]$ 上服从均匀分布，现对 X 进行三次独立观测，求至少有两次的观测值大于 3 的概率.

20. 设某种仪器内装有三只同样的电子管，电子管使用寿命 X 的密度函数为

$$f(x) = \begin{cases} \dfrac{100}{x^2}, & x \geqslant 100, \\ 0, & x < 100. \end{cases}$$

求：（1）在开始 150h 内没有电子管损坏的概率；

（2）在这段时间内有一只电子管损坏的概率；

（3）$F(x)$.

21. 以 X 表示某商店从早晨开始营业起直到第一顾客到达的等待时间（以 min 计），X 的分布函数是

$$F(x) = \begin{cases} 1 - e^{-0.4x}, & x \geqslant 0, \\ 0 & x < 0. \end{cases}$$

求下述概率：

（1）$P\{至多\ 3min\}$；（2）$P\{至少\ 4min\}$；（3）$P\{3 \sim 4min\ 之间\}$；

（4）$P\{至多\ 3min\ 或至少\ 4min\}$；（5）$P\{恰好\ 2.5min\}$.

22. 设顾客在某银行的窗口等待服务的时间 X（以分钟计）服从指数分布 $E\left(\dfrac{1}{5}\right)$. 某顾客在窗口等待服务，若超过 10min 他就离开. 他一个月要到银行 5 次，以 Y 表示一个月内他未等到服务而离开窗口的次数，试写出 Y 的分布律，并求 $P\{Y \geqslant 1\}$.

23. 设 $X \sim N(3, 2^2)$.

(1) 求 $P\{4 < X \leqslant 6\}$，$P\{2 < X < 5\}$，$P\{-4 < X < 10\}$，$P\{|X| > 2\}$，$P\{X > 3\}$；

(2) 确定 c，使 $P\{X > c\} = P\{X \leqslant c\}$.

24. 由某机器生产的螺栓长度（cm）$X \sim N(10.05, 0.06^2)$，规定长度在 10.05 ± 0.12 内为合格品，求一螺栓为不合格品的概率.

25. 某人乘汽车去火车站乘火车，有两条路可走. 第一条路程较短但交通拥挤，所需时间 X 服从 $N(40, 10^2)$；第二条路程较长，但阻塞少，所需时间 X 服从 $N(50, 4^2)$.

(1) 若动身时离火车开车只有 1h，问应走哪条路能乘上火车的把握大些？

(2) 又若离火车开车时间只有 45min，问应走哪条路赶上火车把握大些？

26. 一工厂生产的电子管寿命 X（小时）服从正态分布 $N(160, \sigma^2)$，若要求 $P\{120 < X < 200\} \geqslant 0.8$，允许 σ 最大不超过多少？

27. 设随机变量 $X \sim U(0, 1)$，试求：

(1) $Y = e^X$ 的分布函数及密度函数；

(2) $Z = -2\ln X$ 的分布函数及密度函数.

28. 设随机变量 X 的密度函数为

$$f(x) = \begin{cases} \dfrac{2x}{\pi^2}, & 0 < x < \pi, \\[2mm] 0, & \text{其他.} \end{cases}$$

试求 $Y = \sin X$ 的密度函数.

29. 设随机变量 X 服从参数为 2 的指数分布. 证明：$Y = 1 - e^{-2X}$ 在区间 $(0, 1)$ 上服从均匀分布.

30. 设 $X \sim N(0, 1)$，试求：

(1) $Y = e^X$ 的概率密度；

(2) $Y = |X|$ 的概率密度；

(3) $Y = 2X^2 + 1$ 的概率密度.

第 **3** 章　多维随机变量及其分布

到目前为止，我们只学习了一维随机变量，但对于现实中的很多随机现象，只用一个随机变量来描述是不够的，需要用几个随机变量来同时描述．例如，检测生产出来的一块钢的性能，涉及硬度 X 和强度 Y；某人体检，包括身高 X、体重 Y 等数据指标；测定钢中微量元素的含量，涉及含碳量 X、含硫量 Y、含磷量 Z 等．这些试验一次考察了几个指标，我们将这些指标作为整体构成一个试验结果，对应的变量称为多维随机变量．本章将以二维随机变量为代表，讲述多维随机变量的一些基本内容．

3.1　二维随机变量

3.1.1　二维随机变量的分布函数

在本章我们需要研究的不仅仅是 X 及 Y 各自的性质，更需要了解这两个随机变量的相互依赖和制约关系．因此，我们将二者作为一个整体来进行研究，记为 (X,Y)，称为二维随机变（向）量．

定义 3.1　设随机试验 E 的样本空间 为 $\Omega=\{\omega\}$，设 $X=X(\omega),Y=Y(\omega)$ 是定义在同一样本空间 Ω 上的两个函数，对每一个 $\omega\in\Omega$，它们都取一个实数，则我们称 (X,Y) 整体为 Ω 上的一个**二维随机变量**（有时也称一个二维随机向量）．

定义 3.2　对于任意的实数 x、y，二元函数 $F(x,y)=P\{X\leqslant x,Y\leqslant y\}$ 称为二维随机变量 (X,Y) 的**联合分布函数**，简称 (X,Y) 的**分布函数**，记作 $(X,Y)\sim F(x,y)$．它表示随机事件 $\{X\leqslant x\}$ 与 $\{Y\leqslant y\}$ 同时发生的概率．

将二维随机变量 (X,Y) 看成是平面上随机点的坐标，那么分布函数 $F(x,y)$ 在点 (x,y) 处的函数值就是随机点 (X,Y) 落在直线 $X=x$ 的左侧和直线 $Y=y$ 的下方的无穷矩形区域内的概率，如图 3.1 中阴影部分所示．

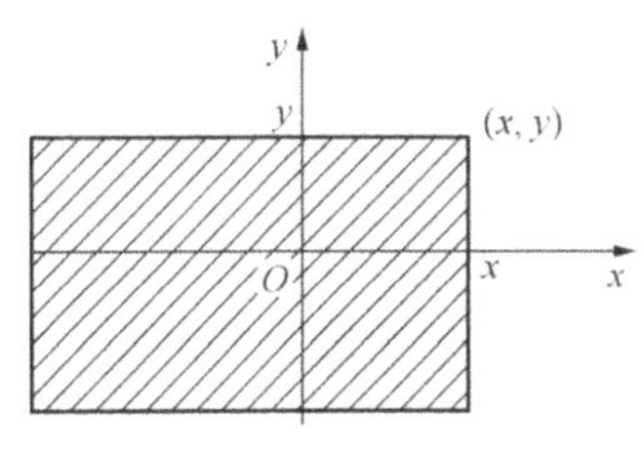

图 3.1　$F(x,y)$

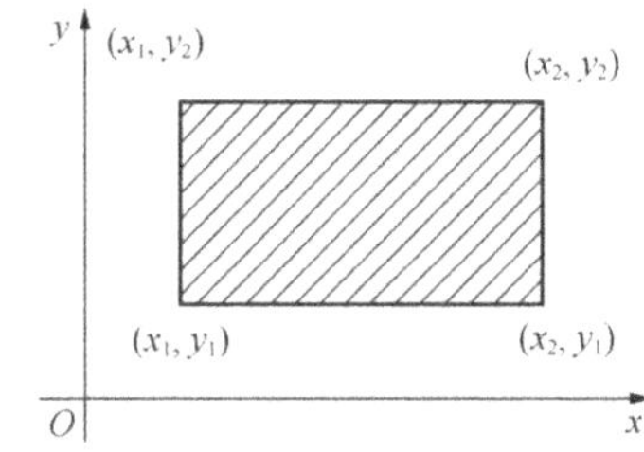

图 3.2　$P(x_1<X\leqslant x_2,\ y_1<Y\leqslant y_2)$

有了分布函数 $F(x,y)$，借助图 3.2，容易计算出随机点 (X,Y) 落在矩形区域
$$D=\{(x,y)\mid x_1<X\leqslant x_2,\ y_1<Y\leqslant y_2\}$$

内的概率为

$$P(x_1 < X \leqslant x_2,\ y_1 < Y \leqslant y_2) = F(x_2,\ y_2) - F(x_2,\ y_1) - F(x_1,\ y_2) + F(x_1,\ y_1)$$

根据概率的定义和二维随机变量的定义，可得二维分布函数 $F(x,\ y)$ 具有以下基本性质.

(1) $F(x,\ y)$ 分别关于 x 和 y 单调不减.

(2) $0 \leqslant F(x,\ y) \leqslant 1$ 且 $F(-\infty,\ y) = 0$，$F(-\infty,\ -\infty) = 0$，$F(x,\ -\infty) = 0$，$F(+\infty,\ +\infty) = 1$.

(3) $F(x,\ y)$ 关于 x 或 y 右连续.

(4) 对任意点 $(x_1,\ y_1)$，$(x_2,\ y_2)$，若 $x_1 \leqslant x_2$，$y_1 \leqslant y_2$，则

$$P(x_1 < X \leqslant x_2,\ y_1 < Y \leqslant y_2) = F(x_2,\ y_2) - F(x_2,\ y_1) - F(x_1,\ y_2) + F(x_1,\ y_1) \geqslant 0.$$

证明略.

注：随机变量的分布函数一定满足这 4 条性质，满足这 4 条性质的函数一定是某个随机变量的分布函数.

【例 3.1】 函数 $G(x,\ y) = \begin{cases} 1, & x+y > 0, \\ 0, & x+y \leqslant 0 \end{cases}$ 能否作为分布函数？

解 不能，不满足第 4 条性质.

当 $x_1 = 0$，$x_2 = 1$，$y_1 = 0$，$y_2 = 1$ 时，$G(1,\ 1) - G(1,\ 0) - G(0,\ 1) + G(0,\ 0) = -1 < 0$.

注：和一维随机变量一样，我们关心的不是 $X(\omega)$、$Y(\omega)$ 的函数性质，而是 X 和 Y 所取的值，我们仍然把 $(X,\ Y)$ 的一切可能的集合 R_{XY} 称为 $(X,\ Y)$ 的分布空间. 二维情形的分布空间是欧几里得平面的子集. 每一个结果 $(X(\omega),\ Y(\omega))$ 都可以用平面中的一个点 $(x,\ y)$ 表示. 同一维一样，我们用简写法 $P(X \leqslant a,\ Y \leqslant b)$ 代替 $P(X(\omega) \leqslant a,\ Y(\omega) \leqslant b)$.

同一维情形一样，我们研究两种最基本的随机变量：离散型和连续型.

3.1.2 二维离散型随机变量及其分布

定义 3.3 如果 $(X,\ Y)$ 的可能值是有限对或可列无穷对实数，则称 $(X,\ Y)$ 是一个**二维离散型随机变量**.

显然，$(X,\ Y)$ 为二维离散型随机变量，当且仅当 X 和 Y 均为离散型随机变量.

定义 3.4 设二维离散型随机变量 $(X,\ Y)$ 的所有可能取值为 $(x_i,\ y_j)(i,\ j = 1,\ 2,\ \cdots)$，且对应的概率为 $P\{X = x_i,\ Y = y_j\} = p_{ij}$，$i,\ j = 1,\ 2,\ \cdots$，则称 $P\{X = x_i,\ Y = y_j\} = p_{ij}$ 为二维随机变量 $(X,\ Y)$ 的概率分布或 X 与 Y 的联合概率分布.

由概率的定义可知：

(1) $p_{ij} \geqslant 0$，$i,\ j = 1,\ 2,\ \cdots$；

(2) $\sum_{i=1}^{\infty} \sum_{j=1}^{\infty} p_{ij} = 1$.

联合分布也常用表格表示，并称为 X 与 Y 的联合概率分布表（见表 3.1）.

表 3.1　**X** 与 **Y** 的联合概率分布表

X＼Y	y_1	y_2	⋯	y_j	⋯
x_1	p_{11}	p_{12}	⋯	p_{1j}	⋯
x_2	p_{21}	p_{22}	⋯	p_{2j}	⋯
⋮	⋮	⋮	⋯	⋮	⋯
x_i	p_{i1}	p_{i2}	⋯	p_{ij}	⋯
⋮	⋮	⋮	⋯	⋮	⋯

根据定义，离散型随机变量 $(X，Y)$ 的联合分布函数为

$$F(x，y)=P\{X\leqslant x，Y\leqslant y\}=\sum_{x_i\leqslant x}\sum_{y_j\leqslant y}p_{ij}.$$

即对一切满足不等式 $x_i\leqslant x$，$y_j\leqslant y$ 的 p_{ij} 求和.

【例 3.2】 一个口袋中有三个球，依次标有数字 1、2、2，从中任取一个，不放回袋中，再任取一个，设每次取球时，各球被取到的可能性相等，以 X、Y 分别记第一次和第二次取到的球上标有的数字，求 $(X，Y)$ 的联合分布表.

解　X、Y 各自可能取值均为 1、2，由题设知 $(X，Y)$ 取 $(1，1)$ 不可能，取其他值的概率可由古典概率计算. 从三球中任取一个共有 $C_3^1=3$ 种取法，$(X，Y)$ 取 $(1，2)$ 表示第一次取得的是 1 号球，第二次取得的是 2 号球，所以其概率为 $P\{X=1，Y=2\}=\dfrac{1}{3}\times\dfrac{2}{2}=\dfrac{1}{3}$. 类似地，$(X，Y)$ 取其他几对数组的概率如下.

$$P\{X=2，Y=1\}=\frac{2}{3}\times\frac{1}{2}=\frac{1}{3}，\quad P\{X=2，Y=2\}=\frac{2}{3}\times\frac{1}{2}=\frac{1}{3}.$$

所以 $(X，Y)$ 的联合分布表为表 3.2.

表 3.2　**X** 与 **Y** 的联合概率分布表

X＼Y	1	2
1	0	$\dfrac{1}{3}$
2	$\dfrac{1}{3}$	$\dfrac{1}{3}$

【例 3.3】 二维离散型随机变量 $(X，Y)$ 的分布表见表 3.3，求 $P\{X>1，Y\leqslant 2\}$，$P\{X=2\}$.

表 3.3　**X** 与 **Y** 的联合概率分布表

X＼Y	1	2	3	4
1	0.1	0	0.3	0
2	0	0.1	0	0.1
3	0.2	0.1	0	0.1

解　$P\{X>1,\ Y\leqslant 2\}=P\{X=2,\ Y=1\}+P\{X=2,\ Y=2\}+P\{X=3,\ Y=1\}+P\{X=3,\ Y=2\}=0.4\,;$

$P\{X=2\}=P\{X=2,\ Y=1\}+P\{X=2,\ Y=2\}+P\{X=2,\ Y=3\}+P\{X=2,\ Y=4\}=0.2.$

【例 3.4】 整数 X 等可能地在 1、2、3、4 中取值，另一个整数 Y 等可能地在 $1\sim X$ 中取值，求 $(X,\ Y)$ 的联合分布.

解　由古典概型可知，$P\{X=i\}=\dfrac{1}{4}$，$i=1,\ 2,\ 3,\ 4$，Y 的取值取决于 X 的取值，所以下面利用乘法公式计算随机变量 $(X,\ Y)$ 取 $(i,\ j)$ 的概率.

由题设知 $\{X=i,\ Y=j\}$ 的取值情况是 $i=1,\ 2,\ 3,\ 4$，j 取不大于 i 的正整数，则 $j\leqslant i$ 时，有

$$P\{X=i,\ Y=j\}=P\{Y=j\,|\,X=i\}P\{X=i\}=\frac{1}{i}\cdot\frac{1}{4},\ i=1,\ 2,\ 3,\ 4,$$

而当 $j>i$ 时，$P\{X=i,\ Y=j\}=0$，于是 $(X,\ Y)$ 的分布表为表 3.4.

表 3.4　X 与 Y 的联合概率分布表

X \ Y	1	2	3	4
1	$\dfrac{1}{4}$	0	0	0
2	$\dfrac{1}{8}$	$\dfrac{1}{8}$	0	0
3	$\dfrac{1}{12}$	$\dfrac{1}{12}$	$\dfrac{1}{12}$	0
4	$\dfrac{1}{16}$	$\dfrac{1}{16}$	$\dfrac{1}{16}$	$\dfrac{1}{16}$

【例 3.5】 盒子里有 2 个黑球、2 个红球、2 个白球，在其中任取 2 个球，以 X 表示取得的黑球的个数，以 Y 表示取得的红球的个数，试写出 X 和 Y 的联合分布表，并求事件 $\{X+Y\leqslant 1\}$ 的概率.

解　X、Y 各自可能的取值均为 0、1、2，由题设知，$(X,\ Y)$ 取 $(1,\ 2)$、$(2,\ 1)$、$(2,\ 2)$ 均不可能. 取其他值的概率可由古典概率计算. 从 6 个球中任取 2 个一共有 $C_6^2=15$ 种取法. $(X,\ Y)$ 取 $(0,\ 0)$ 表示取得的两个球是白球，其取法只有一种，所以其概率为

$$P\{X=0,\ Y=0\}=\frac{1}{15},$$

类似地，$(X,\ Y)$ 取其他几对数组的概率为

$$P\{X=0,\ Y=1\}=P\{X=1,\ Y=0\}=\frac{2\times 2}{15}=\frac{4}{15},$$

$$P\{X=1,\ Y=1\}=\frac{4}{15},\ P\{X=2,\ Y=0\}=P\{X=0,\ Y=2\}=\frac{1}{15}.$$

$(X,\ Y)$ 的联合概率分布表为表 3.5.

表 3.5　X 与 Y 的联合概率分布表

X \ Y	0	1	2
0	$\dfrac{1}{15}$	$\dfrac{4}{15}$	$\dfrac{1}{15}$
1	$\dfrac{4}{15}$	$\dfrac{4}{15}$	0
2	$\dfrac{1}{15}$	0	0

$P\{$所取两个球中至少有一个白球$\}=P\{$所取两个球中黑球和红球的和不超过一个$\}=P\{X+Y\leqslant 1\}$，由于事件 $\{X+Y\leqslant 1\}$ 包含 3 个基本事件，分别对应着点 $(0,0)$、$(0,1)$ 和 $(1,0)$，所以

$$P\{X+Y\leqslant 1\}=P\{X=0,Y=0\}+P\{X=0,Y=1\}+P\{X=1,Y=0\}$$
$$=\frac{1}{15}+\frac{4}{15}+\frac{4}{15}=\frac{3}{5}.$$

3.1.3　二维连续型随机变量及其分布

定义 3.5　如果 (X,Y) 可以取欧几里得平面中的某个不可数集的一切值，则称 (X,Y) 是一个**连续型二维随机变量**.

例如，(X,Y) 取矩形 $\{(x,y)\mid a\leqslant x\leqslant b,c\leqslant y\leqslant d\}$ 中的一切值或取 $\{(x,y)\mid x^2+y^2\leqslant 1\}$ 中的一切值，我们就说 (X,Y) 是一个连续型二维随机变量.

定义 3.6　设 (X,Y) 是欧几里得平面上的某个区域 D 内取值的连续型随机变量，满足下列性质的函数 $f(x,y)$ 称为**联合概率密度**.

(1) $f(x,y)\geqslant 0$，对一切 $(x,y)\in D$；

(2) $\iint\limits_{D} f(x,y)\mathrm{d}x\,\mathrm{d}y=1$.

注：(1) 如果约定 $(x,y)\notin D$ 时，$f(x,y)=0$，则上述两个性质也可用 $(1')$ $f(x,y)\geqslant 0$；$(2')$ $\displaystyle\int_{-\infty}^{+\infty}\int_{-\infty}^{+\infty} f(x,y)\mathrm{d}x\,\mathrm{d}y=1$ 来代替.

(2) 随机变量的概率密度函数一定满足这两条性质；反过来，如果一个二元函数 $f(x,y)$ 同时满足性质 (1)、(2)，则它一定是某个二维随机变量的概率密度函数.

定义 3.7　设 (X,Y) 是二维随机变量，$f(x,y)$ 为 (X,Y) 的联合概率密度，则它的**分布函数**为

$$F(x,y)=P\{X\leqslant x,Y\leqslant y\}=\int_{-\infty}^{x}\int_{-\infty}^{y} f(u,v)\mathrm{d}u\,\mathrm{d}v.$$

类似于一维连续型随机变量的分布函数，这里的 $F(x,y)$ 也处处可微，并且在 $f(x,y)$ 的连续点 (x,y)，有 $\dfrac{\partial^2 F(x,y)}{\partial x\,\partial y}=f(x,y)$.

设 G 为 xOy 平面上任一区域，则随机点 (X,Y) 落在区域 G 内的概率为

$$P\{(X,Y)\in G\}=\iint\limits_{G} f(x,y)\mathrm{d}x\,\mathrm{d}y.$$

在几何上，$P\{(X，Y)\in G\}$ 的值等于以 G 为底，曲面 $Z=f(x，y)$ 为顶的曲顶柱体的体积．

与一维随机变量类似，常见的二维连续型随机变量有二维均匀分布和二维正态分布．

定义 3.8 设 G 为平面上一有界区域，面积为 A，若二维连续型随机变量 $(X，Y)$ 具有概率密度函数

$$f(x，y)=\begin{cases}\dfrac{1}{A}，&(x，y)\in G，\\[2mm]0，&\text{其他，}\end{cases}$$

则称 $(X，Y)$ 在 G 上服从均匀分布．

例如，向平面上有界区域 G 上任投一质点，若质点落在 G 内任一小区域 B 的概率与小区域的面积成正比，而与 B 的形状及位置无关，则质点的坐标 $(X，Y)$ 在 G 上服从均匀分布．

定义 3.9 若二维连续型随机变量 $(X，Y)$ 的概率密度为

$$f(x，y)=\frac{1}{2\pi\sigma_1\sigma_2\sqrt{1-\rho^2}}\mathrm{e}^{-\frac{1}{2(1-\rho^2)}\left[\frac{(x-\mu_1)^2}{\sigma_1^2}-2\rho\frac{(x-\mu_1)(y-\mu_2)}{\sigma_1\sigma_2}+\frac{(y-\mu_2)^2}{\sigma_2^2}\right]}，\quad-\infty<x，y<+\infty，$$

其中 μ_1、μ_2、σ_1、σ_2、ρ 为常数，且 σ_1，$\sigma_2>0$，$-1<\rho<1$，则称 $(X，Y)$ 服从参数为 μ_1、μ_2、σ_1、σ_2、ρ 的**二维正态分布**，记为 $(X，Y)\sim N(\mu_1，\mu_2，\sigma_1^2，\sigma_2^2，\rho)$．

如图 3.3 所示，$f(x，y)$ 在三维空间中的图形，好像是一个椭圆切面的钟倒扣在 xOy 平面上，其对称中心在 $(\mu_1，\mu_2)$ 处，在中心附近具有较高的密度，离中心越远，密度越小．若其中 $\mu_1=\mu_2=0$，$\sigma_1=\sigma_2=1$，$\rho=0$，则 $f(x，y)=\dfrac{1}{2\pi}\mathrm{e}^{-\frac{1}{2}(x^2+y^2)}$，它是一张以 z 轴为对称轴的旋转曲面，就是一个倒扣的钟形图形．

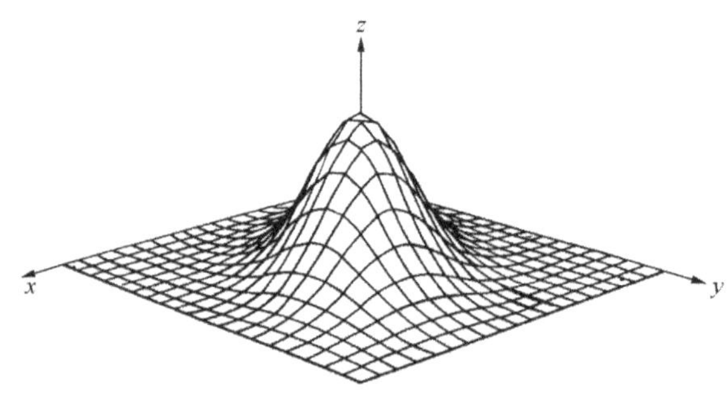

图 3.3　二维正态分布密度函数图像

【例 3.6】 设二维连续型随机变量 $(X，Y)$ 的概率密度为

$$f(x，y)=\begin{cases}cx，&0<x<1，0<y<x，\\0，&\text{其他．}\end{cases}$$

求：(1) 常数 c；(2) $P\left\{X<\dfrac{1}{4}，Y\leqslant\dfrac{1}{2}\right\}$；(3) $P\left\{X>\dfrac{3}{4}\right\}$；(4) $P\{X=Y\}$．

解 (1) 由联合分布密度函数的性质知

$$1=\int_{-\infty}^{+\infty}\int_{-\infty}^{+\infty}f(x，y)\mathrm{d}x\,\mathrm{d}y=\int_0^1\left(\int_0^x cx\,\mathrm{d}y\right)\mathrm{d}x=\frac{c}{3}，$$

于是　　　　　　　　　　　　$c=3$；

(2) $P\left\{X<\dfrac{1}{4},\ Y\leqslant\dfrac{1}{2}\right\}=\displaystyle\int_0^{\frac{1}{4}}\left(\int_0^x 3x\,\mathrm{d}y\right)\mathrm{d}x=\dfrac{1}{64}$；

(3) $P\left\{X>\dfrac{3}{4}\right\}=\displaystyle\int_{\frac{3}{4}}^1\left(\int_0^x 3x\,\mathrm{d}y\right)\mathrm{d}x=\dfrac{37}{64}$；

(4) $P\{X=Y\}=0$.

【例 3.7】 设二维连续型随机变量 $(X,\ Y)$ 的概率密度为

$$f(x,\ y)=\begin{cases}c\mathrm{e}^{-(2x+3y)}, & x>0,\ y>0,\\ 0, & \text{其他}.\end{cases}$$

求：(1) 常数 c；(2) $(X,\ Y)$ 的分布函数 $F(x,\ y)$；(3) $P(X<Y)$.

解　(1) 由 $1=\displaystyle\int_{-\infty}^{+\infty}\int_{-\infty}^{+\infty}f(x,\ y)\,\mathrm{d}x\,\mathrm{d}y=c\left(\int_0^{+\infty}\mathrm{e}^{-2x}\,\mathrm{d}x\right)\left(\int_0^{+\infty}\mathrm{e}^{-3y}\,\mathrm{d}y\right)=\dfrac{c}{6}$，得 $c=6$；

(2) $F(x,\ y)=\displaystyle\int_{-\infty}^{x}\int_{-\infty}^{y}f(u,\ v)\,\mathrm{d}u\,\mathrm{d}v$

$$=\begin{cases}\left(\displaystyle\int_0^x 2\mathrm{e}^{-2u}\,\mathrm{d}u\right)\left(\int_0^y 3\mathrm{e}^{-3v}\,\mathrm{d}v\right)=(1-\mathrm{e}^{-2x})(1-\mathrm{e}^{-3y}), & x>0,\ y>0,\\ 0, & \text{其他}.\end{cases}$$

(3) $P\{X<Y\}=\displaystyle\iint_{x<y}f(x,\ y)\,\mathrm{d}x\,\mathrm{d}y=\int_0^{+\infty}\mathrm{d}y\int_0^y 6\mathrm{e}^{-(2x+3y)}\,\mathrm{d}x=\dfrac{2}{5}$.

【例 3.8】 设 $(X,\ Y)$ 在圆域 $\{(x,\ y)\mid x^2+y^2\leqslant 4\}$ 上服从均匀分布，求：

(1) $(X,\ Y)$ 的概率密度；

(2) $P\{0<X<1,\ 0<Y<1\}$.

解　(1) 圆的面积为 $A=4\pi$，故 $(X,\ Y)$ 的概率密度为

$$f(x,\ y)=\begin{cases}\dfrac{1}{4\pi}, & x^2+y^2\leqslant 4,\\ 0, & \text{其他}.\end{cases}$$

(2) 用 G 表示不等式 $0<x<1$，$0<y<1$ 所确定的区域，由分布函数的性质 (4) 有

$$P\{0<X<1,\ 0<Y<1\}=\iint_G f(x,\ y)\,\mathrm{d}x\,\mathrm{d}y=\dfrac{1}{4\pi}.$$

注： 概率密度 $f(x,\ y)$ 在圆以外的区域都等于零.

3.2　边缘分布

二维随机变量 $(X,\ Y)$ 作为一个整体，它具有分布函数 $F(x,\ y)$，而分量 X 和 Y 也有各自的分布函数.

定义 3.10　如果记 $(X,\ Y)$ 的联合分布函数为 $F(x,\ y)$，则 X、Y 的分布函数分别为 $F_X(x)$、$F_Y(y)$，称 $F_X(x)$、$F_Y(y)$ 为二维随机变量 $(X,\ Y)$ 关于 X、Y 的**边缘分布函数**.

$F_X(x)$、$F_Y(y)$ 可以由 $F(x,\ y)$ 确定：

$$F_X(x)=P\{X\leqslant x\}=P\{X\leqslant x,\ Y<+\infty\}=F(x,\ +\infty)；$$

同理　　　　　$F_Y(y)=F(+\infty,\ y)$.

下面分别讨论二维离散型随机变量和二维连续型随机变量的边缘分布.

3.2.1 二维离散型随机变量 (X, Y) 的边缘分布

设 (X, Y) 是二维离散型随机变量,其概率分布为 $P\{X=x_i, Y=y_j\}=p_{ij}$,$i, j=1, 2, \cdots$,则 X 的边缘分布律为

$$P\{X=x_i\}=P\{X=x_i, Y=y_1\}+P\{X=x_i, Y=y_2\}+\cdots$$
$$+P\{X=x_i, Y=y_j\}+\cdots$$
$$=\sum_j P(X=x_i, Y=y_j)=\sum_{j=1}^{\infty} p_{ij},\ i=1, 2, \cdots$$

X 的边缘分布函数为

$$F_X(x)=F(x, +\infty)=\sum_{x_i\leqslant x}\sum_j p_{ij}.$$

若将 $P\{X=x_i\}=\sum_{j=1}^{\infty} p_{ij}$ 记为 $p_i.$($i=1, 2, \cdots$),则 X 的边缘分布可写成表 3.6 的形式.

表 3.6　X 的边缘分布表

X	x_1	x_2	$\cdots$	x_i	$\cdots$
p	$p_1.$	$p_2.$	$\cdots$	$p_i.$	$\cdots$

且满足 $\sum_i p_i.=1.$

同理,Y 的边缘分布律为

$$P\{Y=y_j\}=P\{X=x_1, Y=y_j\}+P\{X=x_2, Y=y_j\}+\cdots$$
$$+P\{X=x_i, Y=y_j\}+\cdots$$
$$=\sum_{i=1}^{\infty} p_{ij}=p.{}_j,\ j=1, 2, \cdots.$$

Y 的边缘分布可写成表 3.7 的形式.

表 3.7　Y 的边缘分布表

Y	y_1	y_2	$\cdots$	y_j	$\cdots$
p	$p.{}_1$	$p.{}_2$	$\cdots$	$p.{}_j$	$\cdots$

满足 $\sum_j p.{}_j=1.$

Y 的边缘分布函数为

$$F_Y(y)=F(+\infty, y)=\sum_{y_j\leqslant y}\sum_i p_{ij}$$

【例 3.9】 表 3.8 给出了 (X, Y) 的联合分布与边缘分布,中间部分是联合分布律,边缘部分是边缘分布律. 由联合分布可以确定边缘分布,但由边缘分布不能确定联合分布,读者可以在表 3.8 中固定边缘分布改变联合分布.

表 3.8　$(X，Y)$ 的联合分布与边缘分布表

X ＼ Y	0　　1	$P\{X=x_i\}=p_i.$
0	0.1　0.3	0.4
1	0.3　0.3	0.6
$P\{Y=y_j\}=p._j$	0.4　0.6	1

通过该例，可以很明显地看出，边缘分布 $p_i.$ 和 $p._j$ 分别是联合分布表中第 i 行和第 j 列各元素之和.

3.2.2　二维连续型随机变量 $(X，Y)$ 的边缘分布

设 $(X，Y)$ 是二维连续型随机变量，它的概率密度函数为 $f(x，y)$，则 X 的边缘分布函数为

$$F_X(x)=F(x，+\infty)=\int_{-\infty}^{x}\left[\int_{-\infty}^{+\infty}f(x，y)\mathrm{d}y\right]\mathrm{d}x=\int_{-\infty}^{x}\left[\int_{-\infty}^{+\infty}f(u，y)\mathrm{d}y\right]\mathrm{d}u,$$

其密度函数为

$$f_X(x)=F'_X(x)=F'(x，+\infty)=\int_{-\infty}^{+\infty}f(x，y)\mathrm{d}y.$$

同理，Y 的边缘分布函数为

$$F_Y(y)=F(+\infty，y)=\int_{-\infty}^{y}\left[\int_{-\infty}^{+\infty}f(x，y)\mathrm{d}x\right]\mathrm{d}y,$$

其密度函数为

$$f_Y(y)=F'_Y(y)=\int_{-\infty}^{+\infty}f(x，y)\mathrm{d}x.$$

通常分别称 $f_X(x)$ 和 $f_Y(y)$ 为二维随机变量 $(X，Y)$ 关于 X 和 Y 的边缘密度函数.

【**例 3.10**】设二维随机变量 $(X，Y)$ 在单位圆域 $x^2+y^2\leqslant 1$ 上服从均匀分布，求关于 X、Y 的边缘分布.

解　$(X，Y)$ 的联合概率密度为

$$f(x，y)=\begin{cases}\dfrac{1}{\pi}, & x^2+y^2\leqslant 1,\\[2mm] 0, & \text{其他}.\end{cases}$$

关于 X 的边缘密度为

$$f_X(x)=\int_{-\infty}^{+\infty}f(x，y)\mathrm{d}y,$$

当 $x<-1$ 或 $x>1$ 时

$$f_X(x)=0;$$

当 $-1\leqslant x\leqslant 1$ 时

$$f_X(x)=\int_{-\infty}^{+\infty}f(x，y)\mathrm{d}y=\int_{-\sqrt{1-x^2}}^{\sqrt{1-x^2}}\frac{1}{\pi}\mathrm{d}y=\frac{2}{\pi}\sqrt{1-x^2},$$

即

$$f_X(y)=\begin{cases}\dfrac{2}{\pi}\sqrt{1-x^2}, & -1\leqslant x\leqslant 1,\\[2mm] 0, & \text{其他}.\end{cases}$$

同理
$$f_Y(y) = \begin{cases} \dfrac{2}{\pi}\sqrt{1-y^2}, & -1 \leqslant y \leqslant 1, \\ 0, & \text{其他.} \end{cases}$$

【例 3.11】 设随机变量 (X, Y) 的密度函数为
$$f(x, y) = \begin{cases} kxy, & 0 \leqslant x \leqslant y \leqslant 1, \\ 0, & \text{其他.} \end{cases}$$
试求参数 k 的值及 X 和 Y 的边缘密度.

解 根据联合密度函数的性质，有
$$\int_{-\infty}^{+\infty} \int_{-\infty}^{+\infty} f(x, y)\,\mathrm{d}x\,\mathrm{d}y = \int_0^1 \int_x^1 kxy\,\mathrm{d}y\,\mathrm{d}x = \frac{1}{8}k = 1,$$

所以
$$k = 8.$$

X 的边缘密度函数为
$$f_X(x) = \int_{-\infty}^{+\infty} f(x, y)\,\mathrm{d}y,$$

当 $x < 0$ 或 $x > 1$ 时，$f(x, y)$ 都等于零，所以此时
$$f_X(x) = 0;$$
当 $0 \leqslant x \leqslant 1$，且 $x \leqslant y \leqslant 1$ 时，$f(x, y) = 8xy$，所以
$$f_X(x) = \int_x^1 8xy\,\mathrm{d}y = 4x(1-x^2),$$

即
$$f_X(x) = \begin{cases} 4x(1-x)^2, & 0 \leqslant x \leqslant 1, \\ 0, & \text{其他.} \end{cases}$$

同理
$$f_Y(y) = \begin{cases} 4y^3, & 0 \leqslant y \leqslant 1, \\ 0, & \text{其他.} \end{cases}$$

【例 3.12】 求二维正态随机变量 $(X, Y) \sim N(\mu_1, \mu_2, \sigma_1^2, \sigma_2^2, \rho)$ 的边缘密度.

解 记 X 和 Y 的边缘密度函数分别为 $f_X(x)$ 和 $f_Y(y)$.

由于
$$\frac{(x-\mu_1)^2}{\sigma_1^2} - 2\rho \frac{x-\mu_1}{\sigma_1} \cdot \frac{y-\mu_2}{\sigma_2} + \frac{(y-\mu_2)^2}{\sigma_2^2}$$
$$= \left(\frac{y-\mu_2}{\sigma_2} - \rho \frac{x-\mu_1}{\sigma_1} \right)^2 + (1-\rho^2)\left(\frac{x-\mu_1}{\sigma_1} \right)^2,$$

所以
$$f_X(x) = \int_{-\infty}^{+\infty} f(x, y)\,\mathrm{d}y = \frac{1}{2\pi\sigma_1\sigma_2\sqrt{1-\rho^2}} \mathrm{e}^{-\frac{(x-\mu_1)^2}{2\sigma_1^2}} \cdot \int_{-\infty}^{+\infty} \mathrm{e}^{-\frac{1}{2(1-\rho^2)}\left(\frac{y-\mu_2}{\sigma_2} - \rho \frac{x-\mu_1}{\sigma_1} \right)^2}\,\mathrm{d}y,$$

令 $t = \dfrac{1}{\sqrt{1-\rho^2}}\left(\dfrac{y-\mu_2}{\sigma_2} - \rho \dfrac{x-\mu_1}{\sigma_1} \right)$，则
$$f_X(x) = \frac{1}{2\pi\sigma_1} \mathrm{e}^{-\frac{(x-\mu_1)^2}{2\sigma_1^2}} \int_{-\infty}^{+\infty} \mathrm{e}^{-\frac{t^2}{2}}\,\mathrm{d}t = \frac{1}{\sqrt{2\pi}\sigma_1} \mathrm{e}^{-\frac{(x-\mu_1)^2}{2\sigma_1^2}} \quad (-\infty < x < +\infty),$$

可见，$X \sim N(\mu_1, \sigma_1^2)$.

同理可得
$$f_Y(y) = \frac{1}{\sqrt{2\pi}\sigma_2} \mathrm{e}^{-\frac{(y-\mu_2)^2}{2\sigma_2^2}} \quad (-\infty < y < +\infty),$$

即 $Y \sim N(\mu_2, \sigma_2^2)$.

比较联合密度 $f(x, y)$ 和边缘密度函数 $f_X(x)$、$f_Y(y)$，我们注意到当且仅当 $\rho = 0$ 时，对一切 (x, y) 有 $f(x, y) = f_X(x) \cdot f_Y(y)$.

以上对二维正态分布的讨论说明：

（1）二维正态分布的边缘分布是一维正态分布，由二维联合分布可以唯一确定其每个分量的边缘分布，若 $(X, Y) \sim N(\mu_1, \mu_2, \sigma_1^2, \sigma_2^2, \rho)$，则边缘分布 $X \sim N(\mu_1, \sigma_1^2)$，$Y \sim N(\mu_2, \sigma_2^2)$，且与 ρ 无关. 不同的 ρ 对应不同的二维正态分布，它们的边缘分布却是一样的.

（2）已知 X 与 Y 的边缘分布，并不能唯一确定其联合分布，还必须知道参数 ρ 的值. 例如，两个二维正态分布 $N(0, 0, 1, 1, 1/2)$ 和 $N(0, 0, 1, 1, 1/3)$，它们的联合分布不同，但其边缘分布都是标准正态分布. 引起这一现象的原因是二维联合分布不仅含有每个分量的概率分布，而且还含有两个变量 X 与 Y 之间相互关系的信息，而后者正是人们研究多维随机变量的原因. 联合分布中的参数 ρ 的值，反映了两个变量 X 与 Y 之间相关关系的密切程度.

从以上几个例题可知，联合密度决定边缘密度，但反过来知道边缘密度并不能唯一确定联合密度.

3.3 条件分布

在第 1 章中，我们介绍了条件概率的概念. 在事件 B 发生的条件下事件 A 发生的条件概率 $P(A \mid B) = \dfrac{P(AB)}{P(B)}$. 在本章我们将把这个概念推广到随机变量，即假设有两个随机变量 X、Y，在给定 Y 取某个或某些值的条件下，求 X 的概率分布，这个分布就是条件分布. 例如，考虑某大学的全体学生，从中随机抽取一个学生，分别用 X 和 Y 表示其体重和身高，则 X 和 Y 都是随机变量，它们都有一定的概率分布. 现在如果限制 $1.5\text{m} < Y < 1.6\text{m}$，在这个条件下去求 X 的条件分布，这就意味着要从该校的学生中把身高在 $1.5\sim1.6\text{m}$ 之间的那些人都挑出来，然后在挑出的学生中求其体重的分布.

容易想象，这个分布与不加这个条件时的分布会很不一样.

3.3.1 离散型随机变量的条件分布

实际上这是第 1 章讲过的条件概率概念在另一种形式下的重复.

定义 3.11 设 (X, Y) 是二维离散型随机变量，对于固定的 j，若 $P\{Y = y_j\} > 0$，则称

$$P\{X = x_i \mid Y = y_j\} = \frac{P\{X = x_i, Y = y_j\}}{P\{Y = y_j\}} = \frac{p_{ij}}{p_{\cdot j}}, \ i, j = 1, 2, \cdots$$

为在 $Y = y_j$ 条件下随机变量 X 的条件分布律.

对于固定的 i，若 $P\{X = x_i\} > 0$，则称

$$P\{Y = y_j \mid X = x_i\} = \frac{P\{X = x_i, Y = y_j\}}{P\{X = x_i\}} = \frac{p_{ij}}{p_{i\cdot}}, \ i, j = 1, 2, \cdots$$

为在 $X = x_i$ 条件下随机变量 Y 的条件分布律.

条件分布也是一种概率分布，它具有概率分布的一切性质. 正如条件概率是一种概率，具有概率的一切性质.

【例 3.13】 在只有 3 个红球和 4 个黑球的袋中逐次抽取一球，令

$$X=\begin{cases}1, & \text{若第一次抽取红球,}\\ 0, & \text{若第一次抽取黑球,}\end{cases}$$

$$Y=\begin{cases}1, & \text{若第二次抽取红球,}\\ 0, & \text{若第二次抽取黑球,}\end{cases}$$

无放回抽样的条件下，求 (X,Y) 的联合分布律及 $X=0$ 条件下 Y 的条件分布.

解 采用无放回抽样摸球时，(X,Y) 的联合分布律与边缘分布由表 3.9 给出.

表 3.9 (X,Y) 的联合分布与边缘分布表

X \\ Y	0	1	$P\{X=x_i\}$
0	$\dfrac{4}{7}\times\dfrac{3}{6}$	$\dfrac{4}{7}\times\dfrac{3}{6}$	$\dfrac{4}{7}$
1	$\dfrac{3}{7}\times\dfrac{4}{6}$	$\dfrac{3}{7}\times\dfrac{2}{6}$	$\dfrac{3}{7}$
$P\{Y=y_j\}$	$\dfrac{4}{7}$	$\dfrac{3}{7}$	1

所以 $X=0$ 条件下 Y 的条件分布分别为

$$P\{Y=0\mid X=0\}=\frac{P\{Y=0,X=0\}}{P\{X=0\}}=\frac{\dfrac{2}{7}}{\dfrac{4}{7}}=\frac{1}{2},$$

$$P\{Y=1\mid X=0\}=\frac{P\{Y=1,X=0\}}{P\{X=0\}}=\frac{\dfrac{2}{7}}{\dfrac{4}{7}}=\frac{1}{2}.$$

【例 3.14】 一射手进行射击，击中目标的概率为 $p(0<p<1)$，射击到击中目标两次为止，设以 X 表示首次击中目标所进行的射击次数，以 Y 表示总共进行的射击次数. 试求 X 和 Y 的联合分布律及条件分布律.

解 由题意知，X 取 m 且 Y 取 n 时，有

$$P\{X=m,Y=n\}=pp(1-p)\cdots(1-p),$$

其中 $1-p$ 有 $n-2$ 个，所以 X 和 Y 的联合分布律为

$$P\{X=m,Y=n\}=p^2q^{n-2},\quad q=1-p;\ n=2,3,\cdots;\ m=1,2,\cdots,n-1.$$

现在求条件分布律 $P\{X=m\mid Y=n\}$，$P\{Y=n\mid X=m\}$.

由于 $P\{X=m\}=\displaystyle\sum_{n=m+1}^{\infty}P\{X=m,Y=n\}=\sum_{n=m+1}^{\infty}p^2q^{n-2}=\frac{p^2q^{m-1}}{1-q}=pq^{m-1}$，

$m=1,2,\cdots,$

$$P\{Y=n\}=\sum_{m=1}^{n-1}P\{X=m,Y=n\}=\sum_{m=1}^{n-1}p^2q^{n-2}=(n-1)p^2q^{n-2},\ n=2,3,\cdots.$$

所以，当 $n=2$，3，$\cdots$ 时，有

$$P\{X=m \mid Y=n\}=\frac{P\{X=m,\ Y=n\}}{P\{Y=n\}}=\frac{1}{n-1}\ ;$$

当 $m=1$，2，$\cdots$，$n-1$ 时，有

$$P\{Y=n \mid X=m\}=\frac{P\{X=m,\ Y=n\}}{P\{X=m\}}=pq^{n-m-1},\ n=m+1,\ m+2,\ \cdots.$$

3.3.2　连续型随机变量的条件分布

设 (X,Y) 是二维连续型随机变量，由于对任意 x、y，$P\{X=x\}=0$，$P\{Y=y\}=0$，所以不能直接用条件概率公式得到条件分布，为此我们直接给出条件分布的定义. 设 (X,Y) 的概率密度为 $f(x,y)$，考虑在 $Y=y$ 已发生的条件下，$X\leqslant x$ 发生的条件概率 $P\{X\leqslant x \mid Y=y\}(x \in \mathbf{R})$.

定义 3.12　给定 y，对任意的 $\varepsilon>0$，$P\{y\leqslant Y<y+\varepsilon\}>0$，若

$$\lim_{\varepsilon\to0^+}P\{X\leqslant x \mid y\leqslant Y<y+\varepsilon\}=\lim_{\varepsilon\to0^+}\frac{P\{X\leqslant x,\ y\leqslant Y<y+\varepsilon\}}{P\{y\leqslant Y<y+\varepsilon\}}$$

存在，称此极限为 $Y=y$ 条件下 X 的条件分布函数，记为 $F_{X|Y}(x\mid y)=P\{X\leqslant x \mid Y=y\}$.

定义 3.13　设二维随机变量 (X,Y) 的概率密度为 $f(x,y)$，(X,Y) 关于 Y 的边缘概率密度为 $f_Y(y)$. 若对于固定的 y，$f_Y(y)>0$，则称 $\dfrac{f(x,y)}{f_Y(y)}$ 为在 $Y=y$ 条件下 X 的条件概率密度，记为 $f_{X|Y}(x\mid y)=\dfrac{f(x,y)}{f_Y(y)}$.

条件分布函数与条件密度函数的关系为

$$F_{X|Y}(x\mid y)=\int_{-\infty}^{x}f_{X|Y}(x\mid y)\mathrm{d}x=\int_{-\infty}^{x}[f(x,y)/f_Y(y)]\mathrm{d}x.$$

$$F_{Y|X}(y\mid x)=\int_{-\infty}^{y}f_{Y|X}(y\mid x)\mathrm{d}y=\int_{-\infty}^{y}[f(x,y)/f_X(x)]\mathrm{d}y.$$

【**例 3.15**】设 (X,Y) 在圆域 $x^2+y^2\leqslant1$ 上服从均匀分布，求条件概率密度 $f_{X|Y}(x\mid y)$，$f_{Y|X}(y\mid x)$.

解　由例 3.10 可知

$$f(x,y)=\begin{cases}1/\pi, & x^2+y^2\leqslant1, \\ 0, & \text{其他.}\end{cases}$$

$$f_X(x)=\int_{-\infty}^{+\infty}f(x,y)\mathrm{d}y=\begin{cases}\dfrac{2\sqrt{1-x^2}}{\pi}, & -1\leqslant x\leqslant1, \\ 0, & \text{其他.}\end{cases}$$

$$f_Y(y)=\int_{-\infty}^{+\infty}f(x,y)\mathrm{d}x=\begin{cases}\dfrac{2\sqrt{1-y^2}}{\pi}, & -1\leqslant y\leqslant1, \\ 0, & \text{其他.}\end{cases}$$

所以边缘分布不是均匀分布.

当 $-1<y<1$ 时，有

$$f_{X|Y}(x \mid y) = \frac{f(x, y)}{f_Y(y)} = \begin{cases} \dfrac{1}{2\sqrt{1-y^2}}, & -\sqrt{1-y^2} \leqslant x \leqslant \sqrt{1-y^2}, \\ 0, & \text{其他}. \end{cases}$$

这里 y 是常数，当 $Y=y$ 时，$X \mid Y=y \sim U[-\sqrt{1-y^2},\ \sqrt{1-y^2}]$.

当 $-1 < x < 1$ 时，有

$$f_{Y|X}(y \mid x) = \frac{f(x, y)}{f_X(x)} = \begin{cases} \dfrac{1}{2\sqrt{1-x^2}}, & -\sqrt{1-x^2} \leqslant y \leqslant \sqrt{1-x^2}, \\ 0, & \text{其他}. \end{cases}$$

这里 x 是常数，当 $X=x$ 时，$Y \mid X=x \sim U[-\sqrt{1-x^2},\ \sqrt{1-x^2}]$.

【例 3.16】 设数 X 在区间 $(0,\ 1)$ 上随机地取值，当观察到 $X=x(0<x<1)$ 时，数 Y 在区间 $(x,\ 1)$ 上随机地取值，求 Y 的边缘概率密度 $f_Y(y)$.

解 由题意知，X 具有概率密度

$$f_X(x) = \begin{cases} 1, & 0 < x < 1, \\ 0, & \text{其他}. \end{cases}$$

对于任意给定的值 $x(0 < x < 1)$，在 $X=x$ 的条件下，Y 的条件概率密度为

$$f_{Y|X}(y \mid x) = \begin{cases} \dfrac{1}{1-x}, & 0 < x < y < 1, \\ 0, & \text{其他}. \end{cases}$$

因此 X 和 Y 的联合概率密度为

$$f(x, y) = f_{Y|X}(y \mid x) f_X(x) = \begin{cases} \dfrac{1}{1-x}, & 0 < x < y < 1, \\ 0, & \text{其他}. \end{cases}$$

故得 Y 的边缘概率密度为

$$f_Y(y) = \int_{-\infty}^{+\infty} f(x, y)\mathrm{d}x = \begin{cases} \displaystyle\int_0^y \frac{1}{1-x}\mathrm{d}x, & 0 < y < 1 \\ 0, & \text{其他} \end{cases}$$

$$= \begin{cases} -\ln(1-y), & 0 < y < 1, \\ 0, & \text{其他}. \end{cases}$$

3.4　随机变量的独立性

正如我们定义两个事件 A 和 B 之间的独立概念一样，现在我们来定义独立的随机变量. 直观上讲，如果 X 的结果绝不影响 Y 的结果，就称 X 和 Y 是独立的随机变量.

现在，让我们把上述独立性的直观概念更精确化.

定义 3.14 设二维随机变量 $(X,\ Y)$ 的联合分布函数为 $F(x,\ y)$，关于 X、Y 的边缘分布函数为 $F_X(x)$、$F_Y(y)$，若对任意的 x、y，有

$$F(x, y) = F_X(x) F_Y(y),$$

则称 X、Y 相互**独立**.

它表明，两个随机变量相互独立时，它们的联合分布函数等于两个边缘分布函数的乘积.

上式的等价形式为
$$P\{X \leqslant x,\ Y \leqslant y\} = P\{X \leqslant x\}P\{Y \leqslant y\}.$$

对于二维离散型随机变量 (X,Y)，X、Y 相互独立的充分必要条件为对于 (X,Y) 的所有可能取值 $(x_i,\ y_j)$，有
$$P\{X = x_i,\ Y = y_j\} = P\{X = x_i\}P\{Y = y_j\}.$$

对于二维连续型随机变量 (X,Y)，X、Y 相互独立的充分必要条件为对任意的 x、y，有 $f(x,\ y) = f_X(x)f_Y(y)$ 几乎处处成立，即在平面上除去面积为 0 的集合外，处处成立.

若已知 (X,Y) 的联合分布，可以先计算边缘分布再来判断随机变量 X、Y 的独立性；若已知边缘分布，且已知随机变量 X、Y 是相互独立的，则可以计算出联合分布.

【**例 3.17**】设二维随机变量 (X,Y) 在单位圆域 $x^2 + y^2 \leqslant 1$ 上服从均匀分布，问 X、Y 是否相互独立?

解　由例 3.10 知
$$f(x,\ y) = \begin{cases} \dfrac{1}{\pi}, & x^2 + y^2 \leqslant 1, \\ 0, & \text{其他}, \end{cases}$$

$$f_X(x) = \begin{cases} \dfrac{2}{\pi}\sqrt{1 - x^2}, & -1 \leqslant x \leqslant 1, \\ 0, & \text{其他}, \end{cases}$$

$$f_Y(y) = \begin{cases} \dfrac{2}{\pi}\sqrt{1 - y^2}, & -1 \leqslant y \leqslant 1, \\ 0, & \text{其他}. \end{cases}$$

在圆域 $x^2 + y^2 \leqslant 1$ 上，$f(x,\ y) \neq f_X(x)f_Y(y)$，故 X 和 Y 不相互独立.

【**例 3.18**】甲、乙两人约定中午 12：30 在某地会面，如果甲来到的时间在 12：15 到 12：45 之间是均匀分布. 乙独立地到达，而且到达时间在 12：00 到 13：00 之间是均匀分布. 试求:

(1) 先到的人等待另一人到达的时间不超过 5min 的概率.

(2) 甲先到的概率.

解　设 X 为甲到达时刻，Y 为乙到达时刻，以 12：00 为起点，以 min 为单位，依题意，

$X \sim U(15,\ 45)$，$Y \sim U(0,\ 60)$，则
$$f_X(x) = \begin{cases} \dfrac{1}{30}, & 15 < x < 45, \\ 0, & \text{其他}, \end{cases}$$

$$f_Y(x) = \begin{cases} \dfrac{1}{60}, & 0 < y < 60, \\ 0, & \text{其他}. \end{cases}$$

$$f(x,\ y) = \begin{cases} \dfrac{1}{1800}, & 15 < x < 45,\ 0 < y < 60, \\ 0, & \text{其他}. \end{cases}$$

$(1)\ P(|\ X-Y\ |\leqslant 5)=P(-5<X-Y<5)=\int_{15}^{45}\left[\int_{x-5}^{x+5}\frac{1}{1800}\mathrm{d}y\right]\mathrm{d}x=\frac{1}{6}.$

$(2)\ P(X<Y)=\int_{15}^{45}\left[\int_{x}^{60}\frac{1}{1800}\mathrm{d}y\right]\mathrm{d}x=\frac{1}{2}.$

【例 3.19】 随机变量 X、Y 相互独立，且同服从 $B(1,0.6)$，求 (X,Y) 的联合分布.

解　$P\{X=0\}=0.4$，$P\{X=1\}=0.6$，$P\{Y=0\}=0.4$，$P\{Y=1\}=0.6$，
由独立性知

$$P\{X=x_i,Y=y_j\}=P\{X=x_i\}P\{Y=y_j\},$$

则 (X,Y) 的分布律为

$$P\{X=0,Y=0\}=0.16,$$
$$P\{X=0,Y=1\}=P\{X=1,Y=0\}=0.24,$$
$$P\{X=1,Y=1\}=0.36.$$

而其联合分布和边缘分布可用表 3.10 表示.

表 3.10　(X，Y) 的联合分布与边缘分布表

X ＼ Y	0	1	$P\{X=x_i\}$
0	0.16	0.24	0.4
1	0.24	0.36	0.6
$P\{Y=y_j\}$	0.4	0.6	1

　　显然，随机变量的独立性可以通过联合分布计算出边缘分布来判断；反过来，当随机变量独立时，也可利用边缘分布计算联合分布.

　　随机变量独立性的概念不难推广到两个以上随机变量的情形.

　　一般地，如果对一切 $x_1,x_2,\cdots,x_n$，有

$$P\{X_1\leqslant x_1,X_2\leqslant x_2,\cdots,X_n\leqslant x_n\}=\prod_{i=1}^{n}P\{X_i\leqslant x_i\},$$

则称随机变量 $X_1,X_2,\cdots,X_n$ 为相互独立的.

　　最后给出有关独立性的两个结果.

　　定理 3.1　若连续型随机向量 $(X_1,X_2,\cdots,X_n)$ 的概率密度函数 $f(x_1,x_2,\cdots,x_n)$ 可表示为 n 个函数 $g_1,g_2,\cdots,g_n$ 之积，其中 g_i 只依赖于 x_i，即 $f(x_1,x_2,\cdots,x_n)=g_1(x_1)g_2(x_2)\cdots g_n(x_n)$，则 $X_1,X_2,\cdots,X_n$ 相互独立，且 X_i 的边缘密度 $f_{X_i}(x_i)$ 与 $g_i(x_i)$ 只相差一个常数因子.

　　定理 3.2　若 $X_1,X_2,\cdots,X_n$ 相互独立，而 $Y_1=g_1(X_1,X_2,\cdots,X_n)$，$Y_2=g_2(X_1,X_2,\cdots,X_n)$，则 Y_1 与 Y_2 独立.

3.5　二维随机变量函数的分布

　　在定义一个随机变量时，我们曾指出，X 是从样本空间 Ω 到实数域的一个函数；在定义二维随机变量 (X,Y) 时，我们涉及一个函数对 $X=X(\omega)$，$Y=Y(\omega)$，其中每一个都定义在某个试验的样本空间上，且对每一个 $\omega\in\Omega$，$X(\omega)$ 和 $Y(\omega)$ 都有一个实数与之对

应，于是得到二维向量 $(X(\omega)，Y(\omega))$.

现在我们考虑两个随机变量 X 和 Y 的函数 $Z=\varphi(X，Y)$，显然，$Z=Z(\omega)$ 还是一个随机变量. 考虑下列各步：

（1）进行试验 E 得出结果 ω；

（2）计算 $X(\omega)$ 和 $Y(\omega)$；

（3）计算 $Z=\varphi(X(\omega)，Y(\omega))$.

可以看出 Z 的值依赖于试验的初始结果 ω，即 $Z=Z(\omega)$ 是对每一个结果 $\omega\in\Omega$ 赋予一个实数 $Z(\omega)$，因此 Z 是一个随机变量. 在本书中我们一般考察 $X+Y$，$\min(X，Y)$，$\max(X，Y)$ 等.

3.5.1　二维离散型随机变量函数的分布

设 $(X，Y)$ 是二维离散型随机变量，则 $Z=\varphi(X，Y)$ 是离散型随机变量，当 $(X，Y)$ 的分布律和函数 $\varphi(x，y)$ 已知时，可以得到 $Z=\varphi(X，Y)$ 的分布律.

【例 3.20】 二维离散型随机变量 $(X，Y)$ 的联合分布律见表 3.11.

表 3.11　$(X，Y)$ 的联合分布律

X ＼ Y	0	1	3
-1	$\dfrac{1}{16}$	$\dfrac{1}{8}$	$\dfrac{5}{16}$
2	$\dfrac{2}{8}$	$\dfrac{2}{8}$	0

求 $Z_1=X+Y$，$Z_2=X-2Y$ 的概率分布.

解　由 $(X，Y)$ 的分布可得表 3.12 的结果.

表 3.12　由 $(X，Y)$ 的分布求 $X+Y$ 与 $X-2Y$ 的分布

p	$\dfrac{1}{16}$	$\dfrac{1}{8}$	$\dfrac{5}{16}$	$\dfrac{2}{8}$	$\dfrac{2}{8}$	0
$(X，Y)$	$(-1，0)$	$(-1，1)$	$(-1，3)$	$(2，0)$	$(2，1)$	$(2，3)$
$X+Y$	-1	0	2	2	3	5
$X-2Y$	-1	-3	-7	2	0	-4

去掉概率为 0 的值，并将相同函数值对应的概率求和，从而得到表 3.13 和表 3.14 的结果.

表 3.13　$Z_1=X+Y$ 的分布

$Z_1=X+Y$	-1	0	2	3
p	$\dfrac{1}{16}$	$\dfrac{1}{8}$	$\dfrac{9}{16}$	$\dfrac{2}{8}$

表 3.14　$Z_2 = X - 2Y$ 的分布

$Z_2 = X - 2Y$	-7	-3	-1	0	2
p	$\dfrac{5}{16}$	$\dfrac{1}{8}$	$\dfrac{1}{16}$	$\dfrac{2}{8}$	$\dfrac{2}{8}$

一般地，如果 (X, Y) 的概率分布为 $P\{X = x_i, Y = y_i\} = p_{ij}(i, j = 1, 2, \cdots)$，记 $z_k(k = 1, 2, \cdots)$ 为 $Z = g(X, Y)$ 的所有可能的取值，则 Z 的概率分布为

$$P\{Z = z_k\} = P\{g(X, Y) = Z_k\} = \sum_{g(x_i, y_j) = z_k} P\{X = x_i, Y = y_j\}, \quad k = 1, 2, \cdots.$$

【例 3.21】随机变量 X、Y 相互独立，且都服从泊松分布，$X \sim P(\lambda_1)$，$Y \sim P(\lambda_2)$，求证 $Z = X + Y \sim P(\lambda_1 + \lambda_2)$.

证　$P\{Z = k\} = P\{X + Y = k\} = \sum_{i=0}^{k} P\{X = i\}P\{Y = k - i\}$

$$= \sum_{i=0}^{k} \frac{\lambda_1^i}{i!}\mathrm{e}^{-\lambda_1} \cdot \frac{\lambda_2^{k-i}}{(k-i)!}\mathrm{e}^{-\lambda_2} = \frac{\mathrm{e}^{-(\lambda_1 + \lambda_2)}}{k!} \sum_{i=0}^{k} \frac{k!}{i!\,(k-i)!}\lambda_1^{\,i}\lambda_2^{\,k-i}$$

$$= \frac{(\lambda_1 + \lambda_2)^k}{k!}\mathrm{e}^{-(\lambda_1 + \lambda_2)}, \quad k = 0, 1, 2, \cdots,$$

$$Z = X + Y \sim P(\lambda_1 + \lambda_2).$$

上例说明，两个相互独立的泊松分布随机变量的和仍然是泊松分布随机变量，且参数也是相应参数的和，这种性质称为泊松分布的可加性. 容易证明，二项分布也具有可加性，若随机变量 X、Y 相互独立，$X \sim B(n_1, p)$，$Y \sim B(n_2, p)$，则 $Z = X + Y \sim B(n_1 + n_2, p)$.

3.5.2　二维连续型随机变量函数的分布

设 (X, Y) 是二维连续型随机变量，若函数 $Z = \varphi(X, Y)$ 仍是连续型随机变量，则存在密度函数 $f_Z(z)$. 下面讨论几种相对简单的函数关系：$Z = X + Y$，$Z = \max(X, Y)$ 和 $Z = \min(X, Y)$.

1. $Z = X + Y$ 的分布

设 (X, Y) 的概率密度为 $f(x, y)$，则 $Z = X + Y$ 的分布函数为

$$F_Z(z) = P\{Z \leqslant z\} = \iint\limits_{x+y \leqslant z} f(x, y)\mathrm{d}x\mathrm{d}y$$

$$= \int_{-\infty}^{+\infty}\Big[\int_{-\infty}^{z-y} f(x, y)\mathrm{d}x\Big]\mathrm{d}y.$$

固定 z 和 y，对积分 $\int_{-\infty}^{z-y} f(x, y)\mathrm{d}x$ 做变量代换，令 $x = u - y$，得

$$\int_{-\infty}^{z-y} f(x, y)\mathrm{d}x = \int_{-\infty}^{z} f(u - y, y)\mathrm{d}u,$$

于是

$$F_Z(z) = \int_{-\infty}^{+\infty}\Big[\int_{-\infty}^{z} f(u - y, y)\mathrm{d}u\Big]\mathrm{d}y$$

$$= \int_{-\infty}^{z} \left[\int_{-\infty}^{+\infty} f(u-y,\ y)\mathrm{d}y \right] \sqrt{3}\,u,$$

由概率密度定义，得 $Z = X + Y$ 的概率密度为

$$f_Z(z) = \int_{-\infty}^{+\infty} f(z-y,\ y)\mathrm{d}y.$$

由对称性，也可以得到

$$f_Z(z) = \int_{-\infty}^{+\infty} f(x,\ z-x)\mathrm{d}x.$$

特别地，当随机变量 X、Y 相互独立时，X、Y 的概率密度分别为 $f_X(x)$、$f_Y(y)$，则有

$$f_Z(z) = \int_{-\infty}^{+\infty} f_X(x) f_Y(z-x)\mathrm{d}x;$$

$$f_Z(z) = \int_{-\infty}^{+\infty} f_X(z-y) f_Y(y)\mathrm{d}y.$$

这两个公式称为卷积公式，记为 $f_X(x) * f_Y(y)$，即

$$f_X(x) * f_Y(y) = \int_{-\infty}^{+\infty} f_X(x) f_Y(z-x)\mathrm{d}x = \int_{-\infty}^{+\infty} f_X(z-y) f_Y(y)\mathrm{d}y.$$

【**例 3.22**】设随机变量 X、Y 相互独立，且都在 $[0,\ 1]$ 上服从均匀分布，求 $Z = X + Y$ 的概率密度.

解　随机变量 X、Y 的概率密度为

$$f_X(x) = \begin{cases} 1, & 0 \leqslant x \leqslant 1, \\ 0, & \text{其他}, \end{cases} \qquad f_Y(y) = \begin{cases} 1, & 0 \leqslant y \leqslant 1, \\ 0, & \text{其他}, \end{cases}$$

由卷积公式

$$f_Z(z) = \int_{-\infty}^{+\infty} f_X(x) f_Y(z-x)\mathrm{d}x,$$

而

$$f_X(x) f_Y(z-x) = \begin{cases} 1, & 0 \leqslant x \leqslant 1,\ 0 \leqslant z-x \leqslant 1, \\ 0, & \text{其他}. \end{cases}$$

当 $z < 0$ 或 $z > 2$ 时，$f_Z(z) = 0$；

当 $0 \leqslant z < 1$ 时，$f_Z(z) = \int_0^z \mathrm{d}x = z$；

当 $1 \leqslant z \leqslant 2$ 时，$f_Z(z) = \int_{z-1}^1 \mathrm{d}x = 2 - z$.

即

$$f_Z(z) = \begin{cases} 0, & z < 0 \text{ 或 } z > 2, \\ z, & 0 \leqslant z < 1, \\ 2 - z, & 1 \leqslant z \leqslant 2. \end{cases}$$

【**例 3.23**】设随机变量 X、Y 相互独立，且都服从 $N(0,\ 1)$ 分布，求 $Z = X + Y$ 的概率密度.

解　随机变量 X、Y 的概率密度为

$$f_X(x) = \frac{1}{\sqrt{2\pi}} \mathrm{e}^{-\frac{x^2}{2}},\ f_Y(y) = \frac{1}{\sqrt{2\pi}} \mathrm{e}^{-\frac{y^2}{2}},$$

由卷积公式

$$f_Z(z) = \int_{-\infty}^{+\infty} f_X(x) f_Y(z-x)\,\mathrm{d}x$$

$$= \frac{1}{2\pi} \int_{-\infty}^{+\infty} \mathrm{e}^{-\frac{x^2}{2}} \mathrm{e}^{-\frac{(z-x)^2}{2}}\,\mathrm{d}x$$

$$= \frac{1}{2\pi} \mathrm{e}^{-\frac{z^2}{4}} \int_{-\infty}^{+\infty} \mathrm{e}^{-\left(x-\frac{z}{2}\right)^2}\,\mathrm{d}x$$

$$= \frac{1}{2\sqrt{\pi}} \mathrm{e}^{-\frac{z^2}{4}}.$$

即 $Z \sim N(0, 2)$.

一般地，若随机变量 X、Y 相互独立，且 $X \sim N(\mu_1, \sigma_1^2)$，$Y \sim N(\mu_2, \sigma_2^2)$，则 $Z = X + Y \sim N(\mu_1 + \mu_2, \sigma_1^2 + \sigma_2^2)$. 这个结论可以推广到 n 个独立正态分布随机变量之和的情况，即若 $X_i \sim N(\mu_i, \sigma_i^2)$，$i = 1, 2, \cdots, n$，且这些随机变量相互独立，则

$$Z = X_1 + X_2 + \cdots + X_n \sim N\left(\sum_{i=1}^{n} \mu_i, \sum_{i=1}^{n} \sigma_i^2\right).$$

2. $Z = \max\{X, Y\}$ 和 $Z = \min\{X, Y\}$ 的分布

设随机变量 X、Y 相互独立，分布函数为 $F_X(x)$、$F_Y(y)$，$Z = \max\{X, Y\}$ 的分布函数为 $F_{\max}(z)$，由于 $\{Z \leqslant z\} = \{X \leqslant z, Y \leqslant z\}$，故

$$F_{\max}(z) = P\{Z \leqslant z\} = P\{X \leqslant z, Y \leqslant z\} = P\{X \leqslant z\}P\{Y \leqslant z\}$$

$$= F_X(z)F_Y(z).$$

设 $Z = \min\{X, Y\}$ 的分布函数为 $F_{\min}(z)$，由于 $\{Z > z\} = \{X > z, Y > z\}$，故

$$F_{\min}(z) = P\{Z \leqslant z\} = 1 - P\{Z > z\} = 1 - P\{X > z, Y > z\}$$

$$= 1 - P\{X > z\}P\{Y > z\}$$

$$= 1 - [1 - F_X(z)][1 - F_Y(z)].$$

即

$$F_{\max}(z) = F_X(z)F_Y(z);$$

$$F_{\min}(z) = 1 - [1 - F_X(z)][1 - F_Y(z)].$$

【例 3.24】 设系统 L 由两个相互独立的子系统 L_1、L_2 连接而成，连接方式分别为：(1) 串联；(2) 并联；(3) 备用（L_2 在储备期不失效，L_1 损坏时，L_2 立即开始工作）. 设 L_1、L_2 的寿命分别为 X、Y，其概率密度分别为

$$f_X(x) = \begin{cases} \alpha \mathrm{e}^{-\alpha x}, & x > 0, \\ 0, & x \leqslant 0. \end{cases}$$

$$f_Y(y) = \begin{cases} \beta \mathrm{e}^{-\beta y}, & y > 0, \\ 0, & y \leqslant 0. \end{cases}$$

其中 $\alpha > 0$，$\beta > 0$ 且 $\alpha \neq \beta$，分别对以上三种连接方式给出系统 L 的寿命 Z 的概率密度函数.

解 X、Y 的分布函数分别为

$$F_X(x) = \begin{cases} 1 - \mathrm{e}^{-\alpha x}, & x > 0, \\ 0, & x \leqslant 0. \end{cases}$$

$$F_Y(y) = \begin{cases} 1 - \mathrm{e}^{-\beta y}, & y > 0, \\ 0, & y \leqslant 0. \end{cases}$$

　　(1) 串联时, $Z=\min\{X，Y\}$.
$$F_{\min}(z)=1-[1-F_X(z)][1-F_Y(z)]$$
$$=\begin{cases}1-\mathrm{e}^{-(\alpha+\beta)z}, & z>0, \\ 0, & z\leqslant 0.\end{cases}$$

概率密度函数为
$$f_{\min}(z)=\begin{cases}(\alpha+\beta)\mathrm{e}^{-(\alpha+\beta)z}, & z>0, \\ 0, & z\leqslant 0.\end{cases}$$

　　(2) 并联时, $Z=\max\{X，Y\}$.
$$F_{\max}(z)=F_X(z)F_Y(z)$$
$$=\begin{cases}(1-\mathrm{e}^{-\alpha z})(1-\mathrm{e}^{-\beta z}) & z>0, \\ 0, & z\leqslant 0.\end{cases}$$

概率密度函数为
$$f_{\max}(z)=\begin{cases}\alpha\mathrm{e}^{-\alpha z}+\beta\mathrm{e}^{-\beta z}-(\alpha+\beta)\mathrm{e}^{-(\alpha+\beta)z}, & z>0, \\ 0, & z\leqslant 0.\end{cases}$$

　　(3) 备用时, $Z=X+Y$.
$$f_Z(z)=\int_{-\infty}^{+\infty}f_X(x)f_Y(z-x)\mathrm{d}x.$$

当 $z\leqslant 0$ 时, $f_Z(z)=0$;

当 $z>0$ 时, $f_Z(z)=\int_0^z\alpha\mathrm{e}^{-\alpha x}\beta\mathrm{e}^{-\beta(z-x)}\mathrm{d}x=\dfrac{\alpha\beta}{\alpha-\beta}(\mathrm{e}^{-\beta z}-\mathrm{e}^{-\alpha z}).$

即
$$f_Z(z)=\begin{cases}\dfrac{\alpha\beta}{\alpha-\beta}(\mathrm{e}^{-\beta z}-\mathrm{e}^{-\alpha z}), & z>0, \\ 0, & z\leqslant 0.\end{cases}$$

　　关于 $Z=\max\{X，Y\}$ 和 $Z=\min\{X，Y\}$ 的分布的结论可以推广到 n 个随机变量的情况. 设 X_i 的分布函数为 $F_{X_i}(x_i)$, $i=1，2，\cdots，n$, 且这些随机变量相互独立, 则 $\max\{X_1，X_2，\cdots，X_n\}$, $\min\{X_1，X_2，\cdots，X_n\}$ 的分布函数分别为
$$F_{\max}(z)=F_{X_1}(z)F_{X_2}(z)\cdots F_{X_n}(z);$$
$$F_{\min}(z)=1-[1-F_{X_1}(z)][1-F_{X_2}(z)]\cdots[1-F_{X_n}(z)].$$

　　特别地, 当 $X_1，X_2，\cdots，X_n$ 相互独立, 且具有相同的分布函数 $F(x)$ 时, 有
$$F_{\max}(z)=[F(z)]^n;$$
$$F_{\min}(z)=1-[1-F(z)]^n.$$

本章小结

　　二维随机变量 $(X，Y)$ 是一个整体, 包含随机变量 X、Y 的全部特征, 还有 X、Y 之间的联系的特征. 类似一维情形, 我们讨论了离散型和连续型两类二维随机变量, 许多方法和结论与一维类似. 二维随机变量函数的分布, 我们主要讨论了两种情形, 一般情形可参考这两种情形加以解决. 随机变量的独立性是随机事件独立性的扩充, 在实际问题中, 常常根据其意义来判断独立性.

本章学习要点：

1. 了解二维随机变量的概念.

2. 了解二维随机变量的联合分布函数及其性质，理解二维离散型随机变量的联合分布律及其性质，了解二维连续型随机变量的联合概率密度及其性质，并会用它计算有关事件的概率.

3. 了解二维随机变量的边缘分布.

4. 理解随机变量独立性的概念，掌握应用随机变量的独立性进行概率计算.

5. 会求两个独立随机变量的简单函数的分布.

习题 3

1. 盒子里装有 3 只黑球、2 只红球、2 只白球，在其中任取 4 只球，以 X 表示取到黑球的个数，以 Y 表示取到红球的个数. 求 $(X，Y)$ 的联合分布律.

2. 抛三次硬币，ξ 表示正面数，η 表示正反面次数差的绝对值，求 $(\xi，\eta)$ 的联合分布律.

3. 设二维随机变量 $(X，Y)$ 共有 4 个取正概率的点，它们是 $(0，1)$，$(1，0)$，$(2，0)$，$(2，1)$，并且 $(X，Y)$ 取得它们的概率相同，求 $(X，Y)$ 的联合分布及边缘分布.

4. 二维随机变量 $(X，Y)$ 的分布律见表 3.15.

表 3.15　$(X，Y)$ 的分布律

X \ Y	1	2	3
1	0.1	0.05	0.2
2	0	0.1	0.1
3	0.3	0.15	0

求 $P\{X>1，Y\leqslant 2\}$，$P\{X=1\}$，$P\{X=Y\}$，以及分布函数值 $F(2，1.5)$.

5. 设随机变量 $(X，Y)$ 的分布密度为

$$f(x，y)=\begin{cases}A\mathrm{e}^{-(3x+4y)}，& x>0，y>0，\\ 0，& 其他.\end{cases}$$

求：(1) 常数 A；(2) 随机变量 $(X，Y)$ 的分布函数；(3) $P\{0<X\leqslant 1，Y\leqslant 2\}$.

6. 设随机变量 $(X，Y)$ 的概率密度为

$$f(x，y)=\begin{cases}k(6-x-y)，& 0<x<2，2<y<4，\\ 0，& 其他.\end{cases}$$

(1) 确定常数 k；

(2) 求 $P\{X<1，Y<3\}$；

(3) 求 $P\{X<1.5\}$；

(4) 求 $P\{X+Y<4\}$.

7. 设二维随机变量 $(X，Y)$ 的联合分布函数为

$$F(x,y)=\begin{cases}(1-e^{-4x})(1-e^{-2y}), & x>0,\ y>0,\\ 0, & \text{其他}.\end{cases}$$

求 (X,Y) 的联合分布密度及边缘分布函数.

8. 设二维连续型随机变量 (X,Y) 在区域 D 上服从均匀分布，其中
$$D=\{(x,y)\,|\,|x+y|<1,\ |x-y|<1\},$$
求关于的 X 边缘密度.

9. 设二维随机变量 (X,Y) 的概率密度为
$$f(x,y)=\begin{cases}cx^2y, & x^2\leqslant y\leqslant 1,\\ 0, & \text{其他}.\end{cases}$$

（1）试确定常数 c；

（2）求边缘概率密度.

10. 二维随机变量 (X,Y) 的分布律见表 3.16.

表 3.16　(X,Y) 的分布律

X \ Y	1	2	3
1	$\dfrac{1}{6}$	$\dfrac{1}{9}$	$\dfrac{1}{18}$
2	$\dfrac{1}{3}$	a	b

问 a、b 取何值时，X、Y 相互独立？

11. 本章习题 3、6、9 中，X、Y 是否相互独立？

12. 二维随机变量 (X,Y) 的分布律见表 3.17.

表 3.17　(X,Y) 的分布律

X \ Y	1	2	3	4
1	0.1	0.05	0.15	0
2	0	0.1	0.1	0.1
3	0.05	0.15	0	0.2

（1）求 $U=X+Y$ 的分布；

（2）求 $V=X-Y$ 的分布；

（3）求 $W=\max\{X,Y\}$ 的分布；

（4）求 $Z=\min\{X,Y\}$ 的分布.

13. 设随机变量 X、Y 相互独立，且都服从参数为 1 的指数分布，求 $Z_1=\max\{X,Y\}$ 和 $Z_2=\min\{X,Y\}$ 的密度函数.

14. 设某种商品一周的需要量是一个随机变量，服从参数为 λ 的指数分布，并设各周的需要量是相互独立的，试求（1）两周，（2）三周的需要量的概率密度.

15. 设随机变量 X、Y 相互独立，X 服从 $[0,1]$ 上的均匀分布，Y 服从参数为 1 的指数分布，求 $Z=X+Y$ 的密度函数.

第 **4** 章　数字特征和极限理论

在前面，我们讨论了随机变量及其分布，知道了 X 的分布函数完全描述了随机变量的统计特征，即若知道了随机变量 X 的概率分布，则 X 的全部概率特征也就知道了.

然而，在实际问题中，概率分布一般是较难确定的，并且在一些实际应用中，人们并不需要知道随机变量的一切概率性质，只要知道它的某些特征就够了. 例如，在考察一个班级学生的学习成绩时，往往只需要知道这个班级的平均成绩及其分散程度就可以对该班的学习情况作出比较客观的判断. 又如考察棉花质量时，同样只需要知道棉花纤维的平均长度以及与平均长度的差异程度等. 这些平均值及表示分散程度的数字虽然不能完整地描述随机变量，但更能突出地描述随机变量在某些方面的重要特征，我们称它们为随机变量的数字特征.

本章将介绍随机变量的常用数字特征，如数学期望、方差、相关系数等.

4.1　随机变量的数学期望

随机变量的数学期望是概率论中最重要的概念之一，它描述了随机变量取值的平均特征.

4.1.1　期望的概念

我们从离散型随机变量的数学期望开始.

【例 4.1】 甲、乙两人赌技相同，各出赌金 100 元，并约定先胜三局者为胜，取得全部 200 元. 由于出现意外情况，在甲胜 2 局乙胜 1 局时，不得不终止赌博，如果要分赌金，应如何分配才算公平？

分析：假设继续赌两局，则结果有以下 4 种情况：第一局甲胜乙负，第二局甲胜乙负；第一局甲胜乙负，第二局甲负乙胜；第一局甲负乙胜，第二局甲胜乙负；第一局甲负乙胜，第二局甲负乙胜. 前三局中甲胜 2 局乙胜 1 局，所以，如果继续进行比赛，在赌技相同的情况下，甲、乙最终获胜的可能性大小分别为 $\dfrac{3}{4}$、$\dfrac{1}{4}$，即甲应获得赌金的 $\dfrac{3}{4}$，而乙只能获得赌金的 $\dfrac{1}{4}$，因此，甲能"期望"得到的数目应为 $200 \times \dfrac{3}{4} + 0 \times \dfrac{1}{4} = 150$（元），而乙能"期望"得到的数目应为 $200 \times \dfrac{1}{4} + 0 \times \dfrac{3}{4} = 50$（元）.

解　设随机变量 X 表示在甲胜 2 局乙胜 1 局的前提下，继续赌下去甲最终可能得到的赌金，则 X 的所有可能取值为 200、0，其概率分别为 $\dfrac{3}{4}$、$\dfrac{1}{4}$，所以甲期望所得的赌金即

为 X 的"期望"值，等于 $200 \times \dfrac{3}{4} + 0 \times \dfrac{1}{4} = 150$（元）.

上述结果为 X 的所有可能取值与其概率之积的累加.

1. 离散型随机变量的数学期望

定义 4.1　设离散型随机变量 X 的分布律为 $P\{X=x_i\}=p_i$，$i=1$，2，$\cdots$，若级数 $\sum\limits_{i=1}^{\infty} x_i p_i$ 绝对收敛，即如果 $\sum\limits_{i=1}^{\infty} |x_i| p_i < \infty$，则称级数 $\sum\limits_{i=1}^{\infty} x_i p_i$ 为随机变量 X 的数学期望，记为 $E(X)$.

注："数学期望"本质上就是一种加权平均. 如果 X 只取有限个值，上式的表达式变成 $E(X) = \sum\limits_{i=1}^{n} x_i p_i$，这可以看作可能值 x_1，x_2，$\cdots$，x_n 的加权平均值. 如果一切可能取值是等可能的，那么 $E(X) = \dfrac{1}{n} \sum\limits_{i=1}^{n} x_i$ 表示通常的 n 个可能值的算术平均值.

【例 4.2】 抛一枚骰子一次，X 是出现的点数，则 X 的分布律 $P\{X=i\}=\dfrac{1}{6}$，$i=1$，2，$\cdots$，6，从而得到 $E(X) = \sum\limits_{i=1}^{\infty} x_i p_i = \sum\limits_{i=1}^{6} i \times \dfrac{1}{6} = 3.5$，这说明"期望"得到的点数不一定是实际能够出现的点数. 比如，若抛骰子 3 次，点数分别为 1、2、6 点，则平均点数为 3，这个平均点数随试验不同而变化，但当试验次数充分大时，这个平均点数呈现出规律性，稳定在 $E(X)=3.5$ 的附近.

【例 4.3】 甲、乙两人打靶，成绩见表 4.1.

表 4.1　甲、乙两人打靶成绩

	甲射手			乙射手		
击中环数	8	9	10	8	9	10
概率	0.3	0.1	0.6	0.2	0.5	0.3

试评定他们成绩的好坏.

解　设甲、乙射手击中的环数分别为 X_1、X_2，则
$$E(X_1) = 8 \times 0.3 + 9 \times 0.1 + 10 \times 0.6 = 9.3\text{（环）},$$
$$E(X_2) = 8 \times 0.2 + 9 \times 0.5 + 10 \times 0.3 = 9.1\text{（环）},$$
故甲射手的成绩比较好.

【例 4.4】 某一彩票中心发行彩票 10 万张，每张 2 元. 设头等奖 1 个，奖金 1 万元；二等奖 2 个，奖金各 5000 元；三等奖 10 个，奖金各 1000 元；四等奖 100 个，奖金各 100 元；五等奖 1000 个，奖金各 10 元. 每张彩票的成本费为 0.3 元，请计算彩票发行单位的创收利润.

解　设离散型随机变量 X 表示每张彩票中奖代表的数额，其中奖概率见表 4.2.

表 4.2　各奖等中奖概率

$X/$元	0	10	100	1000	5000	10^4
p	p_0	$\dfrac{10^3}{10^5}$	$\dfrac{10^2}{10^5}$	$\dfrac{10}{10^5}$	$\dfrac{2}{10^5}$	$\dfrac{1}{10^5}$

每张彩票平均能得到奖金

$$E(X)=0\times p_0+10\times\frac{10^3}{10^5}+100\times\frac{10^2}{10^5}+\cdots+10^4\times\frac{1}{10^5}=0.5(\text{元}),$$

每张彩票平均可赚

$$2-0.5-0.3=1.2\ (\text{元}),$$

因此彩票发行单位发行 10 万张彩票的创收利润为 $100000\times1.2=120000$（元）.

2. 连续型随机变量的数学期望

定义 4.2　设连续型随机变量 X 的概率密度为 $f(x)$，若积分 $\int_{-\infty}^{+\infty}xf(x)\mathrm{d}x$ 绝对收敛，则称积分 $\int_{-\infty}^{+\infty}xf(x)\mathrm{d}x$ 为随机变量 X 的数学期望，记为 $E(X)$，即 $E(X)=\int_{-\infty}^{+\infty}xf(x)\mathrm{d}x$.

注：随机变量的期望值和力学中的"重心"概念类似，如果把一单位的质量沿直线分布在离散点 x_1，x_2，$\cdots$，x_n，$\cdots$，且 p_i 是在 x_i 处的质量，那么 $\sum_{i=1}^{\infty}x_ip_i$ 表示重心（关于原点）. 类似地，如果把一单位质量连续地分布在直线上，且 $f(x)$ 表示在 x 点的质量密度，那么 $\int_{-\infty}^{+\infty}xf(x)\mathrm{d}x$ 也可理解为重心. 在上述意义下，$E(X)$ 可以表示概率分布的"中心"，因此，有时把 $E(X)$ 称为集中趋势的度量，且和 X 有相同的单位.

从定义 4.1、4.2 可看出，并不是所有的随机变量都存在数学期望，它必须满足级数或者积分绝对收敛的条件.

【例 4.5】 设随机变量 X 服从柯西分布，密度函数为

$$f(x)=\frac{1}{\pi(1+x^2)},\ -\infty<x<+\infty,$$

求 $E(X)$.

解　$\int_{-\infty}^{+\infty}|x|f(x)\mathrm{d}x=\int_{-\infty}^{+\infty}|x|\frac{1}{\pi(1+x^2)}\mathrm{d}x$ 发散，故 $E(X)$ 不存在.

【例 4.6】 设顾客在某银行的窗口等待服务的时间 X（以 min 计）服从指数分布，其概率密度为

$$f(x)=\begin{cases}\dfrac{1}{5}\mathrm{e}^{-\frac{x}{5}},&x>0,\\[2mm]0,&x<0\end{cases},$$

试求顾客等待服务的平均时间.

解　$E(X)=\int_{-\infty}^{+\infty}xf(x)\mathrm{d}x=\int_{0}^{+\infty}x\frac{1}{5}\mathrm{e}^{-\frac{x}{5}}\mathrm{d}x=5(\text{min}),$

所以，顾客平均等待 5min 就可得到服务.

4.1.2　几种常用随机变量期望的计算

下面我们以例题的形式给出几种离散型和连续型随机变量常用分布的数学期望.

【例 4.7】 设随机变量 X 服从参数为 p 的两点分布，即 $X \sim B(1, p)$，则 $E(X) = p$．

【例 4.8】 设随机变量 $X \sim B(n, p)$，求 $E(X)$．

解　$E(X) = \sum_{k=0}^{n} k p_k = \sum_{k=0}^{n} k C_n^k p^k q^{n-k} = np \sum_{k=1}^{n} C_{n-1}^{k-1} p^{k-1} q^{n-k}$

$$= np(p+q)^{n-1} = np,$$

即 $E(X) = np$．

【例 4.9】 设随机变量 $X \sim P(\lambda)$，求 $E(X)$．

解　$E(X) = \sum_{k=0}^{\infty} k p_k = \sum_{k=1}^{\infty} k \dfrac{\lambda^k e^{-\lambda}}{k!}$

$$= \lambda e^{-\lambda} \sum_{k=1}^{\infty} \frac{\lambda^{k-1}}{(k-1)!} = \lambda e^{-\lambda} e^{\lambda}$$

$$= \lambda,$$

即 $E(X) = \lambda$．

【例 4.10】 设随机变量 X 服从几何分布，求 $E(X)$．

解　$E(X) = \sum_{k=1}^{\infty} k p_k = \sum_{k=1}^{\infty} k p q^{k-1} = p \sum_{k=1}^{\infty} k q^{k-1}$

$$= p \frac{d}{dq} \left(\sum_{k=1}^{\infty} q^k \right) = p \frac{d}{dq} \left(\frac{q}{1-q} \right)$$

$$= \frac{p}{(1-q)^2} = \frac{1}{p}．$$

【例 4.11】 设随机变量 $X \sim U[a, b]$，求 $E(X)$．

解　$E(X) = \int_{-\infty}^{+\infty} x f(x) dx = \int_{a}^{b} x \frac{1}{b-a} dx$

$$= \frac{a+b}{2}．（它表示区间的中点）$$

【例 4.12】 设随机变量 $X \sim E(\lambda)$，求 $E(X)$．

解　$E(X) = \int_{-\infty}^{+\infty} x f(x) dx = \int_{0}^{+\infty} x \lambda e^{-\lambda x} dx$

$$= -\int_{0}^{+\infty} x \, de^{-\lambda x} = \int_{0}^{+\infty} e^{-\lambda x} dx = \frac{1}{\lambda}．$$

【例 4.13】 设随机变量 $X \sim N(\mu, \sigma^2)$，求 $E(X)$．

解　$E(X) = \int_{-\infty}^{+\infty} x f(x) dx = \int_{-\infty}^{+\infty} x \frac{1}{\sqrt{2\pi}\sigma} e^{-\frac{(x-\mu)^2}{2\sigma^2}} dx ,$

令 $\dfrac{x-\mu}{\sigma} = t$，则

$$E(X) = \int_{-\infty}^{+\infty} (\mu + \sigma t) \frac{1}{\sqrt{2\pi}} e^{-\frac{t^2}{2}} dt ,$$

由密度的性质 $\int_{-\infty}^{+\infty} \dfrac{1}{\sqrt{2\pi}} e^{-\frac{t^2}{2}} dt = 1$，以及积分收敛性和奇函数积分性质 $\int_{-\infty}^{+\infty} t \dfrac{1}{\sqrt{2\pi}} e^{-\frac{t^2}{2}} dt = 0$，得

$$E(X) = \mu．$$

4.1.3　随机变量函数的数学期望

在理论研究和实际应用中，常涉及已知随机变量 X 的分布，我们需要计算的不是 X 的期望，而是 X 的某个函数的期望，比如说 $g(X)$ 的期望. 那么应该如何计算呢？

一种方法是，因为 $g(X)$ 也是随机变量，故应有概率分布，它的分布可以由已知的 X 的分布求出来. 一旦我们知道了 $g(X)$ 的分布，就可以按照期望的定义把 $E[g(X)]$ 计算出来.

使用这种方法必须先求出随机变量函数 $g(X)$ 的分布，一般是比较复杂的. 在实际计算中经常采用另一个计算公式，这个计算公式有赖于下面的定理 4.1，我们将不加证明地给出该定理. 由此定理，在已知 X 分布和函数 $Y=g(X)$ 的情况下，不用求 Y 分布，直接由 X 分布和 $Y=g(X)$ 来求出 $E(Y)=E[g(X)]$.

定理 4.1　设 $y=g(x)$ 是连续函数，$Y=g(X)$ 是随机变量 X 的函数.

（1）如果 X 是离散型随机变量，分布律为

$$P\{X=x_i\}=p_i,\ i=1,\ 2,\ \cdots,$$

若 $\displaystyle\sum_{i=1}^{\infty} g(x_i)p_i$ 绝对收敛，则

$$E(Y)=E[g(X)]=\sum_{i=1}^{\infty} g(x_i)p_i.$$

（2）如果 X 是连续型随机变量，概率密度为 $f(x)$，若 $\displaystyle\int_{-\infty}^{+\infty} g(x)f(x)\mathrm{d}x$ 绝对收敛，则

$$E(Y)=E[g(X)]=\int_{-\infty}^{+\infty} g(x)f(x)\mathrm{d}x.$$

该公式的重要性在于：当我们求 $E(Y)=E[g(X)]$ 时，不必知道 $Y=g(X)$ 的分布，而只需知道 X 的分布就可以了.

这给求出随机变量函数的期望带来很大方便.

【例 4.14】随机变量 X 的分布律见表 4.3.

表 4.3　X 的分布律

X	0	1	2	3
p_i	0.1	0.2	0.3	0.4

$Y=(X-1)^2$，求 $E(Y)=E[(X-1)^2]$.

解一　先由 X 的分布和 $Y=g(X)$ 求出 Y 的分布，然后由 Y 的分布求出 $E(Y)$. 容易计算，Y 的分布律见表 4.4.

表 4.4　Y 的分布律

Y	0	1	4
p_i	0.2	0.4	0.4

$$E(Y)=0\times0.2+1\times0.4+4\times0.4=2.$$

解二　由上面定理求出 $E(Y)=E[g(X)]$.

$$E(Y) = E[(X-1)^2] = \sum_{i=0}^{3} (i-1)^2 p_i$$

$$= (0-1)^2 \times 0.1 + (1-1)^2 \times 0.2 + (2-1)^2 \times 0.3 + (3-1)^2 \times 0.4 = 2.$$

【例 4.15】 设球的直径 X 服从 $[a, b]$ 上的均匀分布，求球的体积 Y 的数学期望.

解　X 的密度函数为

$$f(x) = \begin{cases} \dfrac{1}{b-a}, & a \leqslant x \leqslant b, \\ 0, & \text{其他}. \end{cases}$$

$$Y = g(X) = \frac{1}{6}\pi X^3,$$

$$E(Y) = E[g(X)] = E\left(\frac{1}{6}\pi X^3\right) = \int_a^b \frac{1}{6}\pi x^3 \frac{1}{b-a}\mathrm{d}x$$

$$= \frac{\pi}{24}(a+b)(a^2+b^2).$$

【例 4.16】 设某种商品需求量（t）$X \sim U[2000, 4000]$，经销商进货数量在区间 $[2000, 4000]$ 内，若售出 1t 该商品，可盈利 3 万元，若积压 1t 该商品，则亏损 1 万元，问应进货多少吨该商品，可使盈利期望最大?

解　设进货量（t）为 y，盈利（万元）为 Y，则

$$Y = g(X) = \begin{cases} 3y, & X \geqslant y, \\ 3X - (y-X), & X < y, \end{cases}$$

$$E(Y) = E[g(X)] = \int_{-\infty}^{+\infty} g(x)f(x)\mathrm{d}x$$

$$= \int_{2000}^{4000} g(x)\frac{1}{2000}\mathrm{d}x$$

$$= \frac{1}{2000}\int_{2000}^{y}[3x-(y-x)]\mathrm{d}x + \frac{1}{2000}\int_{y}^{4000} 3y\,\mathrm{d}x$$

$$= \frac{1}{1000}(-y^2 + 7000y - 4\times 10^6).$$

当 $y = 3500$ 时，$E(Y)$ 取最大值 8250，即应进货 3500t 该商品，可使盈利期望达到最大值 8250 万元.

定理 4.1 可以推广到多个随机变量的情形，下面就两个随机变量情形给出相应的公式.

定理 4.2　设 $z = g(x, y)$ 是连续函数，$Z = g(X, Y)$ 是二维随机变量 (X, Y) 的函数.

（1）如果 (X, Y) 是二维离散型随机变量，分布律为

$$P\{X = x_i, Y = y_j\} = p_{ij}, \quad i, j = 1, 2, \cdots,$$

若 $\displaystyle\sum_i \sum_j g(x_i, y_j)p_{ij}$ 绝对收敛，则

$$E(Z) = E[g(X, Y)] = \sum_i \sum_j g(x_i, y_j)p_{ij}.$$

（2）如果 (X, Y) 是二维连续型随机变量，概率密度为 $f(x, y)$，若 $\displaystyle\int_{-\infty}^{+\infty}\int_{-\infty}^{+\infty} g(x,$

$y)f(x，y)\mathrm{d}x\mathrm{d}y$ 绝对收敛，则

$$E(Z)=E[g(X，Y)]=\int_{-\infty}^{+\infty}\int_{-\infty}^{+\infty}g(x，y)f(x，y)\mathrm{d}x\mathrm{d}y.$$

【例 4.17】 设二维随机变量 $(X，Y)$ 在区域 A 上服从均匀分布，其中 A 为 x 轴、y 轴以及直线 $x+\dfrac{y}{2}=1$ 所围成的三角形区域，求 $E(X)$，$E(Y)$，$E(XY)$.

解 区域 A 的面积为 1，故二维随机变量 $(X，Y)$ 的概率密度为

$$f(x，y)=\begin{cases}1，&(x，y)\in A，\\0，&\text{其他，}\end{cases}$$

$$E(X)=\int_{-\infty}^{+\infty}\int_{-\infty}^{+\infty}xf(x，y)\mathrm{d}x\mathrm{d}y=\iint_A x\mathrm{d}x\mathrm{d}y=\int_0^1\left(x\int_0^{2(1-x)}\mathrm{d}y\right)\mathrm{d}x=\frac{1}{3};$$

$$E(Y)=\int_{-\infty}^{+\infty}\int_{-\infty}^{+\infty}yf(x，y)\mathrm{d}x\mathrm{d}y=\iint_A y\mathrm{d}x\mathrm{d}y=\int_0^2\left(y\int_0^{1-\frac{y}{2}}\mathrm{d}x\right)\mathrm{d}y=\frac{2}{3};$$

$$E(XY)=\int_{-\infty}^{+\infty}\int_{-\infty}^{+\infty}xyf(x，y)\mathrm{d}x\mathrm{d}y=\iint_A xy\mathrm{d}x\mathrm{d}y=\int_0^1\left(x\int_0^{2(1-x)}y\mathrm{d}y\right)\mathrm{d}x=\frac{1}{6}.$$

4.1.4 数学期望的性质

我们将列出随机变量的数学期望的若干重要性质，这些性质对于我们以后的研究是非常有用的. 我们假定，在每一性质中，我们所提到的期望值都是存在的.

性质 4.1 设随机变量 X、Y 的数学期望 $E(X)$、$E(Y)$ 存在，C 为常数，则

(1) 如果 $X=C$，则 $E(C)=C$；

(2) $E(CX)=CE(X)$；

(3) 设 X、Y 是任意两个随机变量，则

$$E(X+Y)=E(X)+E(Y);$$

(4) 若随机变量 X、Y 相互独立，则

$$E(XY)=E(X)E(Y).$$

说明：

(1) 连续型随机变量的数学期望与离散型随机变量的数学期望的性质类似.

(2) 性质 (3)、(4) 可以推广到多个随机变量情形.

(3) 由上述性质知，如果 $Y=aX+b$，则 $E(Y)=aE(X)+b$，也就是说线性函数的期望是期望的同一线性函数. 除非是线性函数，否则这个结论不成立.

【例 4.18】 设随机变量 X 服从超几何分布，分布律为

$$P\{X=k\}=\frac{C_M^k C_{N-M}^{n-k}}{C_N^n}，k=0，1，2，\cdots，n，$$

求 $E(X)$.

解 设有一个实验，从装有 N 个球，其中 M 个白球的袋子中依次取出球，每次一个，共取 n 次，记 $X_k(k=1，2，\cdots，n)$ 为第 k 次取到的白球数，即

$$X_k=\begin{cases}0，&\text{第 } k \text{ 次未取到白球，}\\1，&\text{第 } k \text{ 次取到白球，}\end{cases}$$

根据抽签问题结论

$$P\{X_k=0\}=\frac{N-M}{N}, \ P\{X_k=1\}=\frac{M}{N},$$

$$E(X_k)=\frac{M}{N},$$

而 $X=X_1+X_2+\cdots+X_n$ 即 n 次取球取出的 n 个球中的白球数，X 服从超几何分布，分布律如题目所示.

$$E(X)=E(X_1+X_2+\cdots+X_n)=E(X_1)+E(X_2)+\cdots+E(X_n)=\frac{nM}{N}.$$

【例 4.19】 一机场班车载有 20 位旅客自机场开出. 旅客有 10 个车站可以下车，如到达一个车站没有旅客下车就不停车，以 X 表示停车次数，求 $E(X)$（设每位旅客在各个车站下车是等可能的，并设各旅客是否下车相互独立）.

解　引入随机变量 X_i，$X_i=\begin{cases}0, & \text{在第 } i \text{ 站没有人下车}, \\ 1, & \text{在第 } i \text{ 站有人下车}, \end{cases} i=1,2,\cdots,10,$

则 $X=X_1+X_2+\cdots+X_{10}$，

$$P(X_i=0)=\left(\frac{9}{10}\right)^{20}, \ P(X_i=1)=1-\left(\frac{9}{10}\right)^{20}, \ i=1,2,\cdots,10,$$

所以 $E(X_i)=1-\left(\frac{9}{10}\right)^{20}, \ i=1,2,\cdots,10,$

$$E(X)=E(X_1+X_2+\cdots+X_{10})=10\left[1-\left(\frac{9}{10}\right)^{20}\right]=8.784(\text{次}).$$

4.2　随机变量的方差

上一节我们介绍了随机变量的数学期望，它体现了随机变量取值的平均水平，是随机变量的一个重要的数字特征. 但是在一些场合，仅仅知道平均值是不够的.

例如，已知甲、乙两人每次击中环数的分布分别为

$$\xi:\begin{pmatrix} 6 & 7 & 8 & 9 & 10 \\ 0.1 & 0.1 & 0.6 & 0.1 & 0.1 \end{pmatrix} \qquad \eta:\begin{pmatrix} 6 & 7 & 8 & 9 & 10 \\ 0.1 & 0.2 & 0.4 & 0.2 & 0.1 \end{pmatrix}$$

问哪一个技术较好？

首先看两人平均击中环数，此时 $E(\xi)=E(\eta)=8$，从均值来看无法分辨孰优孰劣. 但从直观上看，甲基本上稳定在 8 环左右，而乙的稳定性差一些.

上例说明：对一随机变量，除考虑它的平均取值外，还要考虑它取值的离散程度. 方差是一个常用来体现随机变量取值分散程度的量.

在上例中，称 $\xi-E(\xi)$ 为随机变量 ξ 对于均值 $E(\xi)$ 的离差（deviation），它是一随机变量. 为了给出一个描述离散程度的数值，如果考虑用 $E[\xi-E(\xi)]$，那么 $E[\xi-E(\xi)]=E(\xi)-E(\xi)=0$ 对一切随机变量均成立，即 ξ 的离差正负相消，无法满足我们的要求，因此用 $E[\xi-E(\xi)]$ 是不恰当的. 经改进用 $E[\xi-E(\xi)]^2$ 描述取值 ξ 的离散程度，如果 $E[\xi-E(\xi)]^2$ 值大，表示随机变量 ξ 取值分散程度大，$E(\xi)$ 的代表性差；而如果 $E[\xi-E(\xi)]^2$ 值小，则表示 ξ 的取值比较集中，$E(\xi)$ 的代表性好.

4.2.1 方差的定义

定义 4.3 设 X 是一个随机变量，若 $E[X-E(X)]^2$ 存在，则称之为 X 的方差（variance），记为 $D(X)$，即

$$D(X)=E[X-E(X)]^2.$$

称方差的算术平方根 $\sqrt{D(X)}$ 为 X 的标准差或均方差，记为 $\sigma(X)$.

方差实质上是随机变量函数的期望，设 X 是一个随机变量，则其数学期望是一个数，令 $a=E(X)$，$g(x)=(x-a)^2$，则 $D(X)=E[g(X)]$.

根据随机变量函数的数学期望的计算公式，有

（1）若 X 是离散型随机变量，分布律为

$$P\{X=x_i\}=p_i,\ i=1,\ 2,\ \cdots,$$

则 $\quad D(X)=\sum_{i=1}^{\infty}[x_i-E(X)]^2 p_i$；

（2）若 X 是连续型随机变量，概率密度为 $f(x)$，则

$$D(X)=\int_{-\infty}^{+\infty}[x-E(X)]^2 f(x)\mathrm{d}x.$$

方差也可以按下列公式计算：

$$D(X)=E(X^2)-[E(X)]^2.$$

【例 4.20】 随机变量 X 的分布律见表 4.5.

表 4.5　X 的分布律

X	0	1	2
p_i	$\dfrac{1}{4}$	$\dfrac{1}{2}$	$\dfrac{1}{4}$

求 $D(X)$.

解　$E(X)=\sum_{i=0}^{2}x_i p_i=1$，

$$D(X)=\sum_{i=0}^{2}[x_i-E(X)]^2 p_i=(0-1)^2\times\frac{1}{4}+(1-1)^2\times\frac{1}{2}+(2-1)^2\times\frac{1}{4}=\frac{1}{2}.$$

或

$$E(X^2)=\sum_{i=0}^{2}x_i^2 p_i=0^2\times\frac{1}{4}+1^2\times\frac{1}{2}+2^2\times\frac{1}{4}=\frac{3}{2},$$

$$D(X)=E(X^2)-[E(X)]^2=\frac{1}{2}.$$

【例 4.21】 设随机变量 X 的密度函数为

$$f(x)=\begin{cases}1+x, & -1\leqslant x<0,\\ 1-x, & 0\leqslant x\leqslant1,\\ 0, & \text{其他},\end{cases}$$

求 $D(X)$.

解　$E(X)=\int_{-\infty}^{+\infty}xf(x)\mathrm{d}x=\int_{-1}^{0}x(1+x)\mathrm{d}x+\int_{0}^{1}x(1-x)\mathrm{d}x=0$，

$$E(X^2) = \int_{-\infty}^{+\infty} x^2 f(x)\,\mathrm{d}x = \int_{-1}^{0} x^2(1+x)\,\mathrm{d}x + \int_{0}^{1} x^2(1-x)\,\mathrm{d}x = \frac{1}{6},$$

于是　　　$$D(X) = E(X^2) - [E(X)]^2 = \frac{1}{6}.$$

4.2.2　方差的性质

方差具有多种重要性质，其中部分与数学期望性质类似.

性质 4.2　设随机变量 X、Y 的方差 $D(X)$、$D(Y)$ 存在，C 为任意实数，则

(1) $D(X+C) = D(X)$.

注：这个性质很直观，因为对一个结果 X 加上一个常数不改变其与均值的偏离程度，它仅仅是根据 C 的符号将 X 的值向左或向右平移.

(2) $D(CX) = C^2 D(X)$.

注：说明方差不具有线性性质.

(3) 如果 (X,Y) 是二维随机变量且 X、Y 相互独立，则
$$D(X \pm Y) = D(X) + D(Y).$$

(4) $D(X) = E[X - E(X)]^2 \leqslant E(X-C)^2$.

证　(1) $D(X+C) = E[(X+C) - E(X+C)]^2 = E[(X+C) - E(X) - C]^2$
$$= E[X - E(X)]^2 = D(X).$$

(2) $D(CX) = E[CX - E(CX)]^2 = E[CX - CE(X)]^2$
$$= C^2 E[X - E(X)]^2 = C^2 D(X).$$

或　　　　　$D(CX) = E[(CX)^2] - [E(CX)]^2 = C^2 E(X^2) - C^2 [E(X)]^2$
$$= C^2 \{E(X^2) - [E(X)]^2\} = C^2 D(X).$$

(3) $D(X \pm Y) = E[(X \pm Y) - E(X \pm Y)]^2 = E\{[X - E(X)] \pm [Y - E(Y)]\}^2$
$$= E[X - E(X)]^2 + E[Y - E(Y)]^2 \pm E\{[X - E(X)][Y - E(Y)]\}$$
$$= D(X) + D(Y) \pm E\{[X - E(X)][Y - E(Y)]\},$$

由随机变量 X、Y 相互独立的条件知
$$E\{[X - E(X)][Y - E(Y)]\} = 0,$$

即得　　　$D(X \pm Y) = D(X) + D(Y).$

或　　　　　$D(X \pm Y) = E(X \pm Y)^2 - [E(X \pm Y)]^2$
$$= E(X^2 \pm 2XY + Y^2) - [E(X)]^2 \mp 2E(X)E(Y) - [E(Y)]^2$$
$$= E(X^2) - [E(X)]^2 + E(Y)^2 - [E(Y)]^2$$
$$= D(X) + D(Y).$$

(4) $D(X) = D(X - C)$
$$= E(X-C)^2 - [E(X) - C]^2 \leqslant E(X-C)^2.$$

【例 4.22】 随机变量 X 具有数学期望 $E(X) = \mu$，方差 $D(X) = \sigma^2 > 0$，称
$$Y = \frac{X - \mu}{\sigma}$$

为随机变量 X 的标准化，证明 $E(Y) = 0$，$D(Y) = 1$.

证　$E(Y) = E\left(\dfrac{X-\mu}{\sigma}\right) = \dfrac{E(X-\mu)}{\sigma} = \dfrac{E(X) - \mu}{\sigma} = 0,$

$$D(Y) = D\left(\frac{X-\mu}{\sigma}\right) = \frac{D(X-\mu)}{\sigma^2} = \frac{D(X)}{\sigma^2} = 1.$$

【例 4.23】 设随机变量 X_i，$i=1,2,\cdots,n$ 相互独立，且同服从 $(0-1)$ 分布 $B(1,p)$，根据二项分布的可加性，$X=X_1+X_2+\cdots+X_n \sim B(n,p)$，求 $E(X)$，$D(X)$.

解 X_i 服从 $(0-1)$ 分布 $B(1,p)$，易知

$$E(X_i)=p,\ D(X_i)=pq,\ q=1-p,$$

$$E(X)=E(X_1+X_2+\cdots+X_n)=E(X_1)+E(X_2)+\cdots+E(X_n)=np;$$

由随机变量 X_i，$i=1,2,\cdots,n$ 相互独立，得

$$D(X)=D(X_1+X_2+\cdots+X_n)=D(X_1)+D(X_2)+\cdots+D(X_n)=npq.$$

4.2.3 重要概率分布方差的计算

（1）$(0-1)$ 分布. 设随机变量 X 服从参数为 p 的 $(0-1)$ 分布，则 $D(X)=pq$，$q=1-p$.

（2）二项分布. 设随机变量 $X \sim B(n,p)$，则 $D(X)=npq$，$q=1-p$.

（3）泊松分布. 设随机变量 $X \sim P(\lambda)$，则 $D(X)=\lambda$.

由上一节，$E(X)=\lambda$，

$$E(X^2)=E[X(X-1)]+E(X)$$
$$=\sum_{k=1}^{\infty} k(k-1)\frac{\lambda^k e^{-\lambda}}{k!}+\lambda$$
$$=\lambda^2 e^{-\lambda}\sum_{k=2}^{\infty}\frac{\lambda^{k-2}}{(k-2)!}+\lambda$$
$$=\lambda^2+\lambda,$$

$$D(X)=E(X^2)-[E(X)]^2=\lambda.$$

（4）均匀分布. 设随机变量 $X \sim U[a,b]$，$D(X)=\dfrac{(b-a)^2}{12}$.

由上一节，$E(X)=\dfrac{a+b}{2}$，得

$$D(X)=E(X^2)-[E(X)]^2$$
$$=\int_a^b x^2 \frac{1}{b-a}\mathrm{d}x-\left(\frac{a+b}{2}\right)^2$$
$$=\frac{(b-a)^2}{12}.$$

（5）指数分布. 设随机变量 $X \sim E(\lambda)$，$D(X)=\dfrac{1}{\lambda^2}$.

由上一节，$E(X)=\dfrac{1}{\lambda}$，得

$$E(X^2)=\int_0^{+\infty} x^2 \lambda e^{-\lambda x}\mathrm{d}x=\frac{2}{\lambda^2},$$

$$D(X)=E(X^2)-[E(X)]^2=\frac{1}{\lambda^2}.$$

（6）正态分布. 设随机变量 $X \sim N(\mu,\sigma^2)$，$D(X)=\sigma^2$.

由上一节，$E(X) = \mu$，得

$$D(X) = \int_{-\infty}^{+\infty} [x - E(X)]^2 f(x)\mathrm{d}x$$

$$= \int_{-\infty}^{+\infty} (x - \mu)^2 \frac{1}{\sqrt{2\pi}\,\sigma} \mathrm{e}^{-\frac{(x-\mu)^2}{2\sigma^2}} \mathrm{d}x$$

$$= \frac{\sigma^2}{\sqrt{2\pi}} \int_{-\infty}^{+\infty} t^2 \mathrm{e}^{-\frac{t^2}{2}} \mathrm{d}t$$

$$= \sigma^2.$$

当随机变量 $X \sim N(\mu, \sigma^2)$ 时，其参数 μ、σ^2 有明确的含义. 设随机变量 $X_i \sim N(\mu_i, \sigma_i^2)$，$i = 1, 2, \cdots, n$，且这些随机变量相互独立，则它们的线性组合 $c_1 X_1 + c_2 X_2 + \cdots + c_n X_n$（$c_1, c_2, \cdots, c_n$ 是不全为零的常数）仍服从正态分布，再由期望和方差的性质，有

$$c_1 X_1 + c_2 X_2 + \cdots + c_n X_n \sim N\left(\sum_{i=1}^{n} c_i \mu_i, \ \sum_{i=1}^{n} c_i^2 \sigma_i^2 \right).$$

熟悉常见分布的期望、方差，以及期望、方差的性质，在某些情形下可以简化计算.

【例 4.24】随机变量 X、Y 相互独立，且概率密度分别为

$$f_X(x) = \begin{cases} 2\mathrm{e}^{-2x}, & x > 0, \\ 0, & x \leqslant 0. \end{cases}$$

$$f_Y(y) = \begin{cases} 4\mathrm{e}^{-4y}, & y > 0, \\ 0. & y \leqslant 0. \end{cases}$$

求 $E(2X - 3Y^2)$.

解　$X \sim E(2)$，$Y \sim E(4)$，则

$$E(X) = \frac{1}{2}, \ E(Y) = \frac{1}{4}, \ D(Y) = \frac{1}{16},$$

$$E(Y^2) = D(Y) + [E(Y)]^2 = \frac{1}{8},$$

$$E(2X - 3Y^2) = 2E(X) - 3E(Y^2) = \frac{5}{8}.$$

4.2.4　切比雪夫不等式

在前面，只要我们知道了随机变量 X 的概率分布，就可以计算 $E(X)$、$D(X)$，反过来，如果我们知道了某个随机变量 X 的 $E(X)$、$D(X)$，能不能找出它的概率分布呢？一般情况下，即使知道了 $E(X)$、$D(X)$ 的值，也不能重建 X 的概率分布，从而也不能计算出 $P\{|X - E(X)| \leqslant C\}$ 的值，但是我们可以给出这个概率的上界（或下界），这一结果包含在著名的切比雪夫不等式中.

定理 4.3　设 X 是具有数学期望 $E(X) = \mu$ 的随机变量，C 是任意实数，则当 $E(X - C)^2$ 有限且 ε 是任意正数时，有

$$P\{|X - C| \geqslant \varepsilon\} \leqslant \frac{E(X - C)^2}{\varepsilon^2}$$

成立.

这是一个重要的不等式，称为切比雪夫（Chebyshev）不等式.

注：（1）考虑对立事件，得 $P\{|X-C|<\varepsilon\}\geqslant 1-\dfrac{E(X-C)^2}{\varepsilon^2}$.

（2）如果取 $C=\mu$，则有 $P\{|X-\mu|\geqslant\varepsilon\}\leqslant\dfrac{D(X)}{\varepsilon^2}$.

（3）若取 $C=\mu$，$\varepsilon=k\sigma$，$D(X)=\sigma^2>0$，则得 $P\{|X-\mu|\geqslant k\sigma\}\leqslant k^{-2}$，此时说明如果 $D(X)$ 很小，那么 X 的大多数都集中分布在 $E(X)$ 附近.

为简单起见，下面我们仅对连续型情形给出证明.

证 设 X 的概率密度为 $f(x)$，则

$$P\{|X-C|\geqslant\varepsilon\}=\int_{|x-C)|\geqslant\varepsilon}f(x)\mathrm{d}x,$$

而 $|X-C|\geqslant\varepsilon$ 等价于 $\dfrac{(X-C)^2}{\varepsilon^2}\geqslant 1$，所以

$$P\{|X-C|\geqslant\varepsilon\}\leqslant\int_{|x-C|\geqslant\varepsilon}\frac{(x-C)^2}{\varepsilon^2}f(x)\mathrm{d}x$$

$$\leqslant\frac{1}{\varepsilon^2}\int_{-\infty}^{+\infty}(x-C)^2f(x)\mathrm{d}x$$

$$=\frac{E(X-C)^2}{\varepsilon^2}.$$

【例 4.25】 一颗均匀正六面体骰子连续掷 6 次，点数总和记为 X，试估计 $P\{15<X<27\}$.

解 设第 i 次掷得的点数为 $X_i(i=1,2,\cdots,6)$，显然 X_i 相互独立，则 $X=\sum\limits_{i=1}^{6}X_i$，由 X_i 的分布为 $P(X=X_i)=\dfrac{1}{6}$ 得

$$E(X_i)=\frac{1+2+\cdots+6}{6}=\frac{7}{2},\ E(X_i^2)=\frac{1^2+2^2+\cdots+6^2}{6}=\frac{91}{6},$$

故 $D(X_i)=E(X_i^2)-[E(X_i)]^2=\dfrac{91}{6}-\left(\dfrac{7}{2}\right)^2=\dfrac{35}{12}$.

因而，由 X_i 的独立性有

$$E(X)=E\Big(\sum_{i=1}^{6}X_i\Big)=21,\ D(X)=D\Big(\sum_{i=1}^{6}X_i\Big)=\frac{35}{2},$$

所以

$$P\{15<X<27\}=P\{-6<X-21<6\}=P\{|X-E(X)|<6\}\geqslant 1-\frac{D(X)}{6^2}=0.514.$$

【例 4.26】 投掷一枚硬币，为了至少有 90% 的把握使正面向上的频率在 0.49 与 0.51 之间，试估计需要投掷的次数 n.

解 用 X 表示在 n 次试验中正面出现的次数，显然 $X\sim B(n,p)$，那么
$$E(X)=0.5n,\ D(X)=0.25n.$$

n 次试验中事件 A 出现的频率为 $f_n=\dfrac{X}{n}$，由切比雪夫不等式得

$$P\left\{0.49 < \frac{x}{n} < 0.51\right\} = P\{|X - 0.5n| < 0.01n\} \geqslant 1 - \frac{0.25n}{(0.01n)^2},$$

由题意可知

$$1 - \frac{0.25n}{(0.01n)^2} = 1 - \frac{2500}{n} \geqslant 0.9,$$

解得 $n \geqslant 25000$.

利用切比雪夫不等式可以在随机变量分布未知的情况下，给出概率的一个估计，但是需要注意的是估计的精度不高，通过对随机变量的分布再增加相应条件就可以使上面的不等式得到改进. 例如，在切比雪夫不等式中，令 $\varepsilon = 3\sqrt{D(X)}$，得

$$P\{|X - E(X)| < 3\sqrt{D(X)}\} \geqslant \frac{8}{9} \approx 0.8889，$$ 这个结果对任意随机变量 X （$D(X)$ 存在）都成立，假设我们还知道 $X \sim N(\mu, \sigma^2)$，则

$$P\{|X - \mu| < 3\sigma\} = 0.9974.$$

可以看出估计精度不高.

但是，切比雪夫不等式在理论上具有重大意义. 切比雪夫不等式和切比雪夫定律是概率论极限理论的基础，其中切比雪夫不等式又是证明大数定律的重要工具和理论基础，而且在切比雪夫不等式的基础上发展起来的一些列不等式是研究中心极限定理的有力工具.

4.3　随机变量的协方差与相关系数

我们在前一章研究过二维随机变量各自的概率分布特性以及与整体概率分布之间的关系，知道联合分布可以唯一确定边缘分布，反之不成立. 前两节我们又介绍了随机变量的数学期望与方差，它们分别反映了随机变量取值的平均水平和随机变量相对于均值的分散程度，但有时需要考虑随机向量的数字特征与各自数字特征之间的关系，为此我们引入协方差、相关系数、协方差矩阵与矩的概念.

4.3.1　协方差与相关系数的概念

定义 4.4　设 (X, Y) 是二维随机变量，称 $E\{[X - E(X)][Y - E(Y)]\}$ 为随机变量 X、Y 的**协方差**（covariance），记为 $\mathrm{cov}(X, Y)$，即

$$\mathrm{cov}(X, Y) = E\{[X - E(X)][Y - E(Y)]\}.$$

不难证明

$$\mathrm{cov}(X, Y) = E(XY) - E(X)E(Y),$$
$$D(X \pm Y) = D(X) + D(Y) \pm 2\mathrm{cov}(X, Y).$$

特别地

$$\mathrm{cov}(X, X) = E\{[X - E(X)][X - E(X)]\} = D(X),$$
$$\mathrm{cov}(Y, Y) = E\{[Y - E(Y)][Y - E(Y)]\} = D(Y).$$

若 (X, Y) 是二维离散型随机变量，其联合分布律为 $P\{X = x_i, Y = y_j\} = P_{ij}$，$i, j = 1, 2, \cdots$，则

$$\mathrm{cov}(X, Y) = \sum_i \sum_j [x_i - E(X)][y_j - E(Y)]p_{ij}.$$

若 $(X，Y)$ 是二维连续型随机变量，其概率密度为 $f(x，y)$，则有

$$\text{cov}(X，Y) = \int_{-\infty}^{+\infty}\int_{-\infty}^{+\infty} [x-E(X)][y-E(Y)]f(x，y)\mathrm{d}x\,\mathrm{d}y$$

协方差有助于我们了解两个随机变量之间的关系. 简单地说，正的协方差表示两个随机变量倾向于同时取较大值或较小值，负的协方差表示两个随机变量倾向于一个取较大值时另一个取较小值.

定义 4.5 设 $(X，Y)$ 是二维随机变量，$D(X)>0$，$D(Y)>0$，称

$$\rho_{XY} = \frac{\text{cov}(X，Y)}{\sqrt{D(X)}\,\sqrt{D(Y)}}$$

为随机变量 X、Y 的相关系数（correlation coefficient），简记为 ρ.

相关系数 ρ_{XY} 是随机变量 X、Y 标准化后的协方差，更好地反映了随机变量 X、Y 之间的关系.

设随机变量 X、Y 的相关系数 ρ_{XY} 存在，如果 $\rho_{XY}=0$，则称 X 与 Y 不相关；如果 $\rho_{XY}>0$，则称 X 与 Y 正相关；如果 $\rho_{XY}<0$，则称 X 与 Y 负相关.

【例 4.27】 设 $(X，Y)$ 是二维随机变量，其联合分布及边缘分布见表 4.6（其中 $q=1-p$）.

表 4.6　$(X，Y)$ 的联合分布及边缘分布

Y＼X	0	1	$P\{Y=y_j\}$
0	q	0	q
1	0	p	p
$P\{X=x_i\}$	q	p	

求随机变量 X、Y 的相关系数 ρ.

解 $E(X)=E(Y)=p$，

$D(X)=D(Y)=pq$，

$E(XY)=p$，

$\text{cov}(X，Y)=E(XY)-E(X)E(Y)=p-p^2=pq$，

$\rho = \dfrac{\text{cov}(X，Y)}{\sqrt{D(X)}\,\sqrt{D(Y)}}=1.$

学完 4.3.2 小节后，在本题条件下可知 $X=Y$，即有 $\rho=1$.

4.3.2　相关系数的性质

性质 4.3 设 ρ 为随机变量 X、Y 的相关系数，则

(1) $|\rho|\leqslant 1$；

(2) $|\rho|=1$ 的充分必要条件是存在常数 $a(\neq 0)$、b，使

$$P\{Y=aX+b\}=1.$$

证 (1) 对任意的实数 t，有

$$D(Y-tX)=E[(Y-tX)-E(Y-tX)]^2$$
$$=E\{[Y-E(Y)]-t[X-E(X)]\}^2$$
$$=t^2D(X)-2t\text{cov}(X，Y)+D(Y)\geqslant 0,$$

上述关于 t 的一元二次式大于等于 0，则其判别式 $\Delta = 4\,[\mathrm{cov}(X，Y)]^2 - 4D(X)D(Y) \leqslant 0$，即

$$[\mathrm{cov}(X，Y)]^2/D(X)D(Y) \leqslant 1，$$

两边开方刚好就是结论（1）．

（2）$|\rho|=1$ 等价于上述判别式 $\Delta = 4\,[\mathrm{cov}(X，Y)]^2 - 4D(X)D(Y) = 0$，这等价于存在实数 t 使得 $D(Y-tX)=0$，也就是说 $Y-tX$ 是退化的单点分布，即存在常数 c 使得 $P(Y-tX=c)=1$．于是结论得证．

从上面的证明可以看出，当 $|\rho|$ 较大时，随机变量 X、Y 之间具有较明显的线性关系．$|\rho|=1$ 当且仅当随机变量 X、Y 之间以概率 1 存在线性关系 $Y=aX+b$，确切地：

$\rho=1$ 当且仅当 X、Y 之间以概率 1 存在线性关系

$$Y=aX+b(a>0)；$$

$\rho=-1$ 当且仅当 X、Y 之间以概率 1 存在线性关系

$$Y=aX+b(a<0)．$$

ρ 是一个反映 X、Y 之间线性关系紧密程度的数字特征．

当 $\rho=0$ 时，称 X、Y 不相关．

若 X、Y 相互独立，则 $\mathrm{cov}(X，Y)=0$，这时 $\rho=0$，即 X、Y 不相关．但若 X、Y 不相关，X、Y 却不一定相互独立．不相关是对线性关系而言的，相互独立是对一般关系而言的．

【例 4.28】 设二维随机变量 $(X，Y)$ 在单位圆域 $x^2+y^2\leqslant1$ 上服从均匀分布，求相关系数 ρ．

解 $f(x，y)=\begin{cases}\dfrac{1}{\pi}，& x^2+y^2\leqslant1，\\[2mm] 0，& \text{其他，}\end{cases}$

由对称性

$$E(X)=\frac{1}{\pi}\iint\limits_{x^2+y^2\leqslant1} x\,\mathrm{d}x\,\mathrm{d}y=0，$$

同样地

$E(Y)=0，E(XY)=0，$

$\mathrm{cov}(X，Y)=E(XY)-E(X)E(Y)=0，$

易知，$D(Y)>0，D(Y)>0$，则

$\rho=0．$

本题中，X、Y 不相关，在第 3 章中，已经证明了 X、Y 不相互独立．

若二维随机变量 $(X，Y)\sim N(\mu_1，\mu_2，\sigma_1^2，\sigma_2^2，\rho)$，则关于 X、Y 的边缘分布为 $X\sim N(\mu_1，\sigma_1^2)$，$Y\sim N(\mu_2，\sigma_2^2)$，可以证明，$X$、$Y$ 的相关系数 $\rho_{XY}=\rho$．再对照二维正态分布的概率密度可知，对于二维正态分布的随机变量 $(X，Y)$，X、Y 相互独立的充分必要条件是 X、Y 不相关．

4.3.3　协方差的性质

性质 4.4 协方差具有下列性质．

（1）$\mathrm{cov}(X，Y)=\mathrm{cov}(Y，X)；$

（2）$\mathrm{cov}(X_1 + X_2, Y) = \mathrm{cov}(X_1, Y) + \mathrm{cov}(X_2, Y)$；

（3）$\mathrm{cov}(aX, bY) = ab\,\mathrm{cov}(X, Y)$，其中 a、b 是常数；

（4）若 X、Y 相互独立，则 $\mathrm{cov}(X, Y) = 0$.

4.3.4 矩、协方差矩阵

数学期望、方差、协方差和相关系数是最常用的数字特征，本小节介绍涵义更广泛的矩和协方差矩阵.

定义 4.6 设 X、Y 是随机变量，若

$$E(X^k), \quad k = 1, 2, \cdots$$

存在，则称之为 X 的 **k 阶原点矩**，简称 **k 阶矩**.

若
$$E[(X - E(X))^k], \quad k = 1, 2, \cdots$$
存在，则称之为 X 的 k 阶中心矩.

若
$$E(X^k Y^l), \quad k, l = 1, 2, \cdots$$
存在，则称之为 X 和 Y 的 $k+l$ 阶混合矩.

若
$$E\{[X - E(X)]^k [Y - E(Y)]^l\}, \quad k, l = 1, 2, \cdots$$
存在，则称之为 X 和 Y 的 $k+l$ 阶混合中心矩.

显然，$E(X)$ 是 X 的一阶原点矩，$D(X)$ 是 X 的二阶中心矩，$\mathrm{cov}(X, Y)$ 是 X、Y 的二阶混合中心矩.

设有二维随机变量 (X_1, X_2)，四个二阶中心矩都存在，分别记为

$$c_{11} = E[(X_1 - E(X_1))^2],$$
$$c_{12} = E\{[(X_1 - E(X_1))][(X_2 - E(X_2))]\},$$
$$c_{21} = E\{[(X_2 - E(X_2))][(X_1 - E(X_1))]\},$$
$$c_{22} = E[(X_2 - E(X_2))^2],$$

称矩阵

$$C = \begin{pmatrix} c_{11} & c_{12} \\ c_{21} & c_{22} \end{pmatrix}$$

为二维随机变量 (X_1, X_2) 的协方差矩阵.

一般地，对于 n 维随机变量 $(X_1, X_2, \cdots, X_n)$，记

$$c_{ij} = E\{[(X_i - E(X_i))][(X_j - E(X_j))]\} = \mathrm{cov}(X_i, X_j), \quad i, j = 1, 2, \cdots, n,$$

称矩阵

$$C = \begin{pmatrix} c_{11} & c_{12} & \cdots & c_{1n} \\ c_{21} & c_{22} & \cdots & c_{2n} \\ \vdots & \vdots & & \vdots \\ c_{n1} & c_{n2} & \cdots & c_{nn} \end{pmatrix}$$

为 n 维随机变量 $(X_1, X_2, \cdots, X_n)$ 的协方差矩阵.

显然，协方差矩阵是对称矩阵.

4.4 大数定律与中心极限定理

随机试验在大量重复进行时，呈现出明显的规律性，如事件出现的频率会稳定于某一

常数等. 研究大量随机现象, 数学上用极限形式来表示, 形成了内容广泛的概率极限理论. 我们只介绍其中最重要的大数定律和中心极限定理的最基本内容.

4.4.1　三个大数定律

人们经过长期实践认识到, 尽管个别的随机试验的结果是随机的, 但大量试验中却呈现出显著的规律性. 大量试验时, 随机事件的频率具有稳定性, 而且, 大量随机现象的平均结果一般也具有稳定性. 例如, 多次测量时, 测量值的算术平均值偏差会比较小, 而且测量次数越多, 偏差越小, 测量次数充分大时, 测量值的算术平均值会稳定下来. 又如掷一颗均匀正六面体的骰子, 出现 1 点的概率是 $\dfrac{1}{6}$, 但掷的次数少时, 出现 1 点的频率可能与 $\dfrac{1}{6}$ 相差较大, 但掷的次数很多时, 出现 1 点的频率接近 $\dfrac{1}{6}$ 几乎是必然的. 再如测量一个长度 a, 一次测量的结果不见得就等于 a, 量了若干次, 其算术平均值仍未必等于 a, 但当测量的次数很多时, 算术平均值接近 a 几乎是必然的.

这些稳定性现象, 可以理解为大量试验时, 随机性相互抵消, 共同作用的平均结果趋于稳定. 概率论中用来阐明大量随机现象平均结果的稳定性的一系列定理, 称为大数定律.

定义 4.7　设 X_1, X_2, $\cdots$ 是一个随机变量序列, 令 $\overline{X}_n = \dfrac{1}{n}\sum\limits_{i=1}^{n} X_i$, $n = 1$, 2, $\cdots$. 若存在常数序列 a_1, a_2, $\cdots$, 对任意 $\varepsilon > 0$, 有

$$\lim_{n \to \infty} P\{|\overline{X}_n - a_n| < \varepsilon\} = 1,$$

则称随机变量序列 X_1, X_2, $\cdots$ 服从**大数定律** (Large Law of Numbers).

定义 4.8　设 Y_1, Y_2, $\cdots$ 是一个随机变量序列, a 是一个常数, 若对任意 $\varepsilon > 0$, 有

$$\lim_{n \to \infty} P\{|Y_n - a| < \varepsilon\} = 1,$$

则称随机变量序列 Y_1, Y_2, $\cdots$ 依概率收敛于 a, 记为 $Y_n \xrightarrow{P} a$.

定理 4.4 (切比雪夫大数定律的特殊情况)　设随机变量 X_1, X_2, $\cdots$, X_n, $\cdots$ 相互独立, 且具有相同的数学期望和方差: $E(X_i) = \mu$, $D(X_i) = \sigma^2$, $i = 1, 2, \cdots$, 则对任意 $\varepsilon > 0$, 有

$$\lim_{n \to \infty} P\left\{\left|\frac{1}{n}\sum_{i=1}^{n} X_i - \mu\right| < \varepsilon\right\} = 1.$$

证　由于

$$E\left(\frac{1}{n}\sum_{i=1}^{n} X_i\right) = \frac{1}{n}\sum_{i=1}^{n} E(X_i) = \frac{1}{n}n\mu = \mu,$$

$$D\left(\frac{1}{n}\sum_{i=1}^{n} X_i\right) = \frac{1}{n^2}\sum_{i=1}^{n} D(X_i) = \frac{1}{n^2}n\sigma^2 = \frac{\sigma^2}{n},$$

由切比雪夫不等式可得

$$P\left\{\left|\frac{1}{n}\sum_{i=1}^{n} X_i - \mu\right| < \varepsilon\right\} \geq 1 - \frac{\dfrac{\sigma^2}{n}}{\varepsilon^2}.$$

上式中令 $n \to \infty$, 得

$$\lim_{n\to\infty} P\left\{\left|\frac{1}{n}\sum_{i=1}^{n}X_i - \mu\right| < \varepsilon\right\} = 1.$$

注：它表明当 n 很大时，随机变量 X_1，X_2，$\cdots$，X_n 的算术平均值在概率意义下接近于数学期望．其作用：在数理统计中如果不知道数学期望，则可用其算术平均值来近似代替，此定理为其提供了理论依据．

定理 4.4′（切比雪夫大数定律）　设随机变量 X_1，X_2，$\cdots$，X_n，$\cdots$ 相互独立，每个随机变量的方差存在，且方差序列有界，即存在常数 C，$D(X_i) \leqslant C$，$i = 1$，2，$\cdots$，则此随机变量序列服从大数定律．即对任意 $\varepsilon > 0$，有

$$\lim_{n\to\infty} P\left\{\left|\frac{1}{n}\sum_{i=1}^{n}X_i - \frac{1}{n}\sum_{i=1}^{n}E(X_i)\right| < \varepsilon\right\} = 1.$$

证　　$E\left(\dfrac{1}{n}\sum_{i=1}^{n}X_i\right) = \dfrac{1}{n}\sum_{i=1}^{n}E(X_i)$，

由独立性，得

$$D\left(\frac{1}{n}\sum_{i=1}^{n}X_i\right) = \frac{1}{n^2}\sum_{i=1}^{n}D(X_i) \leqslant \frac{1}{n^2}\cdot nC = \frac{C}{n},$$

由切比雪夫不等式

$$P\left\{\left|\frac{1}{n}\sum_{i=1}^{n}X_i - \frac{1}{n}\sum_{i=1}^{n}E(X_i)\right| < \varepsilon\right\} \geqslant 1 - \frac{C}{n\varepsilon^2},$$

令 $n \to \infty$，由于事件概率不大于 1，得

$$\lim_{n\to\infty} P\left\{\left|\frac{1}{n}\sum_{i=1}^{n}X_i - \frac{1}{n}\sum_{i=1}^{n}E(X_i)\right| < \varepsilon\right\} = 1.$$

切比雪夫大数定律再次说明，当 n 充分大时，n 个相互独立随机变量的算术平均数 $\overline{X}_n = \dfrac{1}{n}\sum_{i=1}^{n}X_i$ 聚集在它们的数学期望的算术平均数 $\dfrac{1}{n}\sum_{i=1}^{n}E(X_i)$ 附近．在期望、方差相同的场合，是随机变量的算术平均数"趋于"数学期望，严格地说，是随机变量序列 $\overline{X}_n = \dfrac{1}{n}\sum_{i=1}^{n}X_i$ 依概率收敛于其数学期望 μ．

定理 4.5（伯努利大数定律）　设 n_A 是 n 次独立重复试验中事件 A 发生的次数，p 是 A 在每次试验中发生的概率，则对任意 $\varepsilon > 0$，有

$$\lim_{n\to\infty} P\left\{\left|\frac{n_A}{n} - p\right| < \varepsilon\right\} = 1.$$

或

$$\lim_{n\to\infty} P\left\{\left|\frac{n_A}{n} - p\right| \geqslant \varepsilon\right\} = 0.$$

分析：根据已有的结果，n 次独立重复试验中事件 A 发生的次数 n_A 服从二项分布 $B(n, p)(0 < p < 1)$，可以表示为 n 个独立同分布的 $(0-1)$ 分布 $B(1, p)$ 之和，$n_A = \sum_{i=1}^{n}X_i$，$\dfrac{n_A}{n} = \dfrac{1}{n}\sum_{i=1}^{n}X_i$，$X_i \sim B(1, p)$，由前面的证法立即证得本定理．

伯努利大数定律表明，大量独立重复试验中事件 A 发生的频率 $\dfrac{n_A}{n}$ 依概率收敛于事件 A 发生的概率 p，也即证明了频率的稳定性．正是这种频率稳定性，概率的概念才有实际意义．同时，伯努利大数定律提供了测定实际事件概率的方法，将大量独立重复试验中事

件的频率作为概率的估计值. 当然这个方法要求的独立性条件是重要的，实际应用中，人们往往凭经验来判断.

　　例如，有很多多米诺骨牌，骨牌以一个概率倒下，假定一个倒下则全部倒下，由于每个骨牌是否倒下不是独立的，这时骨牌倒下的频率不具有稳定性.

　　前面两个大数定律在证明中都是以切比雪夫不等式为基础，所以要求随机变量具有方差. 但是进一步研究表明，在随机变量服从相同分布的场合，并不需要这一要求，我们有下面的定理：

　　定理 4.6（辛钦（Khinchin）大数定律）　设 X_1，X_2，$\cdots$ 是相互独立、服从同一分布的随机变量序列，数学期望 $E(X_i)=\mu$ 存在，则对任意 $\varepsilon>0$，有

$$\lim_{n\to\infty} P\left\{\left|\frac{1}{n}\sum_{i=1}^{n}X_i-\mu\right|<\varepsilon\right\}=1.$$

这一定律给出了多次测量物理量时，采用实测值的算术平均值作为物理量的近似值的理论依据，实际上是利用随机变量的大量观测值的算术平均值来估计随机变量的期望. 例如，有一批产品，其寿命 X 是随机变量，其分布未知，需要确定产品的平均寿命 $E(X)$. 可以从这批产品中随机抽取 n 件产品，测定它们的寿命，n 较大时，测出的产品寿命的算术平均值一般会接近 $E(X)$.

4.4.2　Levy– Lindeberg 中心极限定理

　　定理 4.7（独立同分布的中心极限定理）　设 X_1，X_2，$\cdots$ 是相互独立. 且服从同一分布的随机变量序列，存在数学期望和方差 $E(X_i)=\mu$，$D(X_i)=\sigma^2\neq 0\,(i=1,2,\cdots)$，则随机变量

$$Y_n=\frac{\sum_{i=1}^{n}X_i-n\mu}{\sqrt{n}\,\sigma}$$

的分布函数 $F_n(x)$，对任意的 x，有

$$\lim_{n\to\infty}F_n(x)=\lim_{n\to\infty}P\left(\frac{\sum_{i=1}^{n}X_i-n\mu}{\sqrt{n}\,\sigma}\leqslant x\right)$$

$$=\int_{-\infty}^{x}\frac{1}{\sqrt{2\pi}}\mathrm{e}^{-\frac{t^2}{2}}\,\mathrm{d}t.$$

　　独立同分布的中心极限定理也称为列维—林德伯格（Levy—Lindeberg）定理.

　　对满足定理 4.7 条件的随机变量序列 X_1，X_2，$\cdots$，记部分和 $Z_n=\sum_{i=1}^{n}X_i$，则

$$E(Z_n)=n\mu,\quad D(Z_n)=n\sigma^2,$$

将 Z_n 标准化

$$Y_n=\frac{Z_n-E(Z_n)}{\sqrt{D(Z_n)}}=\frac{\sum_{i=1}^{n}X_i-n\mu}{\sqrt{n}\,\sigma}.$$

则

$$E(Y_n)=0, \quad D(Y_n)=1,$$

而 Y_n、Z_n 的具体分布形式未知.

从定理 4.7 得出，当 n 充分大时，Y_n、Z_n 都近似正态分布，近似地有

$$Y_n \sim N(0, 1), \quad Z_n \sim N(n\mu, n\sigma^2).$$

中心极限定理有着多方面的应用. 对于独立同分布的随机变量的和 $Z_n = \sum_{i=1}^{n} X_i$，不论 X_i 服从什么分布，当 n 充分大时，Z_n 都近似服从正态分布，这样我们只需知道 X_i 的数学期望和方差，就能给出确定参数的正态分布作为 Z_n 的近似分布. 在数理统计部分，中心极限定理是大样本统计推断的理论基础.

【例 4.29】 某厂有 100 台同型机床，每台机床在一个时段内耗电量是独立同分布的随机变量，数学期望是 2，方差是 1.69. 求这时段内 100 台机床总耗电量在 180 到 220 之间的概率.

解 设 X_i 是第 i 台机床的耗电量，X 是 100 台机床的总耗电量，则

$$X = \sum_{i=1}^{100} X_i, \quad E(X)=200, \quad D(X)=169,$$

根据中心极限定理，近似地有 $\dfrac{X-200}{13} \sim N(0, 1)$，于是所求的概率为

$$P\{180 \leqslant X \leqslant 220\} = P\left\{\left|\frac{X-200}{13}\right| \leqslant \frac{20}{13}\right\}$$

$$\approx 2\Phi\left(\frac{20}{13}\right) - 1 = 0.8764.$$

4.4.3 De Moivre—Laplace 中心极限定理

在独立同分布的中心极限定理中，若随机变量序列是服从（0—1）分布的，可得到中心极限定理中最常用的一种形式.

定理 4.8（棣莫弗—拉普拉斯（De Moiver—Laplace）中心极限定理） 设随机变量 $X \sim B(n, p)$，$0 < p < 1$，则对于任意的 x，有

$$\lim_{n \to \infty} P\left\{\frac{X-np}{\sqrt{npq}} \leqslant x\right\} = \int_{-\infty}^{x} \frac{1}{\sqrt{2\pi}} e^{-\frac{t^2}{2}} dt, \quad q = 1 - p.$$

在定理 4.7 中，令随机变量序列 $X_1, X_2, \cdots$ 同服从（0—1）分布 $B(1, p)$，则 $X = \sum_{i=1}^{n} X_i$ 服从二项分布 $B(n, p)$（这里，随 n 变化 X 也变化，为了定理表达的简洁，没标明 X 的变化），而

$$E(X) = np, \quad D(X) = npq,$$

由定理 4.7，可得到本定理.

这个定理表明，正态分布是二项分布的极限分布，当 n 充分大时，可以用正态分布来计算二项分布的概率.

即，若随机变量 $X \sim B(n, p)$，当 n 充分大时，近似地，有 $X \sim N(np, npq)$，标准化后，近似地，有 $\dfrac{X-np}{\sqrt{npq}} \sim N(0, 1)$.

　　由于二项分布是离散型随机变量，而正态分布是连续型随机变量，要注意两者表述上的差异，如 $X \sim B(n,\ p)$，要近似计算 $P\{X=k\}$，可以令 $Y \sim N(np,\ npq)$，计算 $P\{k-1<Y\leqslant k\}$ 或 $P\{k-0.5<Y\leqslant k+0.5\}$ 作为 $P\{X=k\}$ 的近似值.

　　【例 4.30】 设随机变量 $X \sim B(200,\ 0.8)$，近似计算 $P\{X\geqslant 150\}$.

　　解　由二项分布的数学期望和方差公式得 $E(X)=160$，$D(X)=32$，于是近似地有
$$X \sim N(160,\ 32)，$$
则
$$P\{X \geqslant 150\}=P\left\{\frac{X-160}{\sqrt{32}}\geqslant\frac{150-160}{\sqrt{32}}\right\}$$
$$=P\left\{\frac{X-160}{\sqrt{32}}\geqslant -1.77\right\}$$
$$\approx 1-\Phi(-1.77)=\Phi(1.77)=0.96.$$

　　【例 4.31】 保险公司开办一种人身保险业务，被保险人每年需要交付保险费 160 元，若一年内发生重大人身事故，保险公司赔付 2 万元，共有 5000 人参保，每人一年内发生重大人身事故的概率为 0.005，问保险公司一年内从这项业务收益在 20 万到 40 万元之间的概率.

　　解　公司收保险费 80 万元，赔付人数在 20 人到 30 人之间时，保险公司一年内这项业务收益在 20 万到 40 万元之间.

　　设 X 是 5000 参保人中一年内发生重大人身事故的人数，则
$$X \sim N(5000,\ 0.005)，$$
$$E(X)=25,\ D(X)=24.875，$$
由中心极限定理，近似地有 $X \sim N(25,\ 24.875)$，于是
$$P\{20\leqslant X\leqslant 30\}=P\left\{\frac{20-25}{\sqrt{24.875}}\leqslant\frac{X-25}{\sqrt{24.875}}\leqslant\frac{30-25}{\sqrt{24.875}}\right\}$$
$$\approx \Phi(1.0025)-\Phi(-1.0025)=0.6839.$$

本章小结

　　随机变量的数字特征由随机变量的分布确定，反映了随机变量某方面的特征. 数学期望反映了随机变量的取值的平均值，方差反映了随机变量的分散程度. 随机变量函数的期望公式使我们在计算时不用求出函数的分布，计算更为简洁. 相关系数反映了两个随机变量之间的线性关联紧密程度，两个随机变量相互独立则一定不相关，但反之不成立. 但对服从二维正态分布的两个随机变量，相互独立当且仅当不相关.

　　切比雪夫不等式给出了随机变量分布未知，数学期望、方差已知时的一个随机事件概率的估计，在概率理论方面有着重要应用.

　　频率的稳定性是概率定义的基础，也提供了估计某些现实随机事件概率的方法，大数定律研究了大量试验时，频率以及观测值的算术平均值的稳定性，在一些条件下给出了严密的数学证明.

　　中心极限定理研究了独立随机变量和的极限分布，在相当一般条件下，其极限分布是

正态分布，说明了正态分布的重要性和广泛性．多因素共同作用的随机现象，如果每个因素作用相差都不显著，一般可以用正态分布描述．中心极限定理提供了多个独立同分布随机变量和，在未知分布、只知道数学期望和方差时，近似计算概率的方法．

本章学习要点：

1. 理解数学期望和方差的概念，掌握它们的性质与计算．

2. 掌握二项分布、泊松分布、正态分布、均匀分布和指数分布的数学期望和方差．

3. 会计算随机变量函数的数学期望．

4. 了解矩、协方差和相关系数的概念与性质，并会计算．

5. 了解切比雪夫不等式．

6. 了解切比雪夫大数定律和伯努利大数定律．

7. 了解列维—林德伯格定理（独立同分布的中心极限定理）和棣莫弗—拉普拉斯定理（二项分布以正态分布为极限分布），并能运用两个中心极限定理做简单的近似概率计算问题．

习题 4

1. 随机变量 X 的分布律见表 4.7.

表 4.7　X 的分布律

X	-2	0	2
p_i	0.4	0.3	0.3

求 $E(X)$，$E(X^2)$，$E(2X^2+3)$，$D(X)$．

2. 随机变量 X 的分布律见表 4.8.

表 4.8　X 的分布律

X	-1	0	1
p_i	p_1	p_2	p_3

且 $E(X)=0.1$，$E(X^2)=0.9$，求 p_1，p_2，p_3．

3. 设随机变量 X 的分布律为 $P\left\{X=(-1)^k\dfrac{3^k}{k}\right\}=\dfrac{2}{3^k}$，$k=1$，$2$，$\cdots$，证明 X 的数学期望不存在．

4. 袋中有 5 个球，编号 1、2、3、4、5，从中任取 3 个，X 表示取出的 3 个球中的最大编号，求 $E(X)$．

5. 设随机变量 X 取值非负整数，$E(X)$ 存在，证明 $E(X)=\sum\limits_{k=1}^{\infty}P\{X\geqslant k\}$．

6. 设随机变量 X 的概率密度为 $f(x)=\begin{cases}x, & 0\leqslant x<1, \\ 2-x, & 1\leqslant x\leqslant 2, \\ 0, & \text{其他,}\end{cases}$ 求 $E(X)$，$D(X)$．

7. 设随机变量 X 的概率密度为 $f(x)=\begin{cases} ax, & 0\leqslant x<2, \\ bx+c, & 2\leqslant x\leqslant 4, \\ 0, & \text{其他}, \end{cases}$ $E(X)=2$，$P\{1<X$

$<3\}=\dfrac{3}{4}$，求常数 a、b、c.

8. 设随机变量 X 的概率密度为 $f(x)=\begin{cases} \mathrm{e}^{-x}, & x>0, \\ 0, & x\leqslant 0, \end{cases}$ 求 $E(2X)$，$E(\mathrm{e}^{-2X})$.

9. 设随机变量 (X,Y) 的概率密度为 $f(x)=\begin{cases} 12y^2, & 0\leqslant y\leqslant x\leqslant 1, \\ 0, & \text{其他}, \end{cases}$ 求 $E(X)$，$E(Y)$，$E(XY)$.

10. 设随机变量 X、Y 相互独立，且都服从 $N\left(0,\dfrac{1}{2}\right)$，求 $E(|X-Y|)$.

11. 设随机变量 X、Y 相互独立，$E(X)=E(Y)=3$，$D(X)=12$，$D(Y)=16$，求 $E(3X-2Y)$，$D(2X-3Y)$.

12. 一工厂生产某种设备的寿命 X（以年计）服从指数分布，概率密度为 $f(x)=\begin{cases} \dfrac{1}{4}\mathrm{e}^{-\frac{x}{4}}, & x>0, \\ 0, & x\leqslant 0, \end{cases}$ 为确保消费者的利益，工厂规定出售的设备若在一年内损坏可以调换. 若售出一台设备，工厂获利 100 元，而调换一台则损失 300 元，试求工厂出售一台设备净赢利的数学期望.

13. 设随机变量 $X_i(i=1,2,\cdots,n)$ 相互独立，且 $E(X_i)=\mu$，$D(X_i)=\sigma^2$，$i=1,2,\cdots,n$，记 $\bar{X}=\dfrac{1}{n}\sum_{k=1}^{n}X_k$，$S^2=\dfrac{1}{n-1}\sum_{k=1}^{n}(X_k-\bar{X})^2$，证明：

（1）$E(X)=\mu$，$D(\bar{X})=\dfrac{\sigma^2}{n}$；

（2）$S^2=\dfrac{1}{n-1}\left(\sum_{k=1}^{n}X_k{}^2-n\bar{X}^2\right)$；

（3）$E(S^2)=\sigma^2$.

14. 对随机变量 X、Y，已知 $D(X)=2$，$D(Y)=3$，$\mathrm{cov}(X,Y)=-1$，求 $\mathrm{cov}(3X-2Y+1,X+4Y-3)$.

15. 随机变量 (X,Y) 的分布律见表 4.9.

表 4.9　(X,Y) 的分布律

Y ＼ X	-1	0	1
-1	1/8	1/8	1/8
0	1/8	0	1/8
1	1/8	1/8	1/8

验证 X、Y 是不相关的，但 X、Y 不是相互独立的.

16. 设二维随机变量 (X,Y) 在以 $(0,0)$，$(0,1)$，$(1,0)$ 为顶点的三角形区域上服从均匀分布，求 $\mathrm{cov}(X,Y)$，ρ_{XY}．

17．小袋茶叶质量是一个随机变量，数学期望是 $10\ \mathrm{g}$，方差是 $0.1\mathrm{g}^2$，求 100 袋这种茶叶总质量在 $990\sim1010\mathrm{g}$ 之间的概率．

18．随机变量 $X\sim B(10000,0.7)$，用切比雪夫不等式估计并用中心极限定理近似计算 $P\{6800\leqslant X\leqslant7200\}$．

19．随机变量序列独立同服从参数为 λ 的指数分布，试给出相应的中心极限定理形式．

20．保险公司有 10000 人参保，保费 12 元，保险公司有 0.006 的概率赔付 1000 元，问该保险公司利润超过 40000 元的概率．

第 5 章　数理统计的基本概念

前 4 章我们主要讨论了概率论的基本内容. 在概率论的许多问题中, 概率分布通常是已知的, 或者假设为已知的, 并以此基础进行计算和推断. 但是在实际情况中往往并非如此, 一个随机现象所服从的分布可能完全不知道, 也有可能仅知道其服从什么分布但不知道其所含的参数. 例如, 在一段时间内, 某地区发生的雷暴数量服从什么分布是完全不知道的; 航空发动机的寿命服从什么分布也是不知道的. 再如, 某公司要采购一批产品, 每件产品要么是合格品要么是不合格品, 服从两点分布, 但该批产品的不合格品率 p 却是不知道的. 由此, 弄清楚这些随机现象的分布或者分布中的参数是至关重要的问题, 也是数理统计首先要解决的问题. 在数理统计学中我们总是从所要研究的对象全体中进行观测或试验以取得部分数据, 根据试验或观测到的数据, 对研究对象的客观规律做出种种合理的估计和推断.

数理统计是以概率论为基础, 研究社会和自然界中大量随机现象数量变化基本规律的一种方法.

5.1　几个基本概念

5.1.1　总体与样本

定义 5.1　我们把研究对象的全体称为**总体**（population）, 组成总体的每个基本单位称为**个体**（individual）.

假如我们要研究某公司生产的一批手机性能, 就要确定一些性能指标, 比如手机寿命. 我们把这批手机称为总体, 每一部手机称为个体. 更确切地, 若我们研究的是这批手机的寿命特征, 则每部手机的寿命数据是个体, 而这批手机的所有寿命数据是总体. 这样, 忽略数据的实际背景, 总体就是一堆数, 这堆数中有大有小, 有的出现的机会多, 有的出现的机会少, 在数理统计中, 总体用一个随机变量来描述, 记为 X. 从这个意义上看, 总体就是一个分布, 而其数量指标就是服从这个分布的随机变量. 以后说"从某总体中抽样"与"从某分布中抽样"是同一个意思.

研究这批手机寿命时, 由于寿命试验具有破坏性, 不适合对所有手机进行寿命试验. 因此, 我们只能从中抽取一部分手机进行寿命试验, 记录这部分手机的寿命数据, 根据这部分手机的寿命数据推断这一批手机的寿命情况.

从总体中抽取部分的过程称为抽样, 在抽样工作中, 可以采取有放回抽样和无放回抽样等方法, 本书中, 采用的是有放回抽样方法. 有放回抽样方法具有如下特点: 对每次抽样, 总体中每个个体有同等机会被抽到, 称为随机性; 各次抽样的结果互不影响, 称为独立性.

定义 5.2　从总体中抽取的一部分个体的集合称为**样本**（sample），来自总体 X 的样本可记为 $(X_1, X_2, \cdots, X_n)$. 样本中所含个体的个数 n 称为**样本容量**（sample size）. 每一次具体的抽样所得的数据称为样本观测值，记为 $(x_1, x_2, \cdots, x_n)$.

定义 5.3　若随机变量 $X_1, X_2, \cdots, X_n$ 相互独立且每个 X_i，$i=1, 2, \cdots, n$ 与总体 X 有相同的概率分布，则称 $(X_1, X_2, \cdots, X_n)$ 是来自总体 X 的样本容量为 n 的一个**简单随机样本**（simple random sampling），称 X_i，$i=1, 2, \cdots, n$ 为样本的第 i 个分量. 若 X 有分布密度 $f(x)$（或分布函数 $F(x)$），则称 $X_1, X_2, \cdots, X_n$ 是来自总体 $f(x)$（或 $F(x)$）的样本.

本书中，我们总假定抽取的样本是简单随机样本. 于是，若 $X_1, X_2, \cdots, X_n$ 是来自总体 $f(x)$（或 $F(x)$）的样本，则由简单随机样本的特性，$(X_1, X_2, \cdots, X_n)$ 具有联合分布密度（或分布函数）$\prod_{i=1}^{n} f(x_i)$（或 $\prod_{i=1}^{n} F(x_i)$）.

样本的一个重要性质是它具有二重性. 总体 X 中抽取的一个样本，在一次具体的观测或试验中，它们是一批测量值，是一些已知的数，记为 $(x_1, x_2, \cdots, x_n)$，这就是说，样本具有数的属性. 但是，另一方面，由于在具体的试验或观测中，受到各种随机因素的影响，在不同的观测中样本取值可能完全不同. 因此，当脱离开具体的试验或观测时，我们并不知道样本的具体取值是多少，而且，从理论上讲，其中的每一次抽样都可以取到总体 X 的所有可能取值，因此，应该把它们看成是随机变量，记为 $(X_1, X_2, \cdots, X_n)$，这时，样本就具有随机变量的属性. 在这里，我们用大小写字母区分了随机变量属性和数的属性，后面在不引起误会的情况下，有时会混用.

特别强调，以后凡是我们离开具体的一次观测或试验来谈及样本时，它们总是被看成随机变量，这对理解后面的内容十分重要.

5.1.2　直方图

直方图是以一组直立条形显现频数特征的统计图形. 在直方图中，每一类数据用一个条形表示，条形的长度代表这一类中观察值的频数或相对频数. 通过直方图，可以直观地看到各组数据频数的高低，从而对全部数据有一个整体上的初步印象.

对于数值型数据的整理主要是进行分组. 所谓分组，就是根据研究的需要，将数据分为不同的组别. 通常有两种类型：单项式分组和组距式分组. 单项式分组方法通常只适合于离散变量，且在变量较少的情况下使用. 例如，大学生的成绩以绩点划分，可以分为 5 组，即 4、3、2、1、0.

在连续变量或变量值较多的情况下，通常采用组距式分组.

定义 5.4　将全部变量值依次划分为若干个区间，并将这一区间的变量值作为一组，称为组距式分组. 在组距式分组中，一个组的最小值称为下限；一个组的最大值称为上限；一个组的上限与下限的差，称为组距. 即：组距＝（最大值－最小值）÷组数.

分组的具体步骤如下.

第一步：确定组数. 一组数据分多少组合适呢？一般与数据本身的特点及数据的多少有关. 由于分组的目的之一是为了观察数据分布的特征，因此组数的多少应适中. 如组数太少，数据的分布就会过于集中，组数太多，数据的分布就会过于分散，这都不便于观察数据分布的特征和规律. 因此，必须恰当地确定组数. 在实际分组时，通常可以按照美国学者史特杰斯（H. A. Sturges）提出的经验公式来确定组数 K：$K = 1 + \dfrac{\ln n}{\ln 2} \approx 1 + 1.4427 \ln n$. 其中 n 为数据的个数，对结果用四舍五入的办法取整数即为组数. 当然在实际应用时，可根据数据的多少和特点及分析的要求，参考这一标准灵活确定组数.

第二步：确定各组的组距、组限. 组距的大小一般由组数和全距来决定. 全距是所有数据中最大值与最小值之差. 为便于计算，组距宜取 5 或 10 的倍数，而且第一组的下限应低于最小变量值，最后一组的上限应高于最大变量值.

数值型变量有离散型与连续型之分，其组限的划分也有所不同.

离散型变量可以一一列举，而且相邻的两个整数之间不可能有其他值，因此每一组的上、下限都可以有确定的数值表示. 这种分组，以 a 代表下限，b 代表上限，其实际区间为 $[a，b]$.

连续型变量在两个数之间可能有很多数值，无法一一列举. 往往会把前一组的上限与后一组的下限重叠起来. 例如，把举重运动员的体重分为 $50 \sim 55$，$55 \sim 60$，…不同级别. 一般地，把重叠的数值归入到后一组，如 55 归入 $55 \sim 60$ 这一组中. 这种分组，其实际区间为 $[a，b)$，即上限不在内，下限在内的原则.

第三步：根据分组整理成频数分布表.

在组距式分组中，每一个组的中间值，即该组上限与下限的和的一半，称为该组的组中值，即

$$组中值 ＝（下限＋上限）\div 2$$

组中值是每个组的代表值. 因为经过组距式分组后，各个具体数值不见了，而很多情况下，我们不仅仅满足知道数据的范围，需要进一步确定一个能够代表各组平均水平的数值，组中值应该是一个较为合适的代表.

当然，用组中值作为整个一组数据的代表应该满足一些条件，即每一组内部的数据应尽可能呈均匀分布或在组中值两侧对称分布. 完全满足这一前提是不可能的，但在分组时应尽量满足这一要求，以减少用组中值代表各组数据产生的误差.

此外，对于开口组数据的组中值的计算公式为

缺下限开口组的组中值＝上限－相邻组组距÷2；

缺上限开口组的组中值＝下限＋相邻组组距÷2.

【例 5.1】为研究气温的变化情况，北方某城市气象局对 2004 年 1～2 月各天的气温进行了记录，结果见表 5.1.

表 5.1　北方某城市 2004 年 1～2 月各天气温（℃）

−3	−2	−4	−7	−11	−1	−6	−8	−9	−6
−14	−18	−15	−9	−6	−1	0	−5	−4	−9
−6	−8	−12	−16	−19	−15	−22	−25	−24	−19
−8	−6	−15	−11	−12	−19	−25	−24	−18	−17
−14	−22	−13	−10	6	0	1	5	4	9
−3	−2	−4	−4	−16	−1	7	3	6	5

（1）指出上面的数据属于什么类型.

（2）对上面的数据进行适当的分组；作一个直方图，说明该城市气温分布的特点．

解 （1）属于数值型数据，确切地说，属于连续型数据．

（2）频数分布表制作步骤如下．

第一步：确定组数．根据确定组数的公式有

$$K=1+\frac{\ln n}{\ln 2}=1+\frac{\ln 60}{\ln 2}\approx 7.$$

第二步：确定各组的组距．组距＝（9＋25）/7＝4.9．为便于计算，组距可取5．

第三步：根据分组整理成频数分布表，见表5.2．

表5.2　北方某城市1～2月气温的频数分布

分组/℃	天数/天
$-25\sim-20$	6
$-20\sim-15$	8
$-15\sim-10$	10
$-10\sim-5$	13
$-5\sim0$	12
$0\sim5$	5
$5\sim10$	6
合计	60

根据分组数据绘制的直方图如图5.1所示．

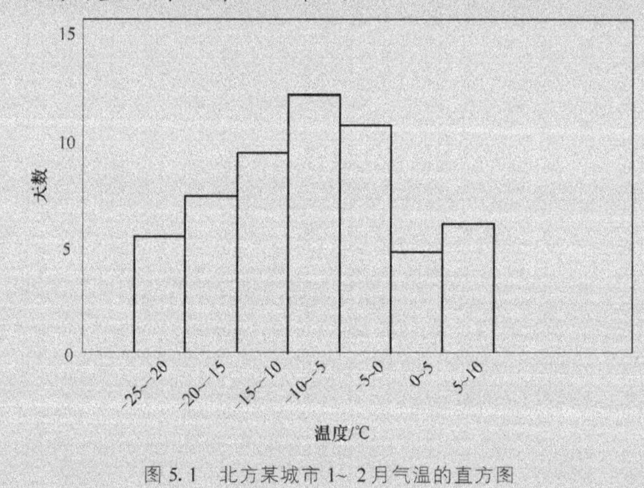

图5.1　北方某城市1～2月气温的直方图

5.1.3　统计量与样本矩

定义5.5 设$(X_1,X_2,\cdots,X_n)$为来自总体X的简单随机样本，$T(X_1,X_2,\cdots,X_n)$为一个实值函数，如果T中不包含任何未知参数，则称$T(X_1,X_2,\cdots,X_n)$为一个**统计量**（statistic）．统计量的分布称为抽样分布．

例如，总体$X\sim N(\mu,\sigma^2)$，μ、σ^2分别表示总体均值和方差，在此μ、σ^2为参数．若参数μ已知，σ^2未知，$X_1,X_2,\cdots,X_n$为X的一个简单随机样本，则

$\sum\limits_{i=1}^{n}(X_i-\mu)^2$ 是统计量，但 $\dfrac{1}{\sigma}\sum\limits_{i=1}^{n}X_i$ 不是统计量．

尽管一个统计量不依赖于任何未知参数，但其分布却可能依赖于未知参数．例如，在上例中 $\bar{X}=\dfrac{1}{n}\sum\limits_{i=1}^{n}X_i$ 为统计量，而其分布服从 $N\left(\mu,\dfrac{\sigma^2}{n}\right)$，含有未知参数 σ^2．

参数是研究者想要了解的关于总体的某种特征值．我们关心的参数通常有总体平均数、总体方差、总体比例等．在本书中，用希腊字母 μ 表示总体平均数，σ^2 表示总体方差，p 表示总体比例．

在通常情况下，总体的某些特征值是我们所关心的，但它往往未知．比如，某一高校大学生一个月的平均生活费，平均每周的上网时间等一般并不清楚．再比如，某一地区的居民收入差异情况，一批产品的次品率等一般也是不清楚的．

在通常情况下，我们通过抽样的办法，由样本的信息来推断总体．统计量是根据样本数据计算出来的一个量，它是样本的函数．常用的统计量有样本平均数、样本标准差、样本比例等．在本书中，用 $\bar{X}$ 表示样本平均数，S_n^2 表示样本方差．

样本是已经抽取出来的，所以统计量总是可以知道的．抽样的目的就是用样本统计量去估计总体参数．例如，用样本平均数 $\bar{X}$ 去估计总体平均数 μ，用样本方差 S_n^2 去估计总体方差 σ^2．

定义 5.6　设 $(X_1,X_2,\cdots,X_n)$ 为来自总体 X 的样本，统计量 $\bar{X}=\dfrac{1}{n}\sum\limits_{i=1}^{n}X_i$ 称为**样本均值**（mean）；统计量 $S_n^2=\dfrac{1}{n}\sum\limits_{i=1}^{n}(X_i-\bar{X})^2$ 称为**样本方差**（variance），$S_n=\sqrt{S_n^2}$ 称为**样本标准差**（standard deviation），而 $S^2=\dfrac{1}{n-1}\sum\limits_{i=1}^{n}(X_i-\bar{X})^2$ 称为**修正的样本方差**，$S=\sqrt{S^2}$ 称为修正的样本标准差；统计量 $A_r=\dfrac{1}{n}\sum\limits_{i=1}^{n}X_i{}^r$，$r=1,2,\cdots$ 称为样本的 **r 阶原点矩**；统计量 $B_r=\dfrac{1}{n}\sum\limits_{i=1}^{n}(X_i-\bar{X})^r$，$r=1,2,\cdots$ 称为样本的 **r 阶中心矩**，显然 $A_1=\bar{X}$，$B_2=S_n^2$．

特别地，若定义 $X_i=\begin{cases}1,&\text{样本中第 }i\text{ 个分量具有某种属性，}\\0,&\text{样本中第 }i\text{ 个分量不具有某种属性，}\end{cases}$ $i=1,2,\cdots,n$，

则 $\bar{X}=\dfrac{1}{n}\sum\limits_{i=1}^{n}X_i$ 为样本中具有某种属性之比，称为样本比例或样本成数．

若记 $\overline{X^2}=A_2=\dfrac{1}{n}\sum\limits_{i=1}^{n}X_i^2$，则简单计算得

$$S_n^2=\dfrac{1}{n}\left(\sum_{i=1}^{n}X_i^2-n\bar{X}^2\right)=\overline{X^2}-\bar{X}^2,$$

$$S^2=\dfrac{1}{n-1}\left(\sum_{i=1}^{n}X_i^2-n\bar{X}^2\right)=\dfrac{n}{n-1}\left(\overline{X^2}-\bar{X}^2\right).$$

定义了 S_n^2，为什么还要引入 S^2 呢？其主要原因有两个：一是只有 S^2 才是总体方差 σ^2 的无偏估计；二是将分母取为 $n-1$ 会使得 S^2 大于实际的大小，其原因是好的科学家

一般都是"保守"的."保守"的含义是，如果我们不得不出错，那么即使出错也是由于过高估计了总体的方差，分母较小可让我们做到这一点.

【例 5.2】 某厂实行计件工资制，为及时了解情况，随机抽取 30 名工人，调查各自在一周内加工的零件数，然后按规定算出每名工人的周工资（单位：元），见表 5.3.

表 5.3　30 名工人的周工资

156	134	160	141	159	141	161	157	171	155	149	144	169	138	168
147	153	156	125	156	135	156	151	155	146	155	157	198	161	151

这是一个容量为 30 的样本观察值，其样本均值为

$$\overline{X} = \frac{1}{30}(156 + 134 + \cdots + 161 + 151) = 153.5,$$

它反映了该工厂周工资的一般水平.

进一步，我们计算修正的样本方差 S^2 及修正的样本标准差 S，由于

$$\sum_{i=1}^{30} X_i^2 = 156^2 + 134^2 + \cdots 151^2 = 712155,$$

所以

$$S^2 = \frac{1}{30-1}\left(\sum_{i=1}^{30} X_i^2 - 30\overline{X}^2\right) = \frac{1}{30-1} \times 5287.5 = 182.3276,$$

$$S = \sqrt{182.3276} = 13.5029.$$

定义 5.7 设 $(X_1, X_2, \cdots, X_n)$ 为总体 X 的一个简单随机样本，将其诸分量 X_i，$i = 1, 2, \cdots, n$，按由小到大的次序重新排列为 $X_{(1)}, X_{(2)}, \cdots, X_{(n)}$，即 $X_{(1)} \leqslant X_{(2)} \leqslant \cdots \leqslant X_{(n)}$，称 $X_{(k)}$，$k = 1, 2, \cdots, n$ 为总体的第 k 个次序统计量，特别称 $X_{(1)}$ 为极小值次序统计量，$X_{(n)}$ 为极大值次序统计量. 称 $D_n^* = X_{(n)} - X_{(1)}$ 为样本的极差（range），表示总体数据变化的范围或幅度的大小.

次序统计量在统计学中有着特殊的应用地位，例如，为了解一批产品的平均寿命，为此从中抽样 n 个产品进行寿命试验（假定试验是破坏性的），那么第一个失效产品的失效时间即为 $X_{(1)}$，第二个失效产品的失效时间为 $X_{(2)}$，$\cdots$，最后一个失效产品的失效时间即为 $X_{(n)}$.

注： $X_{(1)}, X_{(2)}, \cdots, X_{(n)}$ 中的诸分量不再互相独立，也不再与总体同分布.

定义 5.8 由给定的样本 $(X_1, X_2, \cdots, X_n)$，其次序统计量为 $X_{(1)} \leqslant X_{(2)} \leqslant \cdots \leqslant X_{(n)}$，对应的样本观察值为 $x_{(1)} \leqslant x_{(2)} \leqslant \cdots \leqslant x_{(n)}$，定义如下函数

$$F_n^*(x) = \begin{cases} 0, & x < x_{(1)}, \\ \dfrac{1}{n}, & x_{(1)} \leqslant x < x_{(2)}, \\ \vdots & \\ \dfrac{k}{n}, & x_{(k)} \leqslant x < x_{(k+1)}, \\ \vdots & \\ 1, & x \geqslant x_{(n)}, \end{cases} \tag{5.1.1}$$

称式（5.1.1）为总体对应于样本 $(X_1, X_2, \cdots, X_n)$ 的经验分布函数，或记为

$F_n^*(x; X_1, X_2, \cdots, X_n)$.

注：$F_n^*(x)$ 中 x 的取值范围为"左闭右开"，若分布函数定义为 $F(x) = P(X < x)$，则 $F_n^*(x)$ 中 x 的取值范围为"左开右闭".

经验分布函数的性质如下.

（1）当样本固定时，作为 x 的函数是一个阶梯形的分布函数，$F_n^*(x)$ 恰为样本分量小于等于 x 的频率.

（2）当 x 固定时，它是一个统计量，其分布由总体的分布所确定.

$$P\left(F_n^*(x; X_1, X_2, \cdots, X_n) = \frac{k}{n}\right) = P(nF_n^*(x; X_1, X_2, \cdots, X_n) = k) =$$
$$C_n^k F_X^k(x)[1 - F_X(x)]^{n-k}, \quad k = 0, 1, \cdots, n,$$

即
$$nF_n^*(x; X_1, X_2, \cdots, X_n) \sim B(n, F_X(x)) \text{（二项分布）}.$$

【例 5.3】 某射手独立重复地进行 20 次打靶试验，击中靶子的环数见表 5.4.

表 5.4　20 次打靶试验击中靶子的环数

环数	10	9	8	7	6	5	4
频数	2	3	0	9	4	0	2

用 X 表示此射手对靶射击一次所命中的环数，求 X 的经验分布函数，并画出其图像.

解　设 X 的经验分布函数为 $F_n^*(x)$，则

$$F_n^*(x) = \begin{cases} 0, & x < 4, \\ 2/20, & 4 \leqslant x < 5, \\ 2/20, & 5 \leqslant x < 6, \\ 6/20, & 6 \leqslant x < 7, \\ 15/20, & 7 \leqslant x < 8, \\ 15/20, & 8 \leqslant x < 9, \\ 18/20, & 9 \leqslant x < 10, \\ 1, & x \geqslant 10. \end{cases}$$

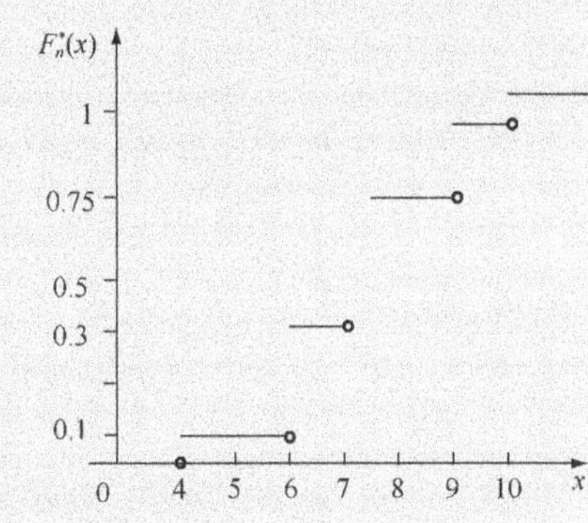

X 的经验分布函数图像如图 5.2 所示.

图 5.2　X 的经验分布函数图像

5.2　三大抽样分布与抽样定理

抽样的目的是想"由样本推断总体"，了解和认识总体的数量特征. 但由于抽样的随机性，使得通过样本推断总体时，总会存在随机抽样误差. 现在要考虑的关键问题是，抽样误差的规律性以及如何将抽样误差控制在我们所期望的范围之内. 本节通过研究抽样分布来描述抽样误差的规律.

一般而言，即使总体分布的表达式很简单，但由于求统计量 $T(X_1, X_2, \cdots, X_n)$ 的分布时需要计算 n 重积分，这往往是非常困难的，或者即使能求出其分布，但表达式也异常复杂.

首先我们指出，之所以我们能够"由样本推断总体"，是基于以下的格列汶科定理.

定理 5.1（格列汶科（Glivenko）定理）　对任意实数 x，当 $n \to \infty$ 时，

$$P(\lim_{n \to \infty} \max_{-\infty < x < \infty} |F_n^*(x) - F(x)| = 0) = 1. \tag{5.2.1}$$

格列汶科定理说明：当 $n \to \infty$ 时，$F_n^*(x)$ 以概率 1 关于 x 均匀收敛于 $F(x)$；即当 n 足够大时，对于所有的 x 值，$F_n^*(x)$ 同 $F(x)$ 之差的绝对值都很小，这一事件的概率是 1；也即当 n 足够大时，经验分布函数 $F_n^*(x)$ 与理论分布函数（总体分布函数）$F(x)$ 相差最大处也会足够的小，也即当 n 很大时，$F_n^*(x)$ 是总体分布函数 $F(x)$ 的一个良好近似，数理统计中一切都以样本为依据，其理由就在于此.

5.2.1　三大抽样分布

在概率论部分我们已经知道，正态分布是我们在日常生活中应用最为广泛的概率分布. 我们简单复述相关知识如下.

若随机变量 X 服从正态分布 $N(\mu, \sigma^2)$，则其密度函数和分布函数分别为

$$f(x) = \frac{1}{\sqrt{2\pi}\sigma} e^{-\frac{(x-\mu)^2}{2\sigma^2}}, \quad F(x) = \frac{1}{\sqrt{2\pi}\sigma} \int_{-\infty}^{x} e^{-\frac{(t-\mu)^2}{2\sigma^2}} dt .$$

其中 μ 是分布的数学期望，σ^2 是分布的方差，它们是正态分布的两个参数.

特别地，标准正态分布 $N(0, 1)$ 的密度函数和分布函数分别为

$$\varphi(x) = \frac{1}{\sqrt{2\pi}} e^{-\frac{x^2}{2}}, \quad \Phi(x) = \frac{1}{\sqrt{2\pi}} \int_{-\infty}^{x} e^{-\frac{t^2}{2}} dt .$$

附表 3 给出了标准正态分布的分布函数值表. 另外，在给定 $\alpha(0 < \alpha < 1)$，定义 U_α，使 $\int_{U_\alpha}^{\infty} \varphi(x) dx = \alpha$，称 U_α 为标准正态分布的上侧 α 分位数，其值可"倒查"标准正态分布的分布函数值表得到. 如：$\alpha = 0.01$，0.025，0.05，0.95，0.975，0.99 时，对应的 U_α 值分别为 2.326，1.96，1.645，-1.645，-1.96，-2.326.

如果总体的分布为正态分布，则称该总体为正态总体.

从上一节的讨论中我们知道，统计量是对样本进行加工后得到的量，它可以被用来对总体分布的参数作估计和检验. 为此，我们需要求出统计量的分布——抽样分布. 遗憾的是，能够求出精确的抽样分布且表达简单的情形并不多见. 但是，对于正态总体，我们可以计算出一些重要统计量的精确抽样分布.

下面我们引进数理统计学中占有重要地位的三大抽样分布：$\chi^2(n)$-分布、$t(n)$-分布和 $F(m, n)$-分布，为后续的正态总体参数的估计和检验问题提供理论依据.

1. $\chi^2(n)$-分布（卡方分布）

定义 5.9　称随机变量 X 服从 $\chi^2(n)$-分布，自由度为 n，如果它有密度函数

$$f(x) = \begin{cases} \dfrac{1}{2^{\frac{n}{2}} \Gamma\left(\dfrac{n}{2}\right)} x^{\frac{n}{2}-1} e^{-\frac{x}{2}}, & x > 0, \\ 0, & x \leqslant 0, \end{cases} \tag{5.2.2}$$

其中，$\Gamma\left(\dfrac{n}{2}\right) = \int_0^{\infty} x^{\frac{n}{2}-1} e^{-x} dx$，$\Gamma\left(\dfrac{1}{2}\right) = \sqrt{\pi}$.

$\chi^2(n)$ 的分布曲线与自由度有关. 图 5.3 是自由度分别为 1、3、10 和 20 的 $\chi^2(n)$ 分布曲线. 从图上可以看出，当自由度很小时，$\chi^2(n)$ 的分布密度曲线向右伸展. 随着自由

度的增加，$\chi^2(n)$ 的分布曲线变得越来越对称，当自由度达到相当大时，$\chi^2(n)$ 的分布曲线接近正态分布.

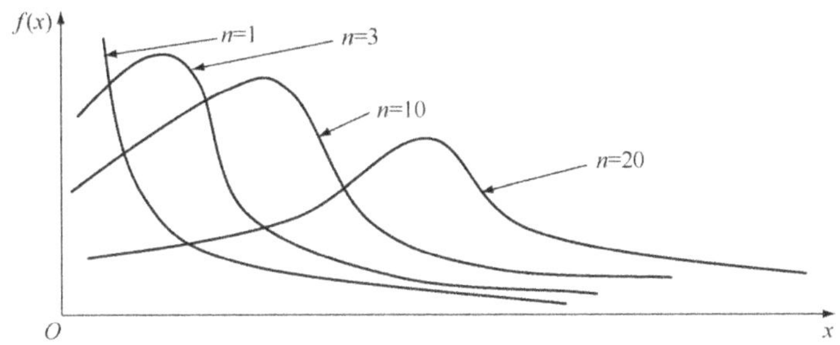

图 5.3　不同自由度的 $\chi^2(n)$ 曲线，当 $n \to \infty$ 时，$\chi^2(n)$ 分布的极限分布就是正态分布

定理 5.2　设 X_1，X_2，$\cdots$，X_n 相互独立，且都服从 $N(0,1)$，则

$$X = \sum_{i=1}^{n} X_i^2 \sim \chi^2(n).$$

特别地，若 $X \sim N(0,1)$，则 $X^2 \sim \chi^2(1)$.

注：由于 $\chi^2(n)$ 是 n 个独立同分布于标准正态分布 $N(0,1)$ 的随机变量的平方和，每个变量 X_i 都可随意取值，可以说它有一个自由度，共有 n 个变量，故有 n 个自由度，这就是"自由度 n"这个名称的由来.

定义 5.10　$\chi^2(n)$ 的上侧 α 分位数记为 $\chi_\alpha^2(n)$，即

$$\int_{\chi_\alpha^2(n)}^{\infty} f(x)\mathrm{d}x = \alpha.$$

分位数 $\chi_\alpha^2(n)$ 的数值可查附表 6.

$\chi^2(n)$ 的性质如下.

(1) 若 $X \sim \chi^2(n)$，则

$$E(X) = n，D(X) = 2n.$$

(2) ($\chi^2(n)$ 分布的可加性) 若 $X \sim \chi^2(n)$，$Y \sim \chi^2(m)$，且 X 与 Y 独立，则

$$X + Y \sim \chi^2(n+m).$$

注：(1) 如果 X_1，X_2，$\cdots$，X_n 相互独立且 $X_i \sim N(\mu_i, \sigma_i^2)$，则

$$\sum_{i=1}^{n} \left(\frac{X_i - \mu_i}{\sigma_i}\right)^2 \sim \chi^2(n).$$

(2) 当 $n > 45$，在附表 6 中 $\chi_\alpha^2(n)$ 查不到时，可利用标准正态分布表得

$$\chi_\alpha^2(n) \approx n + \sqrt{2n}\, U_\alpha.$$

例如，若求 $\chi_{0.05}^2(120)$，则由 $\alpha = 0.05$，$U_\alpha = U_{0.05} = 1.645$，可得

$$\chi_{0.05}^2(120) \approx 120 + \sqrt{240} \times 1.645 = 145.5.$$

2. $t(n)$-分布

定义 5.11　称随机变量 X 服从 $t(n)$-分布，自由度为 n，如果它有密度函数

$$f(x) = \frac{\Gamma\left(\dfrac{n+1}{2}\right)}{\sqrt{n\pi}\,\Gamma\left(\dfrac{n}{2}\right)} \left(1 + \frac{x^2}{n}\right)^{-\frac{n+1}{2}}，\quad -\infty < x < \infty, \tag{5.2.3}$$

定理 5.3　设 $X \sim N(0，1)$，$Y \sim \chi^2(n)$，且 X 与 Y 相互独立，则

$$T = \frac{X}{\sqrt{Y/n}} \sim t(n).$$

定义 5.12　$t(n)$ 的上侧 α 分位数记为 $t_\alpha(n)$，即

$$\int_{t_\alpha(n)}^{\infty} f(x)\,\mathrm{d}x = \alpha.$$

分位数 $t_\alpha(n)$ 的数值可查附表 5.

注：当自由度 $n \to \infty$ 时，$t(n)$ 的极限分布为标准正态分布. 当 $n > 45$ 时，$t_\alpha(n) \approx U_\alpha$.

$t(n)$-分布的密度函数与标准正态分布一样也是对称的. 一般地，t 分布比标准正态分布相对平坦一些. 对于不同的样本容量 n 都有一个相应的 $t(n)$-分布. 随着样本容量 n 的增加，t 分布的形状由平坦逐渐变得接近于标准正态分布. 当样本容量大于 30 时，$t(n)$-分布就非常接近于标准正态分布，可以用标准正态分布来近似了.

不同大小的样本对应于不同的 $t(n)$-分布，这是因为 $t(n)$-分布与自由度有关. 假如样本的大小是 n，在样本的均值 $\overline{X}$ 确定的条件下，对样本中的数据能够自由决定数值的个数就只有 $n-1$ 个了. 实际上，当把 $n-1$ 个数值选定以后，第 n 个数据的值也就自动确定了. 由此可见，大小为 n 的样本的自由度就是 $n-1$. 图 5.4 是自由度 n 分别为 5 和 20 的 $t(n)$-分布曲线并与标准正态分布曲线比较.

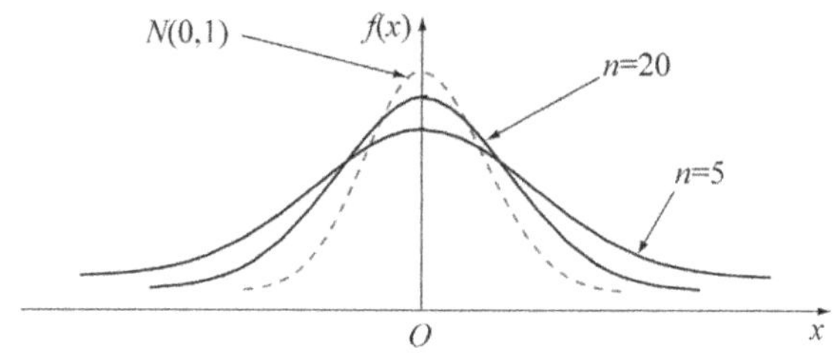

图 5.4　标准正态分布与 t 分布曲线

注：$t(n)$-分布是统计中的一个重要分布，当 $n \geqslant 30$，$t(n)$-分布与标准正态分布非常接收. $t(n)$-分布与 $N(0，1)$ 的微小差别是戈塞特（Gosset，W. S.）提出的. 他是英国一家酿酒厂的化学技师，在长期从事实验和数据分析工作中，发现了 $t(n)$-分布，并在 1908 年以 "Student" 笔名发表此项结果，故后人又称 $t(n)$-分布为 "学生分布".

3. $F(m，n)$-分布

定义 5.13　称随机变量 X 服从 $F(m，n)$-分布，自由度为 $(m，n)$，如果它有密度函数

$$f(x) = \begin{cases} \dfrac{m^{\frac{m}{2}} n^{\frac{n}{2}}}{B\left(\dfrac{m}{2}，\dfrac{n}{2}\right)} x^{\frac{m}{2}-1} (n + mx)^{-\frac{m+n}{2}}， & x > 0， \\ 0， & x \leqslant 0， \end{cases} \tag{5.2.4}$$

$F(m，n)$-分布与 $t(n)$-分布、$\chi^2(n)$-分布一样也有自由度. $t(n)$-分布与 $\chi^2(n)$-分布都仅有一个自由度，但 F 分布有两个自由度. 一个是分子的自由度 m，一个是分母的自由度 n.

图 5.5 是 $F(m，n)$-分布的密度曲线图，图中的曲线随自由度的取值不同而不同. $F(m，n)$-分布的密度曲线是一个单峰的偏态曲线，它的具体形状取决于 F 比值中分子和

分母的自由度. 一般地，$F(m，n)$-分布为右偏分布，随着分子分母自由度的增加，分布越来越趋向于对称.

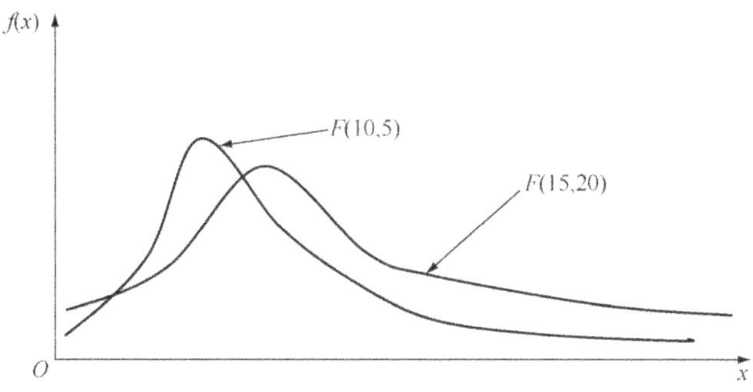

图 5.5 不同自由度的 $F（m，n）$-分布

定理 5.4 设 $X \sim \chi^2(n)$，$Y \sim \chi^2(m)$，且 X 与 Y 相互独立，则

$$\frac{X/n}{Y/m} \sim F(n，m)，\qquad \frac{Y/m}{X/n} \sim F(m，n)，$$

注：若 $X \sim F(n，m)$，则 $\dfrac{1}{X} \sim F(m，n)$. 特别地，当 X 服从 $t(n)$ - 分布时，χ^2 服从 $F(1，n)$ - 分布.

定义 5.14 $F(m，n)$ 的上侧 α 分位数记为 $F_\alpha(m，n)$，即

$$\int_{F_\alpha(m，n)}^{\infty} f(x)\mathrm{d}x = \alpha.$$

分位数 $F_\alpha(m，n)$ 的数值可查附表 7.

注：$F_{1-\alpha}(m，n) = 1/F_\alpha(n，m)$. 这也是 $F(m，n)$ 分布分位数表仅列出 $F_\alpha(n，m)$ 的原因. 求 $F_{1-\alpha}(m，n)$ 需用该式换算.

5.2.2 正态总体下的抽样定理

抽样的目的是了解和认识总体的数量特征，但由于抽样的随机性，使得通过样本推断总体时，随机抽样误差是不可避免的. 现在要考虑的关键问题是，抽样误差的规律性以及如何将抽样误差控制在我们所期望的范围之内. 这就需要研究抽样分布.

下面我们研究样本均值 $\overline{X}$、样本方差 S_n^2 等一些常见的统计量的分布特征.

定理 5.5（费歇定理） 设 $X_1，X_2，\cdots，X_n$ 是来自正态总体 $N(\mu，\sigma^2)$ 的样本，则

（1）$\overline{X} \sim N\left(\mu，\dfrac{\sigma^2}{n}\right)$，此即说明总体服从正态分布，样本均值 $\overline{X}$ 的抽样分布仍为正态分布，$\overline{X}$ 的期望值与总体均值相同，而方差缩小为总体方差的 $\dfrac{1}{n}$；

（2）$\dfrac{nS_n^2}{\sigma^2} = \dfrac{(n-1)S^2}{\sigma^2} \sim \chi^2(n-1)$；

（3）$\overline{X}$ 与 S^2（或 S_n^2）互相独立.

推论 设 $X_1，X_2，\cdots，X_n$ 为来自正态分布总体 $N(\mu，\sigma^2)$ 的一个简单随机样本，则

$$T = \frac{\overline{X} - \mu}{S_n / \sqrt{n-1}} = \frac{\overline{X} - \mu}{S / \sqrt{n}} \sim t(n-1).$$

证　由 $\overline{X} \sim N\left(\mu, \dfrac{\sigma^2}{n}\right)$，标准化 $\dfrac{\overline{X} - \mu}{\sigma/\sqrt{n}} \sim N(0, 1)$，又 $\dfrac{(n-1)S^2}{\sigma^2} \sim \chi^2(n-1)$，且 $\overline{X}$ 与 S^2 互相独立，进而 $\dfrac{\overline{X} - \mu}{\sigma/\sqrt{n}}$ 与 $\dfrac{(n-1)S^2}{\sigma^2}$ 独立，则

$$\frac{\overline{X} - \mu}{\sigma/\sqrt{n}} \Big/ \sqrt{\frac{(n-1)S^2}{\sigma^2(n-1)}} \sim t(n-1),$$

即

$$\frac{\overline{X} - \mu}{S/\sqrt{n}} \sim t(n-1).$$

注：注意到 $\dfrac{\overline{X} - \mu}{\sigma/\sqrt{n}} \sim N(0, 1)$，当 σ^2 未知时，可用 S^2 来代替，此时有 $\dfrac{\overline{X} - \mu}{S/\sqrt{n}} \sim t(n-1)$.

定理 5.6　设 X_1，X_2，$\cdots$，X_{n_1} 与 Y_1，Y_2，$\cdots$，Y_{n_2} 分别为取自 $N(\mu_1, \sigma_1^2)$，$N(\mu_2, \sigma_2^2)$ 的两个样本，且这两个样本独立，则

(1) $\dfrac{S_1^2 \sigma_2^2}{S_2^2 \sigma_1^2} \sim F(n_1 - 1, n_2 - 1)$；

(2) 若 $\sigma_1 = \sigma_2 = \sigma$，则

$$\sqrt{\frac{n_1 n_2 (n_1 + n_2 - 2)}{n_1 + n_2}} \, \frac{(\overline{X} - \overline{Y}) - (\mu_1 - \mu_2)}{\sqrt{(n_1 - 1)S_1^2 + (n_2 - 1)S_2^2}} \sim t(n_1 + n_2 - 2),$$

其中

$$S_1^2 = \frac{1}{n_1 - 1} \sum_{i=1}^{n_1} (X_i - \overline{X})^2, \quad S_2^2 = \frac{1}{n_2 - 1} \sum_{i=1}^{n_2} (Y_i - \overline{Y})^2.$$

证　(1) $\dfrac{(n_1 - 1)S_1^2}{\sigma_1^2} \sim \chi^2(n_1 - 1)$，$\dfrac{(n_2 - 1)S_2^2}{\sigma_2^2} \sim \chi^2(n_2 - 1)$，且相互独立，则

$$\frac{\dfrac{(n_1 - 1)S_1^2}{\sigma_1^2}/(n_1 - 1)}{\dfrac{(n_2 - 1)S_2^2}{\sigma_2^2}/(n_2 - 1)} \sim F(n_1 - 1, n_2 - 1),$$

即

$$\frac{S_1^2 \sigma_2^2}{S_2^2 \sigma_1^2} \sim F(n_1 - 1, n_2 - 1).$$

(2) 由于 $\overline{X}$ 与 $\overline{Y}$ 独立，$E(\overline{X} - \overline{Y}) = \mu_1 - \mu_2$，$D(\overline{X} - \overline{Y}) = \dfrac{\sigma_1^2}{n_1} + \dfrac{\sigma_2^2}{n_2}$，则

$$\overline{X} - \overline{Y} \sim N(\mu_1 - \mu_2, \ \sigma_1^2/n_1 + \sigma_2^2/n_2),$$

标准化

$$\frac{(\overline{X} - \overline{Y}) - (\mu_1 - \mu_2)}{\sigma \sqrt{1/n_1 + 1/n_2}} \sim N(0, 1).$$

又 $\dfrac{(n_1 - 1)S_1^2}{\sigma^2} \sim \chi^2(n_1 - 1)$，$\dfrac{(n_2 - 1)S_2^2}{\sigma^2} \sim \chi^2(n_2 - 1)$，且相互独立，则

$$\frac{(n_1-1)S_1^2+(n_2-1)S_2^2}{\sigma^2}\sim\chi^2(n_1+n_2-2).$$

又 $\bar{X}-\mu_1$ 与 $\dfrac{(n_1-1)\,S_1^2}{\sigma^2}$ 独立，$\bar{Y}-\mu_2$ 与 $\dfrac{(n_2-1)\,S_2^2}{\sigma^2}$ 独立，且两个样本独立，因而 $\bar{X}-\mu_1$ 与 $\dfrac{(n_2-1)\,S_2^2}{\sigma^2}$ 独立，$\bar{Y}-\mu_2$ 与 $\dfrac{(n_1-1)\,S_1^2}{\sigma^2}$ 独立，进而 $(\bar{X}-\mu_1)-(\bar{Y}-\mu_2)$ 与 $\dfrac{(n_1-1)\,S_1^2}{\sigma^2}$ 独立，并与 $\dfrac{(n_2-1)\,S_2^2}{\sigma^2}$ 独立，进而与 $\dfrac{(n_1-1)\,S_1^2+(n_2-1)\,S_2^2}{\sigma^2}$ 独立.

由此

$$\frac{\dfrac{(\bar{X}-\bar{Y})-(\mu_1-\mu_2)}{\sigma\sqrt{1/n_1+1/n_2}}}{\sqrt{\dfrac{(n_1-1)\,S_1^2+(n_2-1)\,S_2^2}{\sigma^2\,(n_1+n_2-2)}}}\sim t\,(n_1+n_2-2),$$

即

$$\sqrt{\frac{n_1 n_2\,(n_1+n_2-2)}{n_1+n_2}}\;\frac{(\bar{X}-\bar{Y})-(\mu_1-\mu_2)}{\sqrt{(n_1-1)\,S_1^2+(n_2-1)\,S_2^2}}\sim t\,(n_1+n_2-2).$$

【例 5.4】 设在总体 $N\,(\mu,\,\sigma^2)$ 中抽取一组容量为 n 的样本 X_1，X_2，$\cdots$，X_n，μ、σ^2 未知.

（1）求 $E(S^2)$，$D(S^2)$；

（2）当 $n=16$ 时，求 $P\left(\dfrac{S^2}{\sigma^2}\leqslant 2.04\right)$.

解　（1）由于 $\dfrac{(n-1)\,S^2}{\sigma^2}\sim\chi^2\,(n-1)$，$E\left(\dfrac{(n-1)\,S^2}{\sigma^2}\right)=n-1$，$D\left(\dfrac{(n-1)\,S^2}{\sigma^2}\right)=2(n-1)$，

$$E(S^2)=E\left(\frac{\sigma^2}{n-1}\,\frac{(n-1)S^2}{\sigma^2}\right)=\frac{\sigma^2}{n-1}(n-1)=\sigma^2.$$

$$D(S^2)=D\left(\frac{\sigma^2}{n-1}\,\frac{(n-1)S^2}{\sigma^2}\right)=\frac{\sigma^4}{(n-1)^2}2(n-1)=\frac{2\sigma^4}{n-1}.$$

（2）$P\left(\dfrac{S^2}{\sigma^2}\leqslant 2.04\right)=P\left(\dfrac{15S^2}{\sigma^2}\leqslant 2.04\times 15\right)=P\left(\dfrac{15S^2}{\sigma^2}\leqslant 30.6\right)$

$$=1-P\left(\frac{15S^2}{\sigma^2}>30.6\right)=1-0.01=0.99.$$

【例 5.5】 设 X_1，X_2，$\cdots$，X_9 是来自正态总体 X 的简单随机样本，$Y_1=\dfrac{X_1+X_2+\cdots+X_6}{6}$，$Y_2=\dfrac{X_7+X_8+X_9}{3}$，$S^2=\dfrac{1}{2}\sum\limits_{i=7}^{9}(X_i-Y_2)$，$Z=\dfrac{\sqrt{2}\,(Y_1-Y_2)}{S}$，则 $Z\sim t\,(2)$.

证　设总体 $X\sim N\,(\mu,\,\sigma)$，$Y_1=\dfrac{1}{6}\sum\limits_{i=1}^{6}X_i\sim N\left(\mu,\,\dfrac{\sigma^2}{6}\right)$，$Y_2=\dfrac{1}{3}\sum\limits_{i=7}^{9}X_i\sim N\left(\mu,\,\dfrac{\sigma^2}{3}\right)$，

则

$$Y_1-Y_2\sim N\left(0,\,\frac{\sigma^2}{6}+\frac{\sigma^2}{3}\right),\quad 即\ Y_1-Y_2\sim N\left(0,\,\frac{\sigma^2}{2}\right).$$

标准化 $\dfrac{Y_1-Y_2}{\sigma/\sqrt{2}}=\dfrac{\sqrt{2}\,(Y_1-Y_2)}{\sigma}\sim N\,(0,\,1)$，又 $\dfrac{2S^2}{\sigma^2}\sim\chi^2\,(2)$，且 Y_1-Y_2 与 S^2 独立，所以

$$\frac{\sqrt{2}(Y_1-Y_2)}{\sigma}\Big/\sqrt{\frac{2S^2/2}{\sigma^2}}=\frac{\sqrt{2}(Y_1-Y_2)}{S}\sim t(2),\ \ \text{即}\ Z\sim t(2).$$

【例5.6】 假设某大学 A 的 MBA 毕业生的初始收入服从均值为 62000 美元、标准差为 14500 美元的正态分布，某大学 B 的 MBA 毕业生的初始收入也服从正态分布，其均值为 60000 美元，标准差为 18300 美元．如果随机选取 50 名 A 大学的 MBA 毕业生作样本和 60 名 B 大学的 MBA 毕业生作样本，则 A 大学毕业生初始收入的样本均值超过 B 大学毕业生的概率是多少？

解 需要确定 $P(\overline{X}_1-\overline{X}_2>0)$．可以知道 $\overline{X}_1-\overline{X}_2$ 服从正态分布，并且均值为

$$\mu_1-\mu_2=62000-60000=2000,$$

标准差为

$$\sqrt{\sigma_1^2/n_1+\sigma_2^2/n_2}=\sqrt{14500^2/50+18300^2/60}=3128,$$

将变量标准化，有

$$P(\overline{X}_1-\overline{X}_2>0)=P\left(\frac{(\overline{X}_1-\overline{X}_2)-(\mu_1-\mu_2)}{\sqrt{\sigma_1^2/n_1+\sigma_2^2/n_2}}>\frac{0-2000}{3128}\right)$$

$$=P\left(\frac{(\overline{X}_1-\overline{X}_2)-(\mu_1-\mu_2)}{\sqrt{\sigma_1^2/n_1+\sigma_2^2/n_2}}>-0.64\right)$$

$$=1-\Phi(-0.64)=\Phi(0.64)=0.7389.$$

则对于 50 名 A 大学毕业生的样本和 60 名 B 大学毕业生的样本来说，A 大学毕业生初始收入的样本均值超过 B 大学毕业生样本均值的概率为 73.89%．注意，即使 A 大学毕业生的总体均值比 B 大学毕业生多 2000 美元，仍有 26.11% 的概率使 B 大学毕业生初始收入的样本均值大于 A 大学毕业生．

本章小结

在数理统计学中我们总是从所要研究的对象全体中进行观测或试验以取得部分数据，这称之为从总体中进行抽样，从抽取的样本观测值中提取有用的信息，构造出已知分布的统计量，对研究对象的客观规律做出种种合理的估计和推断．本章首先提出了数理统计的两个基本概念：总体和样本，然后基于样本提出统计量的概念，建立常用统计量的分布，为后续的课程内容做准备．

本章学习要点：

1. 理解数理统计的两个基本概念：总体和样本，以及与这两个基本概念相关的统计基本思想和样本分布．

2. 熟练掌握样本数据整理与显示的常用方法，掌握求经验分布函数的方法，会用直方图求频率分布．

3. 理解数理统计的基本概念：统计量，熟练掌握样本均值、样本方差、样本原点矩、样本中心矩等常用统计量的计算公式．

4. 掌握三大抽样分布 $\chi^2(n)$-分布、$t(n)$-分布、$F(m,n)$-分布的构造方法及其性质．

习题 5

1. 若总体 $X \sim N(\mu, \sigma^2)$，其中 σ^2 已知，但 μ 未知，而 $X_1, X_2, \cdots, X_n$ 为它的一个简单随机样本，试指出下列量中哪些是统计量，哪些不是统计量.

$$(1)\ \frac{1}{n}\sum_{i=1}^{n} X_i; \qquad (2)\ \frac{1}{n}\sum_{i=1}^{n}(X_i-\mu)^2; \qquad (3)\ \frac{1}{n}\sum_{i=1}^{n}(X_i-\overline{X})^2;$$

$$(4)\ \frac{\overline{X}-3}{\sigma}\sqrt{n}; \qquad (5)\ \frac{\overline{X}-\mu}{\sigma}\sqrt{n}; \qquad (6)\ \frac{\overline{X}-5}{\sqrt{\dfrac{1}{n(n-1)}\sum_{i=1}^{n}(X_i-\overline{X})^2}}.$$

2. 假定从某集团公司中反复抽取 30 名经理作为一个简单随机样本，每次都计算出一个样本均值 $\overline{X}$，直到获得 500 个由 30 名经理组成的样本为止，500 个 $\overline{X}$ 值的频数和相对频数分布列于表 5.5.

表 5.5　500 个样本均值的频数和相对频数

平均年薪/美元	频数	相对频数
49500.00～49999.99	2	0.004
50000.00～50499.99	16	0.032
50500.00～50999.99	52	0.104
51000.00～51499.99	101	0.202
51500.00～51999.99	133	0.266
52000.00～52499.99	110	0.220
52500.00～52999.99	54	0.108
53000.00～53499.99	26	0.052
53500.00～53999.99	6	0.012
合计	500	1.000

试画出 $\overline{x}$ 值相对频数直方图.

3. 总体 X 的容量为 100 的样本观察值见表 5.6.

表 5.6　100 个样本观察值

15	20	15	20	25	25	30	15	30	25
15	30	25	35	30	35	20	35	30	25
20	30	20	25	35	30	25	20	30	25
35	25	15	25	35	25	25	30	35	25
35	20	30	30	15	30	40	30	40	15
25	40	20	25	20	15	20	25	25	40
25	25	40	35	25	30	20	35	20	15
35	25	25	30	25	30	25	30	43	25
43	22	20	23	20	25	15	25	20	25
30	43	35	45	30	45	30	45	45	35

作总体 X 的直方图.

4. 设随机变量 $X \sim N(2, 1)$，随机变量 Y_1、Y_2、Y_3、Y_4 均服从 $N(0, 4)$，且 X、Y_i $(i=1, 2, 3, 4)$ 都相互独立，令 $T = \dfrac{4(X-2)}{\sqrt{\sum\limits_{i=1}^{4} Y_i^2}}$，试求 T 的分布，并确定 t_0 的值，使 $P(|T| > t_0) = 0.01$.

5. 设总体 $X \sim N(0, 1)$，X_1，X_2，$\cdots$，X_5 是 X 的一个样本，求常数 C，使统计量 $\dfrac{C(X_1 + X_2)}{\sqrt{X_3^2 + X_4^2 + X_5^2}}$ 服从 t 分布.

6. 设 $X \sim N(\mu, \sigma^2)$，X_1，X_2，$\cdots$，X_n 是取自总体的简单随机样本，$\overline{X}$ 为样本均值，问下列统计量：(1) $\dfrac{nS_n^2}{\sigma^2}$，(2) $\dfrac{\overline{X} - \mu}{S_n / \sqrt{n-1}}$，(3) $\dfrac{1}{\sigma^2} \sum\limits_{i=1}^{n} (X_i - \mu)^2$ 各服从什么分布？

7. 设 X_1，X_2，$\cdots$，X_{15} 是总体 $N(0, \sigma^2)$ 的一个样本，求 $Y = \dfrac{X_1^2 + X_2^2 + \cdots + X_{10}^2}{2(X_{11}^2 + X_{12}^2 + \cdots + X_{15}^2)}$ 的分布.

8. 由附表 6 查下列各值：$\chi_{0.05}^2(20)$，$\chi_{0.95}^2(20)$，$t_{0.01}(10)$，$F_{0.05}(12, 15)$，$F_{0.95}(15, 12)$，$U_{0.1}$.

9. 设 X_1，$\cdots$，X_n，X_{n+1}，$\cdots$，X_{n+m} 是服从分布 $N(0, \sigma^2)$ 的容量为 $n+m$ 的样本，试求下列统计量的分布.

$$(1)\ Y_1 = \frac{\sqrt{m} \sum\limits_{i=1}^{n} X_i}{\sqrt{n} \sqrt{\sum\limits_{i=n+1}^{n+m} X_i^2}}\ ; \qquad (2)\ Y_2 = \frac{m \sum\limits_{i=1}^{n} X_i^2}{n \sum\limits_{i=n+1}^{n+m} X_i^2}\ .$$

10. 设总体 $X \sim N(\mu, 4)$，X_1，X_2，$\cdots$，X_n 是取自总体的简单随机样本，$\overline{X}$ 为样本均值. 问样本容量 n 取多大时，有

(1) $E(|\overline{X} - \mu|^2) \leqslant 0.1$；

(2) $P(|\overline{X} - \mu| \leqslant 0.1) \geqslant 0.95$.

11. 设总体 $X \sim N(\mu, \sigma^2)$，抽取容量为 20 的样本 X_1，X_2，$\cdots$，X_{20}，求：

(1) $P\left\{10.9 \leqslant \dfrac{1}{\sigma^2} \sum\limits_{i=1}^{20} (X_i - \mu)^2 \leqslant 37.6\right\}$；

(2) $P\left\{11.7 \leqslant \dfrac{1}{\sigma^2} \sum\limits_{i=1}^{20} (X_i - \overline{X})^2 \leqslant 38.6\right\}$.

12. 设总体 X 与 Y 相互独立，且都服从正态总体分布 $N(30, 3^2)$，X_1，X_2，$\cdots$，X_{20} 和 Y_1，Y_2，$\cdots$，Y_{25} 是分别来自 X 和 Y 的样本，求 $|\overline{X} - \overline{Y}| > 0.4$ 的概率.

第 6 章　参数估计

统计推断是利用样本推断总体，是数理统计的核心内容. 由于样本的随机性，这种推断一般不能给出完全精确和可靠的结论，所以其目标是尽量利用样本信息，对总体作出较高精确和可靠的推断. 统计推断包含参数估计和假设检验两种类型. 如果总体的分布类型已知，含未知参数，由样本统计量对总体的未知参数作出估计，这就是参数估计. 参数估计主要包括参数的点估计和区间估计.

6.1　点估计

假设总体包含未知参数 θ，$(X_1，X_2，\cdots，X_n)$ 是从该总体抽取的一个样本，依据合理的原理构造统计量 $T=T(X_1，X_2，\cdots，X_n)$，以此作为参数 θ 的估计，那么这个统计量 T 就是 θ 的一个估计量或点估计量，常常用 $\hat{\theta}$ 表示 θ 的点估计；若 $x_1，x_2，\cdots，x_n$ 是样本 $(X_1，X_2，\cdots，X_n)$ 的观测值，计算出统计量的观测值 $t=T(x_1，x_2，\cdots，x_n)$ 就是 θ 的一个点估计值，即用 $t=T(x_1，x_2，\cdots，x_n)$ 这一具体数值近似（代替）未知参数 θ 的真实值，这也是点估计名称的由来.

如果总体分布 $f(x)$ 依赖的参数有 k 个，即含参数向量 $\boldsymbol{\theta}=(\theta_1，\theta_2，\cdots，\theta_k)$，$f(x；\boldsymbol{\theta})=f(x；\theta_1，\theta_2，\cdots，\theta_k)$，则需要构造 k 个统计量 $u_1=u_1(X_1，X_2，\cdots，X_n)$，$\cdots$，$u_k=u_k(X_1，X_2，\cdots，X_n)$ 分别作为 $\theta_1，\theta_2，\cdots，\theta_n$ 的点估计量.

利用不同的原理和思想，可以得到不同的点估计方法，常用的有矩估计法和极大似然估计法. 另外，在统计模型中最小二乘估计也很常见，我们将在第 8 章回归分析中介绍.

6.1.1　矩估计法

矩估计法是英国统计学家 K. Pearson 提出的. 其基本思想是：总体分布所含的参数一般都是总体矩的函数，如二项分布 $X\sim B(n，p)$ 中的参数 p 是总体随机变量 X 的一阶原点矩（即数学期望）的 n 分之一，即 $p=E(X)/n$（因为 $E(X)=np$），正态分布 $N(\mu，\sigma^2)$ 中的参数 μ 和 σ^2 分别是该分布的一阶原点矩和二阶中心矩. 由于样本来源于总体，样本矩在一定程度上反映了总体矩，又由大数定律知样本矩依概率收敛到总体矩，因此可以用样本矩来估计相应的总体矩，从而得到总体分布的参数的估计，这种估计方法称为矩估计法.

只要总体的 k 阶矩存在，就可以用矩估计来估计总体参数. 矩估计法简单、直观，而且不必知道总体的分布类型，所以矩估计法得到了较多的应用，但目前它的应用不如极大似然估计法广泛. 矩估计法也有自身的局限性，如它要求总体的 k 阶原点矩存在，否则无法应用. 它不考虑总体分布类型，这既有有利的一面，也有不利的一面，如果研究者并不清楚所研究现象的分布，应用矩估计可以得到比较可靠的结果，但是如果总体的分布类型已知，由于它没有充分利用总体分布函数提供的信息，所以得到的结果并不比极大似然估计法准确.

设总体 X 的概率密度 $f(x; \theta_1, \theta_2, \cdots, \theta_s)$ 已知，其中 $(\theta_1, \theta_2, \cdots, \theta_s) \in \Theta$ 是 s 个未知参数. $(X_1, X_2, \cdots, X_n)$ 是取自总体 X 的一个样本，假设 X 的 k 阶矩 $E(X^k)$ 存在，且是 $\theta_1, \theta_2, \cdots, \theta_s$ 的函数 $h_k(\theta_1, \theta_2, \cdots, \theta_s)$. 样本的 k 阶矩为 $\overline{X^k} = \frac{1}{n} \sum_{i=1}^{n} X_i^k$. 令

$$h_k(\theta_1, \theta_2, \cdots, \theta_s) = E(X^k) = \overline{X^k}, \quad k = 1, 2, \cdots, s, \tag{6.1.1}$$

解这 s 个方程所组成的方程组就可以得到 $\theta_1, \theta_2, \cdots, \theta_s$ 的一组解 $\hat{\theta}_k = \hat{\theta}_k(X_1, X_2, \cdots, X_n)$，$k = 1, 2, \cdots, s$，这就是 $\theta_1, \theta_2, \cdots, \theta_s$ 的矩估计. 下面通过几个简单的例子说明这一过程.

【例 6.1】 设样本 $X_1, X_2, \cdots, X_n$ 取自均匀分布总体 $U(0, \theta)$，即 $f(x, \theta) = \begin{cases} 1/\theta, & 0 < x < \theta, \\ 0, & 其他, \end{cases}$ 试求 θ 的矩估计量.

解 因为 $$E(X) = \int_{-\infty}^{+\infty} x f(x, \theta) \mathrm{d}x = \frac{1}{\theta} \int_0^{\theta} x \mathrm{d}x = \frac{\theta}{2},$$

由矩估计法，$\frac{\theta}{2} = E(X) = \overline{X}$，解得 θ 的矩估计量为 $\hat{\theta} = 2\overline{X}$.

【例 6.2】 设总体 X 服从正态分布 $N(\mu, \sigma^2)$，求总体参数 μ 和 σ^2 的矩估计.

解 先计算总体的一阶原点矩 $E(X)$ 和二阶原点矩 $E(X^2)$，可得

$$E(X) = \int_{-\infty}^{+\infty} x \cdot \frac{1}{\sqrt{2\pi}\sigma} \mathrm{e}^{-\frac{(x-\mu)^2}{2\sigma^2}} \mathrm{d}x = \mu, \quad E(X^2) = \int_{-\infty}^{+\infty} x^2 \cdot \frac{1}{\sqrt{2\pi}\sigma} \mathrm{e}^{-\frac{(x-\mu)^2}{2\sigma^2}} \mathrm{d}x = \sigma^2 + \mu^2,$$

根据矩估计原理有

$$\mu = \overline{X}, \quad \sigma^2 + \mu^2 = \frac{1}{n} \sum_{i=1}^{n} X_i^2,$$

解得总体参数 μ 和 σ^2 的矩估计为

$$\hat{\mu} = \overline{X}, \quad \hat{\sigma}^2 = \frac{1}{n} \sum_{i=1}^{n} (X_i - \overline{X})^2 = S_n^2.$$

注： 也可直接由总体的一阶原点矩 $E(X)$ 和二阶中心矩 $D(X)$ 根据矩估计原理列出方程组，令总体的期望等于样本均值，总体的方差等于样本方差：$E(X) = \mu = \overline{X}$，$D(X) = \sigma^2 = S_n^2$，同样解得总体参数 μ 和 σ^2 的矩估计为 $\hat{\mu} = \overline{X}$，$\hat{\sigma}^2 = S_n^2$.

【例 6.3】 设总体 X 的分布密度为

$$f(x, \lambda) = \begin{cases} \lambda \mathrm{e}^{-\lambda x}, & x > 0, \\ 0, & x \leqslant 0, \end{cases}$$

现从总体中随机抽取 10 个个体 $X_1, X_2, \cdots, X_{10}$，经过测试得到样本的观测值如下：1050，1100，1080，1120，1200，1250，1040，1130，1300，1200. 试用矩估计法求参数 λ 的估计值.

解　因为 $E(X) = \int_{-\infty}^{+\infty} x f(x, \lambda)\,\mathrm{d}x = \int_{0}^{+\infty} \lambda x\,\mathrm{e}^{-\lambda x}\,\mathrm{d}x = \dfrac{1}{\lambda}$，由矩估计法列方程：$\dfrac{1}{\lambda} = \overline{X}$，解得 $\hat{\lambda} = \dfrac{1}{\overline{X}}$，代入样本观测值得 $\overline{x} = \dfrac{1}{10}\sum_{i=1}^{10} x_i = 1147$．即 λ 的矩估计值为 $\hat{\lambda} = \dfrac{1}{1147}$．

6.1.2　极大似然估计法

极大似然估计法是求总体分布参数估计的另一常用方法，最早是由高斯（C. F. Gauss）提出，费歇（R. A. Fisher）在其 1912 的文章中重新提出，并证明了该方法的一些重要性质，给出了现在所用的这个名字．极大似然估计建立在极大似然原理的基础上，目前它的应用比矩估计要广泛得多．

极大似然原理的基本思想是：设总体分布的函数形式已知，但有未知参数 θ，$\theta \in \Theta$ 可以取很多值，在一次抽样中，获得了样本 X_1，X_2，$\cdots$，X_n 的一组观测值 x_1，x_2，$\cdots$，x_n，则认为 θ 的真实值应是 θ 的全部可能取值中使这组样本观测值出现的概率最大的那个值，以此作为 θ 的估计，记作 $\hat{\theta}_{\mathrm{ML}}$，称为 θ 的**极大似然估计**，这种求估计的方法称为极大似然估计法．

设 X_1，X_2，$\cdots$，X_n 是来自具有概率函数 $f(x; \theta)$，$\theta \in \Theta$ 的总体 X 的一个样本，样本 $(X_1, X_2, \cdots, X_n)$ 的联合概率函数为

$$f(x_1; \theta) f(x_2; \theta) \cdots f(x_n; \theta) = \prod_{i=1}^{n} f(x_i; \theta).$$

在一次抽样中，样本 X_1，X_2，$\cdots$，X_n 的一组观测值为 x_1，x_2，$\cdots$，x_n，它们是已知的数值，此时上述函数就只是关于未知参数 θ 的函数了，称其为样本的**似然函数**，记作

$$L(\theta) = f(x_1; \theta) f(x_2; \theta) \cdots f(x_n; \theta) = \prod_{i=1}^{n} f(x_i; \theta). \tag{6.1.2}$$

似然函数实际上就是样本的联合概率函数，只是我们把其中的 θ 看作是未知量，而把 x_1，x_2，$\cdots$，x_n 看作是已知数而已．根据极大似然原理：θ 的极大似然估计应是 θ 的全部可能取值中使样本观察值出现概率最大的那个值，就是要寻找使得似然函数 $L(\theta)$ 达到最大的那个 θ 值，即

$$L(\hat{\theta}; x_1, x_2, \cdots, x_n) = \max_{\theta \in \Theta} L(\theta; x_1, x_2, \cdots, x_n).$$

满足上式的 $\hat{\theta}(x_1, x_2, \cdots, x_n)$ 就是最可能使得 x_1，x_2，$\cdots$，x_n 出现的 θ 的值．$\hat{\theta}(x_1, x_2, \cdots, x_n)$ 称为参数 θ 的**极大似然估计值**，相应的统计量 $\hat{\theta}(X_1, X_2, \cdots, X_n)$ 称作它的**极大似然估计量**．

求总体参数 θ 的极大似然估计问题，就是求似然函数 $L(\theta)$ 的最大值问题．若似然函数 $L(\theta)$ 关于 $\theta = (\theta_1, \theta_2, \cdots, \theta_s)$ 有连续偏导数，则极大似然估计 $\hat{\theta} = (\hat{\theta}_1, \hat{\theta}_2, \cdots, \hat{\theta}_s)$ 一般可由方程组

$$\frac{\partial L(\theta)}{\partial \theta_i} = 0, \; i = 1, 2, \cdots, s$$

解得．又由于 $L(\theta)$ 与 $\ln L(\theta)$ 极大值点相同，为求导方便，一般先取对数再求导．等价地，极大似然估计 $\hat{\theta} = (\hat{\theta}_1, \hat{\theta}_2, \cdots, \hat{\theta}_s)$ 可由方程组

$$\frac{\partial \ln L(\theta)}{\partial \theta_i} = 0, \ i = 1, \ 2, \ \cdots, \ s$$

解得. 以上两式称为似然方程.

下面离散型总体的例子很好地阐明了极大似然估计的思想.

【例 6.4】 某种产品的质量 X 服从两点分布 $B(1, p)$，这里 $0 < p < 1$ 是产品质量的合格率. 以"$X=1$"表示产品质量合格，"$X=0$"表示产品的质量不合格. 现从总体中抽取了一个样本 $X_1, X_2, \cdots, X_n$，试求产品质量合格率 p 的极大似然估计.

解 X_i 的概率函数是 $P(X_i = x_i) = f(x_i; p) = p^{x_i}(1-p)^{1-x_i}$，　$x_i = 0, \ 1$，则样本的似然函数为

$$L(p) = P(X_1 = x_1, X_2 = x_2, \cdots, X_n = x_n) = \prod_{i=1}^{n} f(x_i, p)$$

$$= p^{x_1}(1-p)^{1-x_1} p^{x_2}(1-p)^{1-x_2} \cdots p^{x_n}(1-p)^{1-x_n}$$

$$= p^{\sum x_i}(1-p)^{n-\sum x_i}.$$

为了求使得 $L(p)$ 达到最大值的 p 的值，注意到对数函数 $g(x) = \ln(x)$ 是 x 的单调递增函数，只需求使得 $\ln(L(p))$ 的极大值点即得 p 的极大似然估计. 所以

$$\ln(L(p)) = \sum x_i \ln p + (n - \sum x_i)\ln(1-p),$$

两边对 p 求导数，并令其等于 0 得

$$\frac{\mathrm{d}\ln(L(p))}{\mathrm{d}p} = \frac{\sum x_i}{p} - \frac{n - \sum x_i}{1-p} = 0,$$

解得 $\hat{p} = \dfrac{1}{n}\sum_{i=1}^{n} x_i = \bar{x}$，容易判断它使得 $L(p)$ 达到最大，所以 p 的极大似然估计值为 $\hat{p}_{\mathrm{ML}} = \bar{x}$，相应的统计量 $\hat{p}_{\mathrm{ML}} = \dfrac{1}{n}\sum_{i=1}^{n} X_i = \bar{X}$ 就是 p 的极大似然估计量.

【例 6.5】 设总体 X 服从 $[0, \theta]$ 上的均匀分布，θ 未知，设 $X_1, X_2, \cdots, X_n$ 为总体 X 的样本. 求参数 θ 的极大似然估计 $\hat{\theta}_{\mathrm{ML}}$.

解 设 $x_1, x_2, \cdots, x_n$ 为样本的一组观测值，从而似然函数为

$$L(x_1, x_2, \cdots, x_n; \theta) = \begin{cases} \dfrac{1}{\theta^n} & 0 \leqslant x_i \leqslant \theta, \ i = 1, \ 2, \ \cdots, \ n, \\ 0 & \text{其他.} \end{cases}$$

要使 $L(x_1, x_2, \cdots, x_n; \theta)$ 达到最大，应使 $L(x_1, x_2, \cdots, x_n; \theta) > 0$ 并且 $0 \leqslant x_i \leqslant \theta$，$i = 1, \ 2, \ \cdots, \ n$. 当 $\theta = x_{(n)}$ 时，$\dfrac{1}{\theta^n}$ 达到最大，因此 θ 的极大似然估计值为 $\hat{\theta}_{\mathrm{ML}} = x_{(n)}$. 于是 θ 的极大似然估计量为 $\hat{\theta}_{\mathrm{ML}} = X_{(n)}$.

如果总体分布含有多个未知参数 $\theta_1, \theta_2, \cdots, \theta_s$，则只需将上述过程中似然函数或对数似然函数对 θ 求导改为对 $\theta_1, \theta_2, \cdots, \theta_s$ 分别求偏导，并令其等于 0，得到 s 个方程，解这个方程组即可.

【例 6.6】 设总体 X 服从正态分布 $N(\mu, \sigma^2)$，求总体参数 μ 和 σ^2 的极大似然估计.

解 设 $x_1, x_2, \cdots, x_n$ 为样本的一组观测值，从而似然函数为

$$L(x_1, x_2, \cdots x_n; \mu, \sigma^2) = \prod_{i=1}^{n} \frac{1}{\sqrt{2\pi}\,\sigma} e^{-\frac{(x_i-\mu)^2}{2\sigma^2}}$$

$$= (2\pi\sigma^2)^{-n/2} \exp\left\{ -\frac{1}{2\sigma^2} \sum_{i=1}^{n} (x_i - \mu)^2 \right\},$$

两边取对数，然后对参数 μ 和 σ^2 求偏导并令其为 0，得方程组：

$$\begin{cases} \dfrac{\partial \ln L(\mu, \sigma^2)}{\partial \mu} = \dfrac{1}{\sigma^2} \sum_{i=1}^{n} (x_i - \mu) = 0, \\[3mm] \dfrac{\partial \ln L(\mu, \sigma^2)}{\partial \sigma^2} = -\dfrac{n}{2\sigma^2} + \dfrac{1}{2\sigma^4} \sum_{i=1}^{n} (x_i - \mu)^2 = 0, \end{cases}$$

解得

$$\hat{\mu} = \bar{x}, \quad \hat{\sigma}^2 = \frac{1}{n} \sum_{i=1}^{n} (x_i - \bar{x})^2.$$

于是总体参数 μ 和 σ^2 的极大似然估计量为

$$\hat{\mu}_{\mathrm{ML}} = \bar{X}, \quad \hat{\sigma}^2_{\mathrm{ML}} = \frac{1}{n} \sum_{i=1}^{n} (X_i - \bar{X})^2 = S_n^2.$$

结果显示正态总体参数 μ 和 σ^2 的极大似然估计与矩估计相同.

6.2　点估计量的评价标准

总体参数的估计量往往会有多个，我们总希望选择"较好"的估计量来对未知参数作出推断，如何判断一个估计量"好"还是"不好"呢？"好"的标准是什么？一般来说有三个基本标准，可以从这三个方面进行考虑，满足这些标准的估计量通常被认为是"好"的估计量.

6.2.1　无偏性

设 $\hat{\theta}$ 是总体参数 θ 的一个估计量，无偏性的直观意义是说用 $\hat{\theta}$ 作为 θ 的估计没有系统性误差，只有随机性误差，即估计量 $\hat{\theta}$ 只是在 θ 的两边随机地波动. 在一次抽样中，无从知道 $\hat{\theta}$ 和 θ 之间的偏差有多大，但如果大量抽样，由这些样本计算得到的 $\hat{\theta}$ 值的平均值等于总体参数，即在平均意义上，$\hat{\theta}$ 集中在 θ，这是估计量所应具有的一种良好性质，称为**估计的无偏性**. 这一准则在任意样本容量的情况下评价估计量都适用. 下面给出它的严格定义.

定义 6.1　设 $\hat{\theta} = \hat{\theta}(X_1, X_2, \cdots, X_n)$ 是总体 X 的概率函数 $f(x; \theta)$，$\theta \in \Theta$ 的未知参数 θ 的一个估计量，若对所有的 $\theta \in \Theta$，都有 $E[\hat{\theta}(X_1, X_2, \cdots, X_n)] = \theta$，则称 $\hat{\theta}(X_1, X_2, \cdots, X_n)$ 是 θ 的**无偏估计**，否则就称为是 θ 的**有偏估计**.

例如，总体均值 $\mu = E(X)$ 的矩估计是 $\hat{\mu} = \bar{X}$，即 $E(\hat{\mu}) = E(\bar{X}) = \mu$. 一般地，$k$ 阶样本原点矩 $\overline{X^k}$ 是总体 k 阶原点矩 $E(X^k)$ 的无偏估计.

有没有有偏估计量呢？根据矩估计理论知，样本中心二阶矩 $S_n^2 = \dfrac{1}{n} \sum_{i=1}^{n} (X_i - \bar{X})^2$ 是

总体方差 $\sigma^2 = D(X)$ 的矩估计，但是它并不是总体方差的无偏估计，这是因为 $E\left[\dfrac{1}{n-1}\sum\limits_{i=1}^{n}(X_i-\bar{X})^2\right]=\sigma^2$，所以 $E(S_n^2)=E\left[\dfrac{1}{n}\sum\limits_{i=1}^{n}(X_i-\bar{X})^2\right]=\dfrac{n-1}{n}\sigma^2$. 由此可知，修正的样本方差 $S^2=\dfrac{1}{n-1}\sum\limits_{i=1}^{n}(X_i-\bar{X})^2$ 是总体方差的无偏估计.

6.2.2　一致性

当样本容量 n 充分大时，参数的估计量与总体参数的真实值的差的绝对值小于任意正数 ε 的概率趋于 1，即随着 n 的无限增大，参数的估计量与未知的总体参数很接近的可能性非常大. 这种性质的准确表述如下.

定义 6.2　若对任意的 $\varepsilon>0$，都有 $\lim\limits_{n\to\infty}P(|\hat{\theta}_n-\theta|<\varepsilon)=1$ 成立，则称 $\hat{\theta}_n$ 为 θ 的一致估计，也称为相合估计. 对于同一个待估参数 θ 可以构造许多估计量，但并不是每一个估计量都具有上述性质. 根据大数定律可知：对于任意给定的正数 ε，有

$$\lim_{n\to\infty}P(|\bar{X}-\mu|<\varepsilon)=1.$$

上式表明，当样本容量比较大时，样本均值是总体均值的一致估计量；同理，样本方差也是总体方差的一致估计量.

6.2.3　有效性

同一个总体参数，往往会有多个估计量. 同一个总体参数，如果有两个无偏估计（用不同的估计方法得到），则方差小的那个无偏估计更有效.

定义 6.3　假设 $\hat{\theta}_1$ 和 $\hat{\theta}_2$ 是总体参数 θ 的两个无偏估计量，如果

$$D(\hat{\theta}_1)\leqslant D(\hat{\theta}_2),$$

则称 $\hat{\theta}_1$ 比 $\hat{\theta}_2$ 更有效；如果一个无偏估计量 $\hat{\theta}_1$ 在所有无偏估计量中方差最小，即对 θ 的任意一个无偏估计量 $\hat{\theta}$，有

$$D(\hat{\theta}_1)\leqslant D(\hat{\theta}),$$

则称 $\hat{\theta}_1$ 是 θ 的有效估计，这里 $\hat{\theta}$ 为任意一个无偏估计量.

显然，如果某总体参数具有两个不同的无偏估计量，希望确定哪一个是更有效的估计量，自然应该选择标准差小的那个. 估计量的标准差愈小，根据它推断出接近于总体参数估计的值的机会愈大. 可以证明：样本平均数推断总体平均数均能满足优良估计的三条标准. 值得注意的是，在无偏估计族中才谈估计的有效性，有偏估计不涉及这一性质.

6.3　区间估计

估计量是随机变量，估计值是具体数值，估计量常用于理论研究，估计值多用于实际应用和计算. 估计值 $\hat{\theta}$ 虽然给人一个明确的数量概念，但还是不够的，因为它只是参数 θ 的一种近似值，而点估计本身既没有反映这种近似的精确度，又没有体现误差范围以及在该误差范围内的可能性（即概率）. 解决点估计的这一问题的一种方法是区间估计.

6.3.1　总体参数的区间估计的概念和基本思想

假设 $f(x；\theta)$ 是总体 X 的概率函数，这里 θ 是总体 X 的未知参数（本书中仅仅考虑 θ 是一维的情况），X_1，X_2，$\cdots$，X_n 是来自该总体的一个样本，x_1，x_2，$\cdots$，x_n 是样本的一组观测值. 利用前面介绍的点估计方法可以得到未知参数 θ 的一个具体的估计值 $\hat\theta$，现在考虑 $\hat\theta$ 与未知的 θ 的靠近程度，以及相应的可靠程度（用概率表示）. 如果对于事先给定的 α（通常 α 是大于 0 小于 1 的一个较小的数，如 0.05、0.01 等），存在两个统计量 $\theta_{\mathrm{L}}(X_1$，X_2，$\cdots$，$X_n)$ 和 $\theta_{\mathrm{U}}(X_1$，X_2，$\cdots$，$X_n)$，使得

$$P(\theta_{\mathrm{L}}(X_1，X_2，\cdots，X_n)<\theta<\theta_{\mathrm{U}}(X_1，X_2，\cdots，X_n))=1-\alpha，\qquad(6.3.1)$$

则称 $(\theta_{\mathrm{L}}$，$\theta_{\mathrm{U}})$ 为参数 θ 的**置信度**为 $1-\alpha$ 的置信区间（confidence interval），这类置信区间也称为**双侧置信区间**，θ_{L} 和 θ_{U} 分别称为置信水平 $1-\alpha$ 的**置信下限**和**置信上限**；$1-\alpha$ 称为**置信水平**（confidence level）或**置信系数**（confidence coefficient）.

由上述定义知道，对于样本，置信区间 $(\theta_{\mathrm{L}}$，$\theta_{\mathrm{U}})$ 是一个随机区间，它的两个端点都是不依赖未知参数 θ 的随机变量，该随机区间可能包含参数 θ，也可能不包含参数 θ. 定义中式（6.3.1）表示随机区间 $(\theta_{\mathrm{L}}$，$\theta_{\mathrm{U}})$ 包含未知参数 θ 的概率为 $1-\alpha$；它的另一直观含意是在大量多次抽样下，由于每次抽到的样本一般不会完全相同，用同样的方法构造置信水平为 $1-\alpha$ 的置信区间，将得到许多不同区间 $(\theta_{\mathrm{L}}(x_1，x_2，\cdots，x_n)$，$\theta_{\mathrm{U}}(x_1，x_2，\cdots，x_n))$，这些区间中大约有 $100(1-\alpha)\%$ 的区间包含未知参数 θ 的真值，大约有 $100\alpha\%$ 的区间不包含参数 θ 的真值. 但是在实际问题中，往往只有一个具体的样本，即样本的一次观测值，根据这个实际样本数据做区间估计，代入置信区间公式得到一个具体的、固定的区间 $(\theta_{\mathrm{L}}(x_1，x_2，\cdots，x_n)$，$\theta_{\mathrm{U}}(x_1，x_2，\cdots，x_n))$，比如 $(495，506)$，不再是随机区间，其两个端点是两个具体的数，这个区间要么包含参数 θ 的真值，要么不包含 θ 的真值，根本不存在这个具体区间"可能包含 θ 的真值""可能不包含 θ 的真值"问题，因此不能说"某具体区间 $(\theta_{\mathrm{L}}(x_1，x_2，\cdots，x_n)$，$\theta_{\mathrm{U}}(x_1，x_2，\cdots，x_n))$ 包含参数 θ 的概率是 $1-\alpha$"；但这个具体区间到底包含还是不包含参数 θ，我们无法知道；然而根据大数定律，我们宁愿相信这个区间是包含未知参数 θ 的那 $100(1-\alpha)\%$ 区间中的一个. 所以区间 $(\theta_{\mathrm{L}}(x_1，x_2，\cdots，x_n)$，$\theta_{\mathrm{U}}(x_1，x_2，\cdots，x_n))$ 属于包含未知参数的区间类的置信度（水平）是 $1-\alpha$，之所以用置信度主要是突出它与概率概念的不同. 以上是频率学派的观点. 在现代贝叶斯学派的研究者看来，既然参数 θ 是未知的，当然也可以看作随机变量，说"参数 θ 落入某具体区间 $(\theta_{\mathrm{L}}(x_1，x_2，\cdots，x_n)$，$\theta_{\mathrm{U}}(x_1，x_2，\cdots，x_n))$ 的概率是 $1-\alpha$"或"某具体区间 $(\theta_{\mathrm{L}}(x_1，x_2，\cdots，x_n)$，$\theta_{\mathrm{U}}(x_1，x_2，\cdots，x_n))$ 包含参数 θ 的概率是 $1-\alpha$"也是有意义的，但频率学派不认同这种说法.

置信区间越小，说明估计的精度越高，即我们对未知参数的了解越多、越具体；置信水平越大，估计可靠性就越大. 一般说来，在样本容量一定的前提下，精度与置信度往往是相互矛盾的；若置信水平增加，则置信区间必然增大，降低了精度；若精度提高，则区间缩小，置信水平必然减小. 要同时提高估计的置信水平和精度，就要增加样本容量.

置信区间的构造或区间估计和第 7 章的假设检验关系密切，两者有着对偶的关系，只要有一种假设检验就可以根据该假设检验构造相应的置信区间，反之亦然；另外置信区间

的构建往往要借助于未知参数点估计或其函数的抽样分布来进行.

构造位置参数 θ 的置信区间的一般步骤如下.

（1）寻找样本 X_1，X_2，$\cdots X_n$ 的一个函数 $u(X_1，X_2，\cdots，X_n；\theta)$，通常称为枢轴量 （pivotal），它只含待估的未知参数 θ，不含其他任何未知参数，并且 $u(X_1，X_2，\cdots，X_n；\theta)$ 的分布要已知但不含任何未知参数 （当然也不包含待估参数 θ），在很多情况下，$u(X_1，X_2，\cdots，X_n；\theta)$ 可以从 θ 的点估计经过变换获得.

（2）对给定的置信水平 $1-\alpha$，由 $u(X_1，X_2，\cdots，X_n；\theta)$ 的抽样分布确定分位点. 由于枢轴量 $u(X_1，X_2，\cdots，X_n；\theta)$ 的分布已知 （多数情况下都是常见分布）且不含任何未知参数，因此它的分位点可以计算出来 （通过查表或利用统计分析软件）.

（3）通过不等式变形，即可求出未知参数 θ 的置信水平为 $1-\alpha$ 的置信区间.

上述过程中，比较困难的是第一步，如何选择满足条件的枢轴量，并且确定出其分布. 下面先就一维未知参数介绍常见的置信区间.

6.3.2　单个正态总体均值与方差的区间估计

我们将分两种情况按照上面的步骤介绍正态总体均值的置信区间，一是总体方差已知，二是总体方差未知.

1. 正态总体方差 σ^2 已知

设样本 X_1，X_2，$\cdots$，X_n 来自正态总体 $N(\mu，\sigma^2)$，这里 σ^2 已知，总体均值 μ 未知，如何求总体均值 μ 的置信水平为 $1-\alpha$ 的置信区间？

注意到 $\overline{X}$ 是均值 μ 的点估计，由此构造枢轴量 $U=\dfrac{\overline{X}-\mu}{\sigma/\sqrt{n}}$，它是样本和未知参数 μ 的函数，除了包含未知参数 μ 以外，不再含任何其他未知变量，更重要的是，由上一章的知识可知此枢轴量 U 服从标准正态分布 $N(0，1)$，只要给定概率 $1-\alpha$ （置信水平），很容易就可以通过查标准正态分布表 （附表 3）或用软件计算出其分位点 $u_{\frac{\alpha}{2}}$，使得 $P(|U|<u_{\frac{\alpha}{2}})=1-\alpha$，即

$$P\left(\left|\frac{\overline{X}-\mu}{\sigma/\sqrt{n}}\right|<u_{\frac{\alpha}{2}}\right)=1-\alpha，$$

通过变形得

$$P\left(\overline{X}-u_{\frac{\alpha}{2}}\frac{\sigma}{\sqrt{n}}<\mu<\overline{X}+u_{\frac{\alpha}{2}}\frac{\sigma}{\sqrt{n}}\right)=1-\alpha. \tag{6.3.2}$$

把式 （6.3.2）与式 （6.3.1）比较可知，$\left(\overline{X}-u_{\frac{\alpha}{2}}\dfrac{\sigma}{\sqrt{n}}，\overline{X}+u_{\frac{\alpha}{2}}\dfrac{\sigma}{\sqrt{n}}\right)$ 就是总体均值 μ 的置信水平为 $1-\alpha$ 的 （双侧）置信区间. 如果 $1-\alpha=0.95$，则 $u_{\frac{\alpha}{2}}=u_{0.025}=1.96$；若 $1-\alpha=0.99$，则 $u_{\frac{\alpha}{2}}=u_{0.005}=2.576$ （见图 6.1）. 一旦一个样本被抽取，得到了样本观测值，那么对于该样本观测值，总体均值 μ 的置信水平为 $1-\alpha$ 的 （双侧）置信区间为 $\left(\overline{x}-u_{\frac{\alpha}{2}}\dfrac{\sigma}{\sqrt{n}}，\overline{x}+u_{\frac{\alpha}{2}}\dfrac{\sigma}{\sqrt{n}}\right)$，它就是一个已知的具体的区间了 （见图 6.2）.

【例 6.7】 某灯具生产厂家生产一种 60W 的灯泡，假设其寿命为随机变量 X，服从正态分布 $N(\mu，1296)$. 现在从该厂生产的 60W 的灯泡中随机地抽取了 27 个产品进行测试，

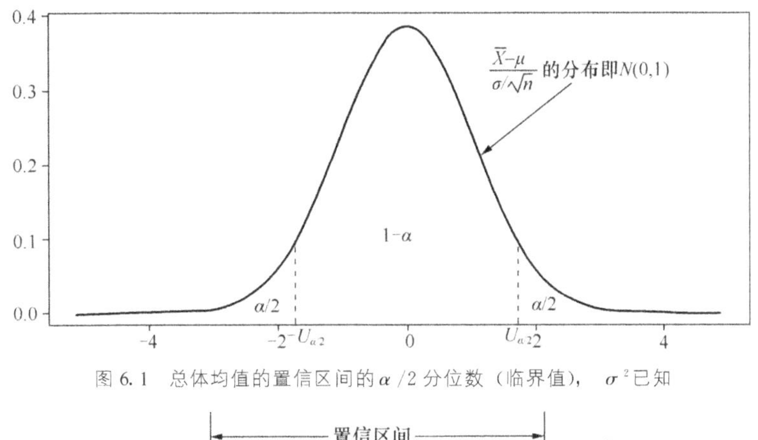

图 6.1　总体均值的置信区间的 $\alpha/2$ 分位数（临界值），σ^2 已知

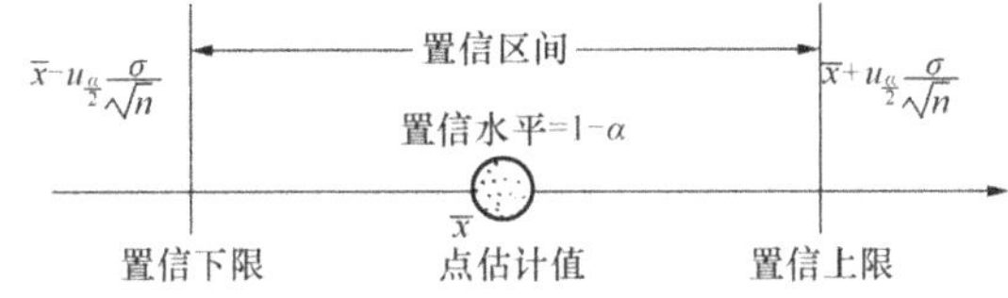

图 6.2　总体均值的双侧置信区间示意图

直到灯泡烧坏，测得它们的平均寿命为 1478h. 请计算该厂 60W 灯泡的平均寿命的置信水平为 95% 的置信区间.

解　问题实际上就是求总体均值（60W 灯泡的平均寿命）的置信区间，由已知条件可得，总体方差 $\sigma^2=1296$，样本容量为 $n=27$，样本均值 $\bar{x}=1478$. 因为置信水平为 $1-\alpha=0.95$，所以查标准正态分布表可得

$$u_{\frac{\alpha}{2}}=u_{0.025}=1.96,$$

$$\bar{x}-u_{\frac{\alpha}{2}}\frac{\sigma}{\sqrt{n}}=1478-1.96\times\sqrt{1296/27}=1478-13.58=1464.42,$$

$$\bar{x}+u_{\frac{\alpha}{2}}\frac{\sigma}{\sqrt{n}}=1478+1.96\times\sqrt{1296/27}=1478+13.58=1491.58,$$

因此该厂 60W 灯泡的平均寿命的置信水平为 95% 的置信区间为

$$\left(\bar{x}-u_{\frac{\alpha}{2}}\frac{\sigma}{\sqrt{n}},\quad\bar{x}+u_{\frac{\alpha}{2}}\frac{\sigma}{\sqrt{n}}\right)=(1464.42,\quad1491.58).$$

2. 正态总体方差 σ^2 未知

在实际中，经常会遇到总体的方差 σ^2 未知的情况，前面构造的枢轴量 $U=\dfrac{\bar{X}-\mu}{\sigma/\sqrt{n}}$ 就无法再用来求置信区间了，主要是因为它除了包含待估参数 μ 以外，还含有未知变量 σ^2，在获得样本观测值后，无法计算出置信区间. 此时考虑用样本方差 $S^2=\dfrac{1}{n-1}\sum\limits_{i=1}^{n}(X_i-\bar{X})^2$ 来代替 σ^2，即采用枢轴量 $T=\dfrac{\bar{X}-\mu}{S/\sqrt{n}}$，而样本方差可以通过样本计算出来，需要注意的是此时枢轴量的分布发生了变化. 枢轴量 $T=\dfrac{\bar{X}-\mu}{S/\sqrt{n}}$ 服从自由度为 $n-1$ 的 t 分布，这个分布不含有任何未知参数，且这一结论对任意的 n 都成立，也就是说不论样本容量 n 是大还是

小，枢轴量 $T = \dfrac{\overline{X} - \mu}{S/\sqrt{n}}$ 的精确分布都是 $t(n-1)$ 分布. 查自由度为 $n-1$ 的 t 分布表（附表 5）可得满足下式的 $t_{\frac{\alpha}{2}}(n-1)$：

$$P(\mid T \mid < t_{\frac{\alpha}{2}}(n-1)) = P\left(\left|\frac{\overline{X} - \mu}{S/\sqrt{n}}\right| < t_{\frac{\alpha}{2}}(n-1)\right) = 1 - \alpha.$$

上式经整理变形可得

$$P\left(\overline{X} - \frac{S}{\sqrt{n}}t_{\frac{\alpha}{2}}(n-1) < \mu < \overline{X} + \frac{S}{\sqrt{n}}t_{\frac{\alpha}{2}}(n-1)\right) = 1 - \alpha. \tag{6.3.3}$$

正态总体方差 σ^2 未知时总体均值 μ 的置信水平为 $1-\alpha$ 的（双侧）置信区间为

$$\left(\overline{X} - \frac{S}{\sqrt{n}}t_{\frac{\alpha}{2}}(n-1), \quad \overline{X} + \frac{S}{\sqrt{n}}t_{\frac{\alpha}{2}}(n-1)\right). \tag{6.3.4}$$

抽取一个样本，得到其观测值后，即可得到总体均值 μ 的置信水平为 $1-\alpha$ 的（双侧）置信区间的观测值为

$$\left(\overline{x} - \frac{s}{\sqrt{n}}t_{\frac{\alpha}{2}}(n-1), \quad \overline{x} + \frac{s}{\sqrt{n}}t_{\frac{\alpha}{2}}(n-1)\right).$$

【例 6.8】 可口可乐公司生产的雪碧，瓶上标明净容量是 500ml，在市场上随机抽取了 25 瓶，测得其平均容量为 499.5ml，标准差为 2.63ml. 试求该公司生产的这种瓶装饮料的平均容量的置信水平为 99% 的置信区间（假定饮料的容量服从正态分布 $N(\mu, \sigma^2)$）.

解 以 μ 表示瓶装饮料的平均容量，由已知可得，样本容量为 $n=25$，样本均值 $\overline{x} = 499.5$，样本标准差为 $s = 2.63$，因为置信水平 $1-\alpha = 0.99$，查自由度为 $n-1 = 24$ 的 t 分布表得分位数 $t_{\frac{\alpha}{2}}(n-1) = t_{0.005}(24) = 2.797$，所以

$$\overline{x} - \frac{s}{\sqrt{n}}t_{\frac{\alpha}{2}}(n-1) = 499.5 - \frac{2.63}{\sqrt{25}} \times 2.797 = 499.5 - 1.4712 \approx 498.03,$$

$$\overline{x} + \frac{s}{\sqrt{n}}t_{\frac{\alpha}{2}}(n-1) = 499.5 + 1.4712 \approx 500.97,$$

因此该公司生产的这种瓶装饮料的平均容量的置信水平为 99% 的置信区间为 $(498.03, 500.97)$. 由于该区间包含了 500，故该公司的这种瓶装饮料的容量符合其包装上的标准，不存在容量不足欺骗消费者的行为.

不论样本容量 n 是大还是小，只要总体为正态分布，总体方差未知，总体均值 μ 的置信水平为 $1-\alpha$ 的（双侧）置信区间都可以用式（6.3.4）进行计算. 但是由于在自由度较大时（比如大于或等于 30 或 50），t 分布和标准正态分布极为接近（见图 5.4），所以也可以用标准正态分布的分位数 $u_{\frac{\alpha}{2}}$ 来近似 t 分布的分位数 $t_{\frac{\alpha}{2}}(n-1)$. 实际上，可以证明当样本容量 n 充分大时，枢轴量 $T = \dfrac{\overline{X} - \mu}{S/\sqrt{n}}$ 近似服从标准正态分布，这也可以解释当 n 较大时，用标准正态分布的分位数 $u_{\frac{\alpha}{2}}$ 来近似 t 分布的分位数 $t_{\frac{\alpha}{2}}(n-1)$ 的合理性.

3. 单正态总体方差的区间估计

设 $(X_1, X_2, \cdots, X_n)$ 是来自正态总体 $N(\mu, \sigma^2)$ 的一个随机样本，这里 σ^2 未知. 当总体均值 μ 已知时，可以取 $\chi^2 = \dfrac{\sum\limits_{i=1}^{n}(X_i - \mu)^2}{\sigma^2}$ 为枢轴量，它的精确分布是自由度为 n

的 $\chi^2(n)$ 分布，由

$$P(\chi^2_{1-\frac{\alpha}{2}}(n) < \chi^2 < \chi^2_{\frac{\alpha}{2}}(n)) = 1-\alpha, \quad 即 P\left(\chi^2_{1-\frac{\alpha}{2}}(n) < \frac{\sum\limits_{i=1}^{n}(X_i-\mu)^2}{\sigma^2} < \chi^2_{\frac{\alpha}{2}}(n)\right) = 1-\alpha$$

得

$$P\left(\frac{\sum\limits_{i=1}^{n}(X_i-\mu)^2}{\chi^2_{\frac{\alpha}{2}}(n)} < \sigma^2 < \frac{\sum\limits_{i=1}^{n}(X_i-\mu)^2}{\chi^2_{1-\frac{\alpha}{2}}(n)}\right) = 1-\alpha,$$

所以单正态总体方差 σ^2 的置信水平为 $1-\alpha$ 的（双侧）置信区间为

$$\left(\frac{\sum\limits_{i=1}^{n}(X_i-\mu)^2}{\chi^2_{\frac{\alpha}{2}}(n)}, \quad \frac{\sum\limits_{i=1}^{n}(X_i-\mu)^2}{\chi^2_{1-\frac{\alpha}{2}}(n)}\right), \tag{6.3.5}$$

这里 $\chi^2_{\frac{\alpha}{2}}(n)$ 和 $\chi^2_{1-\frac{\alpha}{2}}(n)$（图 6.3）查自由度为 n 的 χ^2 分布表（附表 6）得到.

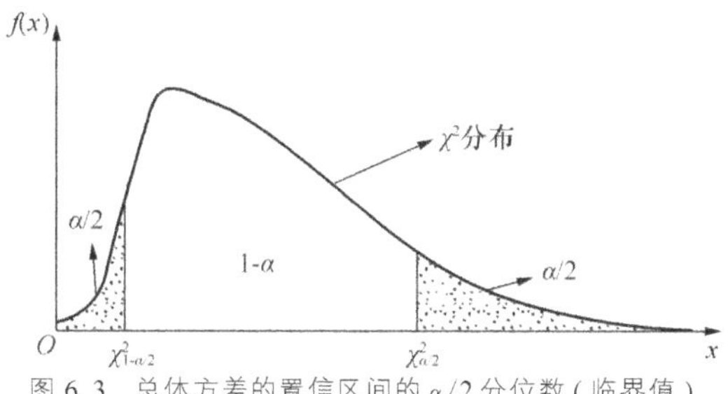

图 6.3 总体方差的置信区间的 $\alpha/2$ 分位数（临界值）

总体均值 μ 已知的情形并不多见，更常见的是总体均值 μ 也未知. 在 μ 未知时，则取

$$\chi^2 = \frac{\sum\limits_{i=1}^{n}(X_i-\overline{X})^2}{\sigma^2} = \frac{(n-1)S^2}{\sigma^2}$$ 为枢轴量，它服从 $\chi^2(n-1)$. 类似于上面的推导，可以

得到单正态总体方差 σ^2 的置信水平为 $1-\alpha$ 的（双侧）置信区间为

$$\left(\frac{(n-1)S^2}{\chi^2_{\frac{\alpha}{2}}(n-1)}, \frac{(n-1)S^2}{\chi^2_{1-\frac{\alpha}{2}}(n-1)}\right). \tag{6.3.6}$$

【例 6.9】 令随机变量 X 表示春季捕捉到的某种鱼的体长，单位是 cm，假定这种鱼的体长服从正态分布 $N(\mu, \sigma^2)$，现在随机抽取了 13 条鱼，测量它们的体长分别为

13.1　5.1　18.0　8.7　16.5　9.8　6.8　12.0　17.8　25.4　19.2　15.8　23.0

求总体方差 σ^2 和总体标准差 σ 的置信水平为 95% 的（双侧）置信区间.

解　由于总体均值也未知，所以要用式（6.3.6）计算置信区间. $n=13$，计算得样本均值 $\overline{X}=14.7077$，样本方差 $S^2 = \frac{1}{n-1}\sum\limits_{i=1}^{n}(X_i-\overline{X})^2 = 37.7508$，因为 $1-\alpha=0.95$，所以 $\alpha/2=0.025$，$1-\alpha/2=0.975$，查自由度为 12 的 χ^2 分布表得

$$\chi^2_{\frac{\alpha}{2}}(n-1)=\chi^2_{0.025}(12)=23.3367, \quad \chi^2_{1-\frac{\alpha}{2}}(n-1)=\chi^2_{0.975}(12)=4.4038,$$

$$\frac{(n-1)S^2}{\chi^2_{\frac{\alpha}{2}}(n-1)} < \sigma^2 < \frac{(n-1)S^2}{\chi^2_{1-\frac{\alpha}{2}}(n-1)}, \quad 即 \frac{12\times37.7508}{23.3367} < \sigma^2 < \frac{12\times37.7508}{4.4038}, \quad 也就是$$

$19.4119 < \sigma^2 < 102.8679,$

所以总体方差 σ^2 的置信水平为 95% 的（双侧）置信区间为 $(19.41,102.87)$.

总体标准差 σ 置信水平为 95% 的（双侧）置信区间为 $(\sqrt{19.4119},\ \sqrt{102.8679}) = (4.41,10.14)$.

6.3.3 两个正态总体均值之差与方差之比的置信区间

1. 两正态总体均值之差的区间估计

在比较两个正态总体均值是否相等（或是否等于某个常数 d）时，一般要对这两个正态总体均值之差做区间估计. 设 $X_1,X_2,\cdots,X_n$ 和 $Y_1,Y_2,\cdots,Y_m$ 分别是从正态总体 $N(\mu_1,\sigma_1^2)$ 和 $N(\mu_2,\sigma_2^2)$ 抽取的两个样本，且相互独立，设 $\overline{X}$ 和 $\overline{Y}$ 分别表示 X 和 Y 样本的样本均值，容易证明 $\overline{X}-\overline{Y}$ 是 $\mu_1-\mu_2$ 的无偏估计. 下面我们分两种情况讨论两个正态总体均值之差 $\mu_1-\mu_2$ 的置信区间问题.

（1）两个正态总体的方差 σ_1^2 和 σ_2^2 已知.

构造枢轴量 $U = \dfrac{\overline{X}-\overline{Y}-(\mu_1-\mu_2)}{\sqrt{\sigma_1^2/n+\sigma_2^2/m}}$，显然它服从标准正态分布 $N(0,1)$，由

$$P\left(\left|\frac{\overline{X}-\overline{Y}-(\mu_1-\mu_2)}{\sqrt{\sigma_1^2/n+\sigma_2^2/m}}\right| < u_{\frac{\alpha}{2}}\right) = 1-\alpha$$

得 $\quad P\left(\overline{X}-\overline{Y}-u_{\frac{\alpha}{2}}\sqrt{\dfrac{\sigma_1^2}{n}+\dfrac{\sigma_2^2}{m}} < \mu_1-\mu_2 < \overline{X}-\overline{Y}+u_{\frac{\alpha}{2}}\sqrt{\dfrac{\sigma_1^2}{n}+\dfrac{\sigma_2^2}{m}}\right) = 1-\alpha,$

从而得到两个正态总体均值之差 $\mu_1-\mu_2$ 的置信水平为 $1-\alpha$ 的（双侧）置信区间为

$$\left(\overline{X}-\overline{Y}-u_{\frac{\alpha}{2}}\sqrt{\frac{\sigma_1^2}{n}+\frac{\sigma_2^2}{m}},\quad \overline{X}-\overline{Y}+u_{\frac{\alpha}{2}}\sqrt{\frac{\sigma_1^2}{n}+\frac{\sigma_2^2}{m}}\right). \tag{6.3.7}$$

式中的 $u_{\frac{\alpha}{2}}$ 可以通过查标准正态分布表或用软件计算出.

【例 6.10】 设两个正态总体 $N(\mu_1,6^2)$ 和 $N(\mu_2,4^2)$ 相互独立，现在分别从它们中抽取了容量为 $n=15$ 和 $m=8$ 的样本，测得其样本均值分别为 $\bar{x}=70.1$，$\bar{y}=75.3$. 求两总体均值之差 $\mu_1-\mu_2$ 的置信水平为 90% 的置信区间.

解 注意到两个总体的方差都已知，故用式（6.3.7）求置信区间. 因为 $1-\alpha=0.90$，所以 $1-\alpha/2=0.95$，查标准正态分布表得 $u_{\frac{\alpha}{2}}=u_{0.05}=1.65$，因此

$$u_{\frac{\alpha}{2}}\sqrt{\frac{\sigma_1^2}{n}+\frac{\sigma_2^2}{m}}=1.65\times\sqrt{\frac{6^2}{15}+\frac{4^2}{8}}=3.4611,$$

$$\bar{x}-\bar{y}-u_{\frac{\alpha}{2}}\sqrt{\frac{\sigma_1^2}{n}+\frac{\sigma_2^2}{m}}=70.1-75.3-3.4611=-8.66,$$

$$\bar{x}-\bar{y}+u_{\frac{\alpha}{2}}\sqrt{\frac{\sigma_1^2}{n}+\frac{\sigma_2^2}{m}}=70.1-75.3+3.4611=-1.74,$$

所以两总体均值之差 $\mu_1-\mu_2$ 的置信水平为 90% 的置信区间是 $(-8.66,-1.74)$. 由于该置信区间没有包含 0，所以我们认为第二个总体的均值 μ_2 要大于第一个总体的均值 μ_1.

（2）两个正态总体的方差 σ_1^2 和 σ_2^2 未知，但 $\sigma_1^2 = \sigma_2^2 = \sigma^2$.

由于 σ_1^2 和 σ_2^2 未知，而样本方差 $S_1^2 = \dfrac{1}{n-1}\sum_{i=1}^{n}(X_i - \bar{X})^2$ 和 $S_2^2 = \dfrac{1}{m-1}\sum_{i=1}^{m}$

$(Y_i - \bar{Y})^2$ 分别是 σ_1^2 和 σ_2^2 的无偏估计，所以考虑构造枢轴量 $T = \dfrac{\bar{X} - \bar{Y} - (\mu_1 - \mu_2)}{S_w\sqrt{1/n + 1/m}}$，

这里 $S_w = \sqrt{\dfrac{(n-1)S_1^2 + (m-1)S_2^2}{n+m-2}}$. 由抽样定理可得 $T = \dfrac{\bar{X} - \bar{Y} - (\mu_1 - \mu_2)}{S_w\sqrt{1/n + 1/m}}$ 服从 $t(n$

$+m-2)$ 分布，类似于上面的推导可知，当两个正态总体的方差 σ_1^2 和 σ_2^2 未知，但 $\sigma_1^2 = \sigma_2^2$
$= \sigma^2$ 时，两个正态总体均值之差 $\mu_1 - \mu_2$ 的置信水平为 $1-\alpha$ 的（双侧）置信区间为

$$\left(\bar{X} - \bar{Y} - t_{\frac{\alpha}{2}}(n+m-2)\cdot S_w\sqrt{1/n+1/m},\ \bar{X} - \bar{Y} + t_{\frac{\alpha}{2}}(n+m-2)\cdot S_w\sqrt{1/n+1/m}\right).$$

$$(6.3.8)$$

【例 6.11】 SAT (Scholastic Assessment Test) 是美国高中生进入美国大学必须参加的考试，其重要性相当于我国的高考，分为三个部分：数学、阅读和写作，每部分满分都是 800 分，总分满分为 2400 分. 假设 SAT 考生的数学分数 X 服从正态分布 $N(\mu_1, \sigma^2)$，阅读分数 Y 服从正态分布 $N(\mu_2, \sigma^2)$，现在分别随机地抽取 5 个考生的数学成绩和 8 个考生的阅读成绩如下：

数学　644　493　532　462　565；阅读　623　472　492　661　540　502　549　518
求 $\mu_1 - \mu_2$ 的 90% 的置信区间.

解　因两个正态总体方差未知且相等，故用式（6.3.8）求置信区间.

计算所需的量，$n=5$，$m=8$，$\bar{x}=539.2$，$\bar{y}=544.625$，$s_1^2=4948.7$，$s_2^2=4327.9821$，

$$S_w = \sqrt{\frac{(n-1)s_1^2 + (m-1)s_2^2}{n+m-2}} = \sqrt{\frac{4\times4948.7 + 7\times4327.9821}{5+8-2}} = 67.4811,$$

$$t_{0.05}(11) = 1.7959,$$

所以 $\bar{x} - \bar{y} = -5.425$，$t_{\frac{\alpha}{2}}(n+m-2)\cdot S_w\sqrt{1/n+1/m} = 1.7959\times67.4811\times$

$\sqrt{1/5+1/8} = 69.0879$，

$\bar{X} - \bar{Y} - t_{\frac{\alpha}{2}}(n+m-2)\cdot S_w\sqrt{1/n+1/m} = -74.51$，$\bar{X} - \bar{Y} + t_{\frac{\alpha}{2}}(n+m-2)\cdot S_w$

$\sqrt{1/n+1/m} = 63.66$，

所以 $\mu_1 - \mu_2$ 的 90% 的置信区间是 $(-74.51,\ 63.66)$.

2. 两正态总体方差之比的区间估计

在比较两正态总体方差时，要构造两正态总体方差之比的置信区间. 设 X_1，X_2，$\cdots$，X_n 和 Y_1，Y_2，$\cdots$，Y_m 分别是从正态总体 $N(\mu_1, \sigma_1^2)$ 和 $N(\mu_2, \sigma_2^2)$ 抽取的两个样本，且相互独立，设 $\bar{X}$ 和 $\bar{Y}$ 分别表示 X 和 Y 样本的样本均值，$S_1^2 = \dfrac{1}{n-1}\sum_{i=1}^{n}(X_i - \bar{X})^2$ 和 S_2^2

$= \dfrac{1}{m-1}\sum_{i=1}^{m}(Y_i - \bar{Y})^2$ 分别表示 X 和 Y 样本的样本方差. 和单个正态总体一样，也要分两个总体均值已知和未知两种情况讨论两正态总体方差之比 σ_1^2/σ_2^2 的置信区间，由于实际

中，总体均值 μ_1 和 μ_2 往往未知，所以我们也只给出此时的置信区间.

在 μ_1 和 μ_2 未知时，则取 $F=\dfrac{S_2^2/\sigma_2^2}{S_1^2/\sigma_1^2}$ 为枢轴量，它服从 $F(m-1,\ n-1)$. 由

$$P\left(F_{1-\frac{\alpha}{2}}(m-1,\ n-1)<\frac{S_2^2/\sigma_2^2}{S_1^2/\sigma_1^2}<F_{\frac{\alpha}{2}}(m-1,\ n-1)\right)=1-\alpha$$

可以得到两正态总体方差之比 σ_1^2/σ_2^2 的置信水平为 $1-\alpha$ 的（双侧）置信区间（参考图 6.4）为

$$\left(F_{1-\frac{\alpha}{2}}(m-1,\ n-1)\frac{S_1^2}{S_2^2},\qquad F_{\frac{\alpha}{2}}(m-1,\ n-1)\frac{S_1^2}{S_2^2}\right). \tag{6.3.9}$$

由于一般的 F 分布表（附表 7）只给出 $F_{\frac{\alpha}{2}}(\cdot)$，而不给 $F_{1-\frac{\alpha}{2}}(\cdot)$，而是由关系式 $F_{1-\frac{\alpha}{2}}(m-1,\ n-1)=1/F_{\frac{\alpha}{2}}(n-1,\ m-1)$ 进行查表计算，不过现在也可以不利用这一关系而用软件直接计算. 因此两正态总体方差之比 σ_1^2/σ_2^2 的置信水平为 $1-\alpha$ 的（双侧）置信区间可化为

$$\left(1/F_{\frac{\alpha}{2}}(n-1,\ m-1)\frac{S_1^2}{S_2^2},\ F_{\frac{\alpha}{2}}(m-1,\ n-1)\frac{S_1^2}{S_2^2}\right) \tag{6.3.10}$$

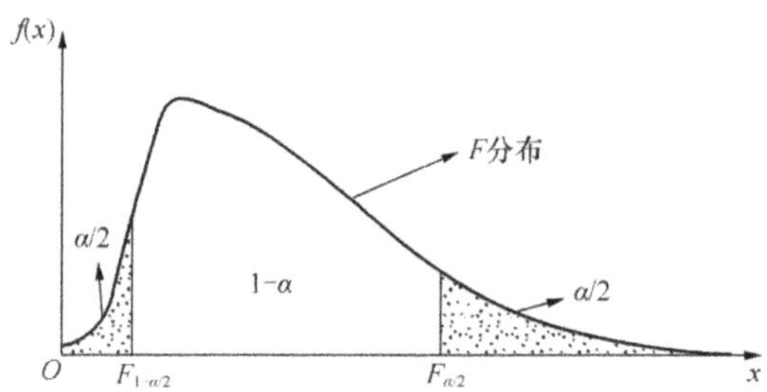

图 6.4　总体方差之比的置信区间的 $\alpha/2$ 分位数（临界值）

【例 6.12】某粮食作物的种子，分为窄叶和宽叶两类，假定这两种种子的成熟期为随机变量 X 和 Y，分别服从正态分布 $N(\mu_1,\ \sigma_1^2)$ 和 $N(\mu_2,\ \sigma_2^2)$. 现从这两类种子中随机抽取了 13 粒窄叶的种子，种植后，测得其平均成熟期为 18.97 天，样本方差为 10.7；抽取了 9 粒宽叶种子，测得其平均成熟期为 23.20 天，方差为 4.59. 试求 σ_1^2/σ_2^2 的置信水平为 98％ 的置信区间。

解　由题意知，$n=13$，$m=9$，$\bar{x}=18.97$，$\bar{y}=23.20$，$s_1^2=10.70$，$s_2^2=4.59$，$1-\alpha=0.98$，所以 $\alpha/2=0.01$，$1-\alpha/2=0.99$，可得

$$F_{\frac{\alpha}{2}}(m-1,\ n-1)=F_{0.01}(8,\ 12)=4.4994,$$

$$F_{1-\frac{\alpha}{2}}(m-1,\ n-1)=1/F_{\frac{\alpha}{2}}(n-1,\ m-1)=1/F_{0.01}(12,\ 8)=1/5.6667=0.1765,$$

由式 (6.3.10) 知

$$0.1765\times\frac{10.70}{4.59}<\frac{\sigma_1^2}{\sigma_2^2}<4.4994\times\frac{10.70}{4.59},$$

即 σ_1^2/σ_2^2 的置信水平为 98％ 的置信区间为 $(0.41,\ 10.49)$.

注：尽管上面构造了正态总体方差和方差之比的置信区间，但是我们还要指出的是，由于这些置信区间一般都比较宽，所以它们一般都没有太大的用处，而且这些置信区间也都不稳健. 实际研究中，研究者往往根本不知道总体的分布类型是什么，有时即使知道分

布类型，但也不是正态分布，如果不顾总体的分布，而武断使用上述置信区间，那结果将是非常不可靠的．造成不稳健的原因主要在于，当总体分布不是正态分布时，$(n-1)S^2/\sigma^2$ 的分布严重偏离 $\chi^2(n-1)$ 分布．为什么在总体均值检验那里，非正态总体时，可以用大样本置信区间，而且结果比较稳健呢？正是由于中心极限定理保证了，当 n 比较大时，$\dfrac{\overline{X}-\mu}{S/\sqrt{n}}$ 的分布基本就是标准正态分布，没有偏离 $N(0,1)$ 太远．

本章小结

如果总体的分布类型已知，而其参数未知，由样本统计量对总体的未知参数作出推断，就是参数估计．参数估计主要包括参数的点估计和区间估计．

本章学习要点：

1. 理解参数点估计的基本思想，理解参数点估计的基本概念，熟练运用替换原理求参数的矩估计，理解极大似然原理，熟练掌握求参数的极大似然估计方法和步骤．

2. 理解无偏性、一致性、有效性的基本思想，理解相合性、无偏性、有效性的基本概念，了解无偏性、一致性和有效性的判别方法．

3. 理解置信区间的基本思想，理解置信区间的基本概念，掌握求置信区间的枢轴量的方法，掌握正态总体参数置信区间的计算公式．

习题 6

1. 设总体 X 服从二项分布 $B(n,p)$，n 已知，$(X_1,X_2,\cdots,X_n)$ 为来自总体 X 的样本，求参数 p 的矩估计量和极大似然估计量．

2. 设总体 X 的密度函数为

$$f(x)=\begin{cases}(\theta+1)x^\theta, & 0<x<1,\\ 0, & \text{其他,}\end{cases}\quad \text{其中 }\theta>-1,$$

$(X_1,X_2,\cdots,X_n)$ 为来自总体 X 的样本，求参数 θ 的矩估计量和极大似然估计量．

3. 设电子元器件的寿命 X 的密度函数为

$$f(x,\theta)=\begin{cases}2\mathrm{e}^{-2(x-\theta)}, & x>0,\\ 0, & x\leqslant 0,\end{cases}\quad \text{其中 }\theta>0 \text{ 未知,}$$

$(X_1,X_2,\cdots,X_n)$ 为来自总体 X 的样本，试求参数 θ 的极大似然估计量．

4. 已知某种球体直径服从 $X\sim N(\mu,\sigma^2)$，μ 和 σ^2 未知，某位科学家测量到的一个球体直径的 5 次记录（单位：cm）为：6.33，6.37，6.36，6.32 和 6.37，试估计 μ 和 σ^2．

5. 总体 X 的概率分布见表 6.1．

表 6.1 X 的概率分布

X	0	1	2	3
P	θ^2	$2\theta(1-\theta)$	θ^2	$1-2\theta$

其中 $\theta\left(0<\theta<\dfrac{1}{2}\right)$ 是未知参数，利用总体的如下样本值：3，1，3，0，3，1，2，3，求 θ

的矩估计值和极大似然估计值.

6. 设总体 X 的密度函数为 $f(x)=\begin{cases}\dfrac{1}{\theta}e^{-\frac{x}{\theta}}, & x>0,\\[2mm] 0, & x\leqslant 0,\end{cases}$ 从其中抽取样本 X_1、X_2、X_3，

考虑 θ 的如下四种估计 $\hat{\theta}_1=X_1$，$\hat{\theta}_2=(X_1+X_2)/2$，$\hat{\theta}_3=(X_1+2X_2)/3$，$\hat{\theta}_4=\bar{X}$．

(1) 这四个估计中，哪些是 θ 的无偏估计？

(2) 试比较这些估计的方差.

7. 某汽车制造厂为了测定某种型号汽车轮胎的使用寿命，随机抽取 16 只作为样本进行寿命测试，计算出轮胎平均寿命为 43000km，标准差为 4120km，试以 95％的置信度推断该厂这批汽车轮胎的平均使用寿命区间.

8. 某无线电广播公司要估计某市 65 岁以上的已退休的人中一天时间里收听广播的时间，随机抽取了一个容量为 200 的样本，得到样本平均数为 110min，样本标准差为 30min，试估计总体均值 95％的置信区间.

9. 从自动机床加工的同类零件中，随机地抽取 18 件，测得长度值（单位：mm）为

12.15　12.12　12.01　12.28　12.09　12.16　12.03　12.01　12.06　12.13

12.07　12.11　12.07　12.11　12.08　12.01　12.03　12.06

求该类零件长度的方差 σ^2 及标准差 σ 的区间估计（$\alpha=0.05$）.

10. 甲、乙两台机床加工同种零件，分别从甲、乙机床处取 9 个和 7 个零件，量得其平均长度分别为 19.8（mm）、23.5（mm），已知甲机床加工的零件长度 $X_1\sim N$（μ_1，0.34），乙机床加工的零件长度 $X_2\sim N$（μ_2，0.36），求 $\mu_1-\mu_2$ 的置信度为 99％的置信区间.

11. 某地区教育委员会想估计两所中学的学生高考时的英语平均成绩之差，为此在两所中学独立地抽取两个随机样本，有关数据见表 6.2。

表 6.2　样本数据

中学 1	中学 2
$n_1=46$	$n_2=33$
$\bar{x}_1=86$	$\bar{x}_2=78$
$s_1=5.8$	$s_2=7.2$

求两所中学高考英语平均分数之差在 95％置信水平下的置信区间.

12. 某电线厂质量检验员随机地从 A 批导线中抽取 4 根，并随机地从 B 批导线中抽取 5 根，测得其电阻（单位：Ω）分别如下.

A 批导线：0.143　0.142　0.143　0.137

B 批导线：0.140　0.142　0.136　0.138　0.140

设这两批导线的电阻分别服从 $N(\mu_1,\sigma^2)$ 和 $N(\mu_2,\sigma^2)$ 且相互独立，μ_1、μ_2、σ^2 均未知，求 $\mu_1-\mu_2$ 的置信度为 95％的置信区间.

13. 为了研究男女生在生活费支出（单位：元）上的差异，在某大学各随机抽取 25 名男学生和 25 名女学生，得到下面的结果.

男学生：$\bar{x}_1=520$，$s_1^2=260$；

女学生：$\bar{x}_2=480$，$s_2^2=280$.

试以此为 90％的置信水平估计男女学生生活费支出方差比的置信区间.

第 7 章　假设检验

假设检验（hypothesis testing）是统计推断的另一类重要问题. 当总体的分布函数未知或者分布中的某些参数未知时，我们不去求参数的估计值，而是先对参数做出某种假设，然后利用从样本中所得到的信息去接受或者拒绝这种假设. 这就是本章所要讨论的假设检验问题.

7.1　假设检验的思想概述

7.1.1　假设检验的基本思想和步骤

1. 关于假设检验基本思想的引例

【例 7.1】已知一个暗箱中有 100 个白色与黑色球，不知各有多少个. 现有人猜测其中有 95 个白球，是否能相信他的猜测呢？

分析：此人的猜测相当于提出假设 $p = P(A) = 0.05$，$A = \{$任取一球是黑球$\}$.

现任意从中抽取一球，发现是黑球，怎样解释这一事实？

可有两种解释：

(1) 此人的猜测是正确的，恰巧抽得黑球是随机性所致；

(2) 他的猜测错了.

应接受哪一种呢？

根据小概率事件原理，事件 A 的发生不能不使人们怀疑他的猜测，更倾向于认为箱中白球个数不是 95 个.

假设检验基本思想：提出统计假设，根据小概率事件原理对其进行检验.

2. 假设检验的基本思想及步骤

【例 7.2】在进行一项教学方法改革实验之前，我们可以在同一年级随机抽取 30 人的样本进行短期（如只讲一章）的微型实验. 实验之后对全年级进行统一测验，取得全年级的平均成绩 μ_0、标准差 σ 和 30 人样本的平均分 $\bar{x}$. 根据这些资料，如何决断是否应进行这项教改实验？

分析：我们可以把 30 人的实验组看成来自广泛进行实验的总体中的一个样本，这个假定的总体在统一测验中的平均成绩是 μ，是一个未知数，而标准差与全年级的实测标准差视为一样，均为 σ. 我们的目的是要判断实验总体的平均分 μ 与全年级实际总体的平均分 μ_0 是否不同. 出于数学模式的考虑，可先假设 $\mu = \mu_0$，这个假设称为待检假设，通常又称为零假设，记为 H_0. 当 H_0 为真时，表明实验总体与实际总体无区别，也就没有进行这项教改实验的必要. 当 H_0 不真（$\mu \neq \mu_0$）且 $\mu > \mu_0$ 时，表示这项教改有成效，实验可进行下去；而 $\mu < \mu_0$ 时，则表明实验是失败的.

总结上述，我们可以建立如下假设.

$H_0: \mu = \mu_0 \leftrightarrow H_1: \mu > \mu_0$（称为备选假设，表明教改有成效）

$H_0: \mu = \mu_0 \leftrightarrow H_1: \mu < \mu_0$（表明教改失败）

$H_0: \mu = \mu_0 \leftrightarrow H_1: \mu \neq \mu_0$（表明进行教改与不进行教改有差异）

如果我们收集到了一组样本信息，依据样本信息对上述的某组假设进行判断，这就是假设检验.

【例7.3】 设某厂生产的一种灯管的寿命 $X \sim N(\mu, 40000)$，从过去较长一段时间的生产情况来看，灯管的平均寿命 $\mu_0 = 1500h$，现在采用新工艺后，在所生产的灯管中抽取 25 只，测得平均寿命 $\bar{x} = 1675h$，问采用新工艺后，灯管寿命是否有显著提高？

分析：这里的问题，也只需检验是否有 $\mu > \mu_0$，仿上面的例，我们先作待检假设：

$$H_0: \quad \mu = \mu_0 (1500) \leftrightarrow H_1: \quad \mu > \mu_0 \tag{7.1.1}$$

我们是想根据抽取的样本（这里抽取的是容量为 25 的样本）来检验 H_0 是否为真，如不真则接受备择假设 H_1.

上面两个例子的共同特点是，对总体分布的数字特征（或参数）作出待检假设 H_0，然后根据从总体中抽取的一个样本对 H_0 是否为真作出推断，像这样的一个过程称为**统计假设检验**，简称**假设检验**. 在假设检验中，希望通过研究来加以证实的假设，常作为备择假设，用 H_1 表示. 而 H_1 的对立面称为零假设或待检假设，用 H_0 表示. 像本例 H_0 这种能完全确定总体分布的假设称为**简单统计假设**或**简单假设**，否则称为**复合统计假设**或**复合假设**，比如这里的 H_1. 由于直接检验 H_1 的真实性一般是比较困难的，因此我们总是通过检验 H_0 的不真实性来证明 H_1 的真实. 当我们推断出 H_0 不真时，就认为 H_1 是真实的，从而拒绝 H_0，接受 H_1；而认为 H_0 为真时就接受 H_0，认为 H_1 不真. 像上面两例只对总体分布中未知参数或数字特征作假设检验称为**参数假设检验**. 这类问题一般对总体分布的类型有一定了解. 有时候，我们对总体分布的情况了解不多，需对其分布类型进行假设检验，称为拟合检验，这类检验属于**非参数检验**.

下面我们从讨论例 7.3 出发，来进一步讨论假设检验的思想及步骤.

我们已经建立了假设 $H_0: \mu = \mu_0 (1500) \leftrightarrow H_1: \quad \mu > \mu_0$. 下面需要利用所取的样本信息来推断 H_0 是否为真.

要有效利用样本信息，必须先对子样进行加工，把子样中包含未知参数 μ 的信息集中起来，即构造一个适用于检验 H_0 的统计量. 此处自然地想到选用 μ 的无偏估计量 $\bar{X}$ 比较合适，据已知 $\bar{X}$ 的观察值为 $\bar{x} = 1675 > 1500 = \mu_0$，造成这种差异有两种可能，一种可能是采用新工艺后，确实有 $\mu > \mu_0$，另一种可能是纯粹由随机抽样误差引起，属随机误差. 若是后者，$\bar{x} - \mu_0$ 不应太大，如 $\bar{x} - \mu_0$ 大到一定程度，就应怀疑 H_0 不真. 也就是说，根据 $\bar{x} - \mu_0$ 的大小就能对 H_0 作检验. 在数理统计中，就是要按一定的原则找一个常数 K 作为界，当 $\bar{x} - \mu_0 > K$ 时就认为 H_0 不真，而接受 H_1；反之，若 $\bar{x} - \mu_0 \leq K$，则接受 H_0，这就是假设检验的**基本思想**. 那么又如何确定 K 呢？由于 $\bar{x}$ 是 $\bar{X}$ 的观察值，自然想到应由 $\bar{X}$ 的分布来确定 K，若 H_0 为真，$\bar{X} \sim N(\mu_0, \sigma^2/n)$，将其标准化，所得的统计量记为

$$U = \frac{\overline{X} - \mu_0}{\sigma}\sqrt{n} = \frac{\overline{X} - 1500}{200}\sqrt{25} \overset{H_0\text{真时}}{\sim} N(0,1). \tag{7.1.2}$$

U 统计量可用来检验 H_0，常称它为**检验统计量**. 当 H_0 为真时，U 偏大的可能性应很小，我们就取一个较小的正数 α，按 $P(U > K) = \alpha$ 来确定 K 值，对于确定的 K 值，样本观察值算出检验统计量 U 的观察值 u，只要 "$u > K$"，则认为 "小概率事件在一次观测中发生了"，违背了一般的实际推理原理，而违背常理的原因是因为假设了 H_0 成立，从而从反面认为应否定 H_0，接受 H_1；反之，若 $u \leqslant K$，则接受 H_0. 由此可见，**假设检验的基本原理是小概率事件原理，它是一种概率意义上的反证法**.

再回到例 7.3，取 $\alpha = 0.05$，由 $P\{u \geqslant u_{1-\alpha}\} = \alpha$ 查表得 $u_{1-\alpha} = 1.65$. 我们称 $u_{1-\alpha}$ 为该处临界值（它相当于上面的 K 值），将观察值代入式（7.1.2）中算得 U 的观察值为 $u = 4.375 > 1.65 = u_{1-\alpha}$.

于是，按 "小概率事件原理"，我们应否定 H_0，接受 H_1，认为采用新工艺后，灯泡平均寿命有显著提高.

像上面那样，只对 H_0 作接受或否定的检验，称作**显著性假设检验**. α 则称作**显著性水平**，它是判断零假设 H_0 真伪的依据，一般取 α 为 0.01、0.05、0.01 等. 按上面的讨论，我们由水平 α 确定出临界值 $u_{1-\alpha}$ 后，实际上把检验统计量 U 可能取的观察值划分成两个部分：

$$C \overset{\Delta}{=} (u_{1-\alpha}, +\infty), \quad C^* \overset{\Delta}{=} (0, u_{1-\alpha}), \tag{7.1.3}$$

显然当 U 的观察值落入 C，则拒绝 H_0，所以我们称 C 为**拒绝域**或**临界域**.

在应用上，假设检验解决的问题要比参数估计解决的问题广泛得多. 根据具体问题设立不同的零假设，随之采用的检验统计量也不同，从而产生各种具体的检验方法，其中常用的方法将在本章逐一介绍.

综上，总结出显著性假设检验的一般处理步骤如下.

（1）根据实际问题提出原假设 H_0 及备择假设 H_1.

（2）构造一个合适的检验统计量（其构造以能反映相对差异，且在 H_0 为真时，较易确定其分布为准）.

（3）给定显著性水平 α，并在 H_0 为真的假定下，由 U 的分布确定出临界值，进而求出拒绝域 C.

（4）由样本观察值计算出检验统计量的值，视其是否落入 C 作出拒绝或接受 H_0 的判断.

7.1.2　假设检验的两类错误

一般地，进行统计推断的样本为总体的一个简单随机样本，由于抽样时的抽样误差，我们按小概率事件原理确定 H_0 的拒绝域而达到检验 H_0 的目的是有些武断的，可能犯两类错误.

因为 H_0 和 H_1 是互斥而且包含所有的可能，因此，它们只能有一个正确. 如果 H_0 正确，则 H_1 是错误的；如果这时的假设检验结果为接受 H_0，则结论正确；相反，如果假设检验结果为拒绝 H_0，结论就是错误的，这类错误称为第一类错误，用 α 表示.

第一类错误——弃真的错误. 即 H_0 本来正确，我们却错误地拒绝了它，犯这类错误的概率不超过 α，即 $P\{$拒绝 $H_0 \mid H_0$ 为真$\} \leqslant \alpha$.

如果 H_0 是错误的，则 H_1 是正确的. 这时的假设检验结果如果为拒绝 H_0，则结论正确；如果为接受 H_0，则结论错误，这类错误称为第二类错误，用 β 表示.

第二类错误——取伪的错误. 即 H_0 本不真，我们却错误地接受了它，犯这类错误的概率记为 β，即 $P\{$接受 $H_0 | H_1$ 为真$\} = \beta$.

H_0 是错误的而结果为拒绝它的概率为 $1-\beta$，称为检验功效（power of a test），见表 7. 1.

表 7. 1　检验 H_0 的可能结果

检验结果	未知的真正情况	
	H_0 正确	H_0 错误
接受 H_0	正确结论　$1-\alpha$	第二类错误　β
拒绝 H_0	第一类错误　α	正确结论　$1-\beta$

由表 7.1 第三行可知，如果接受 H_0，则或者得出正确结论，或者犯概率为 β 的第二类错误. 由表 7.1 第四行可知，如果结论为拒绝 H_0，则可能得出正确结论，也可能犯概率为 α 的第一类错误. 因为假设检验时我们可以选择显著水平 α 的高低，因此，我们可以控制它的大小. 当假设检验结果为拒绝 H_0 时，我们知道犯第一类错误的概率，因此我们进行假设检验时，总是希望结论为拒绝 H_0.

从以上讨论可知，我们可以控制显著水平（第一类错误，α），那么为什么推荐的显著水平为 0.05，而不是更低的第一类错误概率 0.01 或 0.001 呢？有时我们确实会选择较高的显著水平，但是，这时，第二类错误 β 升高，检验功效下降.

下面通过一个例子说明.

【例 7.4】假设有一个总体服从正态分布，其平均数等于 100，标准差等于 10. 另一个总体也服从正态分布，平均数等于 105，标准差等于 10. 我们不知道样本是从哪一个总体抽取的，只知道为其中之一. 而实际上，样本来自均值等于 105 的样本.

情形 1：假定样本含量 $n = 25$，$\alpha = 0.05$.

假设为

$$H_0: \mu = 100, \ \sigma = 10;$$
$$H_1: \mu = 105, \ \sigma = 10.$$

首先，我们计算当 H_0 正确时，什么情况下会犯第一类错误. 根据例 7.3，查附表 3，得临界值 $u_{0.05} = 1.645$，即 $1.645 = \dfrac{\overline{X} - 100}{10/\sqrt{25}}$，于是得 $\overline{X} = 103.29$. 如果 H_0 正确，当平均数大于 103.29 时，拒绝 H_0，第一类错误的概率为 0.05. 如果 H_0 是错误的，平均数低于 103.29 会导致第二类错误，得出样本来自平均数为 100 总体的结论.

图 7.1 中平均数为 100 的分布的斜影部分为第一类错误，平均数为 105 的分布的阴影部分为第二类错误. 现在我们可以根据定义，计算第二类错误：

$$\beta = P(\overline{X} < 103.29) = P\left(u < \frac{103.29 - 105}{10/\sqrt{25}}\right) = P(u < -0.855) = 0.1963,$$

这时 u 检验的检验功效等于 $1-\beta = 1-0.1963 = 0.8037$.

情形 2：假定样本含量 $n = 25$，$\alpha = 0.01$.

同样地，我们先计算当 H_0 正确，什么时候会犯第一类错误. 与前面的相同，查附表 3，统计数临界值 $u_{0.01} = 2.330$，即 $2.330 = \dfrac{\overline{X} - 100}{10/\sqrt{25}}$，于是得 $\overline{X} = 104.66$. 第二类错误为

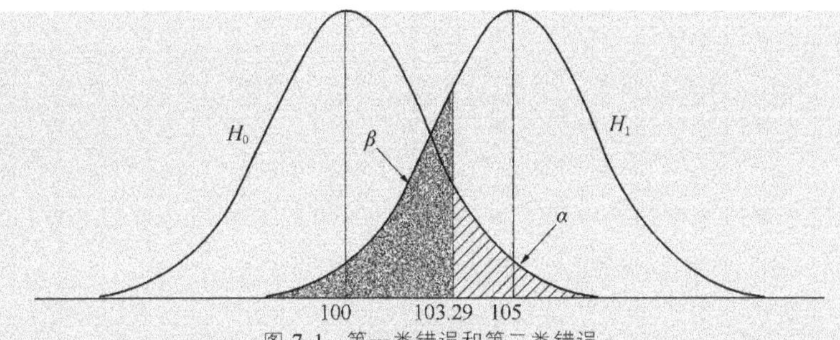

图 7.1　第一类错误和第二类错误

$$\beta = P(\overline{X} < 104.66) = P\left(u < \frac{104.66 - 105}{10/\sqrt{25}}\right) = P(u < -0.170) = 0.4325,$$

这时 u 检验的检验功效等于 $1 - \beta = 1 - 0.4325 = 0.5675$.

表 7.2 列出了三种显著水平下第二类错误和检验功效，可以看出，随着显著性水平的提高，第二类错误增大，检验功效下降，这样的后果不是我们期望的. 这种现象的根本原因，是因为两个样本分布存在重叠. 比如，如果一个样本的均值等于 100，而另一个为 10000，由于两个样本分布没有重叠，第二类错误就消失了.

表 7.2　显著水平和第二类错误、检验功效的关系

α	β	检验功效
0.05	0.1963	0.8037
0.01	0.4325	0.5675
0.001*	0.7190	0.2810

* $\alpha = 0.001$ 时，临界值 $u_\alpha = 3.08$.

情形 3：假定样本含量 $n = 100$，$\alpha = 0.05$.

由

$$1.645 = \frac{\overline{X} - 100}{10/\sqrt{100}}$$

得 $\overline{X} = 101.645$，于是，第二类错误为

$$\beta = P(\overline{X} < 101.645) = P\left(u < \frac{101.645 - 105}{10/\sqrt{100}}\right) = P(u < -3.355) = 0.0004,$$

检验功效等于 0.9996.

样本含量提高后，根据中心极限定理，样本平均数的标准误下降，使样本分布间的重叠减少，因此，可以通过样本含量来提高检验功效，降低第二类错误.

一般情况下，真实的情况我们并不知道，因此，无法计算第二类错误的概率值.

7.2　正态总体均值的假设检验

7.2.1　单正态总体均值的 **U** 检验

设 $(X_1, X_2, \cdots, X_n)$ 是取自正态总体 $N(\mu, \sigma^2)$ 的一个样本，$\sigma^2 = \sigma_0^2$ 为已知常数，建立假设：

$$H_0: \mu = \mu_0 (\mu_0 \text{ 已知}) \leftrightarrow H_1: \mu \neq \mu_0$$

选用统计量

$$U = \frac{\overline{X} - \mu_0}{\sigma_0} \sqrt{n} \overset{H_0\text{真}}{\sim} N(0, 1). \tag{7.2.1}$$

对给定的显著性水平 α 由 $P\{|U| \geqslant u_{1-\alpha/2}\} = \alpha$，查表得临界值 $u_{1-\alpha/2}$，确定出拒绝域为 $C = \{u: |u| \geqslant u_{1-\alpha/2}\}$，其中 u 为式 (7.2.1) 的观察值.

【例 7.5】 某区进行数学统考，高二年级平均成绩为 75.6 分，标准差为 7.4 分，从该区某中学中抽取 50 位高二学生，测得平均数学统考成绩为 78 分，试问该中学高二的数学成绩与全区数学成绩有无显著差异？

解 该例中总体为全区高二的数学统考成绩，可假设为服从正态分布的总体（事实上，即使不直接假设成绩服从正态分布，由中心极限定理知，当样本容量较大时（一般是 $n \geqslant 45$），无论总体是什么分布，都可用 U 检验），应该用 U 检验. 为此，当取 $\alpha = 0.05$ 时，由 $P\{|U| \geqslant u_{1-\alpha/2}\} = 0.05$，查表得 $u_{1-\alpha/2} = 1.96$，将 $\mu_0 = 75.6$，$\sigma_0 = 7.4$，$n = 50$，$\overline{x} = 78$ 代入式 (7.2.1) 得

$$u = \frac{78 - 75.6}{7.4} \sqrt{50} = 2.29,$$

因 $|u| = 2.29 > 1.96$，故应拒绝 $H_0: \mu = \mu_0$. 认为该中学高二数学成绩与全区成绩有显著差异.

注：注意到例 7.5 与例 7.3 的拒绝域 C 的区别，例 7.3 的 $C = (\mu_{1-\alpha}, +\infty)$，这是因为备选假设为 $H_1: \mu > \mu_0$，是单侧的，而例 7.5 的 $C = (-\infty, -u_{1-\alpha/2}) \bigcup (u_{1-\alpha/2}, +\infty)$，这是因为其 H_1 是 H_0 的否定：$\mu \neq \mu_0$ 为双侧的，我们称例 7.3 的 U 检验为单侧检验（且是右侧检验）. 例 7.5 为双侧检验. 下面介绍的检验法亦有双侧、单侧之分，将不再重述.

7.2.2 单正态总体均值的 T 检验

作单个总体均值的 U 检验，要求总体标准差已知，但在实际应用中，σ^2 往往并不知道，我们自然想到用 σ^2 的无偏估计 S^2 代替它，得到如下的 T 检验法. 需检验：

$$H_0: \mu = \mu_0 \leftrightarrow H_1: \mu \neq \mu_0$$

选用统计量

$$T = \frac{\overline{X} - \mu_0}{S} \sqrt{n} = \frac{\overline{X} - \mu_0}{S_n} \sqrt{n-1} \overset{H_0\text{真}}{\sim} t(n-1). \tag{7.2.2}$$

对给定的水平 α，由 $P\{|T| \geqslant t_{1-\alpha/2}\} = \alpha$ 查表定出临界值 $t_{1-\alpha/2}$，进而确定出拒绝域为 $C = \{t: |t| \geqslant t_{1-\alpha/2}\}$.

【例 7.6】 健康成年男子脉搏平均为 72 次/min，高考体检时，某校参加体检的 26 名男生的脉搏平均为 74.2 次/min，标准差为 6.2 次/min，问此 26 名男生每分钟脉搏次数与一般成年男子有无显著差异？（$\alpha = 0.05$）

解 要判断 26 名男生是否来自 $\mu_0 = 72$ 的总体，由于总体方差未知，只能用 T 检验. 提出假设：

$$H_0: \mu = \mu_0 \leftrightarrow H_1: \mu \neq \mu_0$$

计算 t 值：
$$t = \frac{\bar{x} - \mu_0}{S_n} \sqrt{n-1} = \frac{74.2 - 72}{6.2 / \sqrt{26-1}} = 1.774,$$

确定临界值：$T = \dfrac{\bar{X} - \mu_0}{S_n} \sqrt{n-1} \sim t(25)$，当 H_0 为真时，按 $P(|T| > t_{1-\alpha/2}) = \alpha = 0.05$，得 $t_{0.975} = 2.06$，而 $|1.774| < 2.06$，故接受 H_0，认为 26 名男生每分钟脉搏次数与一般成年男子无显著差别.

7.2.3　两正态总体均值差的检验

设 X_1，X_2，$\cdots$，X_{n_1} 是取自正态总体 $N(\mu_1, \sigma^2)$ 的子样，Y_1，Y_2，$\cdots$，Y_{n_2} 是取自正态总体 $N(\mu_2, \sigma^2)$ 的子样，且两子样相互独立，σ^2 未知，检验
$$H_0: \mu_1 = \mu_2 \text{（或 } \mu_1 - \mu_2 = 0\text{）} \leftrightarrow H_1: \mu_1 \neq \mu_2$$

记这两个子样的均值和方差的无偏估计分别为
$$\bar{X} = \frac{1}{n_1} \sum_{i=1}^{n_1} X_i, \ \bar{Y} = \frac{1}{n_2} \sum_{i=1}^{n_2} Y_i, \ S_1^2 = \frac{1}{n_1 - 1} \sum_{i=1}^{n_1} (X_i - \bar{X})^2,$$

$$S_2^2 = \frac{1}{n_2 - 1} \sum_{i=1}^{n_2} (Y_i - \bar{Y})^2,$$

选用检验统计量
$$T = \frac{\bar{X} - \bar{Y}}{S_w \sqrt{1/n_1 + 1/n_2}}, \tag{7.2.3}$$

其中 $S_w^2 = \dfrac{(n_1 - 1) S_1^2 + (n_2 - 1) S_2^2}{n_1 + n_2 - 2}$.

当 H_0 为真时式（7.2.3）中的检验统计量 $T = \dfrac{\bar{X} - \bar{Y}}{S_w \sqrt{1/n_1 + 1/n_2}} \sim t(n_1 + n_2 - 2)$.
对给定的水平 α，在 H_0 为真时，按 $P\{|T| > t_{1-\alpha/2}\} = \alpha$，查表定出临界值 $t_{1-\alpha/2}$，确定出拒绝域 $C = \{t: |t| > t_{1-\alpha/2}\}$. 当 T 的观察值 $t \in C$ 则拒绝 H_0，否则接受 H_0.

【**例7.7**】某家禽研究所对粤黄鸡进行饲养对比试验，试验时间为 60 天，增重结果见表 7.3，问两种饲料对粤黄鸡的增重效果有无显著差异？

表 7.3　粤黄鸡饲养试验增重

饲料	增重/g							
A	720	710	735	680	690	705	700	705
B	680	695	700	715	708	685	698	688

此例 $n_1 = n_2 = 8$，经计算得 $\bar{x}_1 = 705.6250$，$S_1^2 = 288.8393$，$\bar{x}_2 = 696.1250$，$S_2^2 = 138.1250$.

要检验假设：
$$H_0: \mu_1 = \mu_2, \ H_1: \mu_1 \neq \mu_2$$

计算得
$$S_w^2 = \frac{(n_1 - 1)S_1^2 + (n_2 - 1)S_2^2}{(n_1 - 1) + (n_2 - 1)} = \frac{7 \times 288.8393 + 7 \times 138.1250}{(8-1) + (8-1)} = 213.4822,$$

$$t = \frac{\bar{x}_1 - \bar{x}_2}{S_w \sqrt{1/n_1 + 1/n_2}} = \frac{705.625 - 696.125}{\sqrt{213.4822 \times (1/8 + 1/8)}} = 1.3004.$$

此处的检验统计量服从自由度为 14 的 t 分布，查临界 t 值得：双侧 $t_{0.05(14)}=2.145$，$|t|<2.145$，故不能否定原假设，表明两种饲料饲喂粤黄鸡的增重效果差异不显著，可以认为两种饲料的增重效果没有差异.

7.3 正态总体方差的假设检验

7.3.1 单正态总体方差的 χ^2 检验

以上讨论的 U 检验和 T 检验都是关于均值的检验，现在来讨论正态总体方差的检验.

设 X_1，X_2，……，X_n 为取自正态总体 $N(\mu，\sigma^2)$ 的子样，需检验假设 $H_0：\sigma^2=\sigma_0^2$（现分别对 μ 已知和 μ 未知两种情况进行讨论）.

1. 总体均值 $\mu=\mu_0$ 为已知常数

这时 $\dfrac{1}{n}\sum\limits_{i=1}^{n}(X_i-\mu_0)^2$ 是 σ^2 的无偏估计，选用检验统计量

$$\chi^2=\frac{\sum\limits_{i=1}^{n}(X_i-\mu_0)^2}{\sigma_0^2}\overset{H_0真时}{\sim}\chi^2(n)，\tag{7.3.1}$$

对给定的显著性水平 α，由 $P\{k_1\leqslant\chi^2\leqslant k_2\}=1-\alpha$，查表定出临界值 k_1、k_2 及拒绝域 $C=\{\chi^2<k_1\}\bigcup\{\chi^2>k_2\}$，一般情况下 k_1、k_2 是选用分位点 $\chi^2_{\alpha/2}$、$\chi^2_{1-\alpha/2}$.

即由 $P_{H_0}(\chi^2<\chi^2_{\alpha/2})=\dfrac{\alpha}{2}$，$P_{H_0}(\chi^2>\chi^2_{1-\alpha/2})=\dfrac{\alpha}{2}$ 定出 $k_1=\chi^2_{\alpha/2}$，$k_2=\chi^2_{1-\alpha/2}$.

2. 总体均值 μ 未知的情形

这时用 μ 的有效估计 $\overline{X}$ 替代式（7.3.1）中 μ_0，$S^2=\dfrac{1}{n-1}\sum\limits_{i=1}^{n}(X_i-\overline{X})^2$ 是 σ^2 的无偏估计.

选用检验统计量

$$\chi^2=\frac{\sum\limits_{i=1}^{n}(X_i-\overline{X})^2}{\sigma_0^2}=\frac{(n-1)S^2}{\sigma_0^2}\sim\chi^2(n-1).\tag{7.3.2}$$

对于给定的水平 α，由 $P_{H_0}(\chi^2>\chi^2_{1-\alpha/2})=\dfrac{\alpha}{2}$，$P_{H_0}(\chi^2<\chi^2_{\alpha/2})=\dfrac{\alpha}{2}$ 查自由度为 $n-1$ 的 χ^2 分布表，得临界值 $\chi^2_{1-\alpha/2}$、$\chi^2_{\alpha/2}$，从而确定其拒绝域为 $C=(\chi^2>\chi^2_{1-\alpha/2})\bigcup(\chi^2<\chi^2_{\alpha/2})$，然后将样本观察值代入式（7.3.2）计算出 χ^2 的观察值，视其是否落入拒绝域而作出拒绝或接受 H_0 的判断.

【例 7.8】 某电工器材厂生产一种保险丝，测量其熔化时间，依通常情况方差为 400，今从某天的产品中抽取容量为 25 的样本，测量其熔化时间并计算得 $\bar{x}=62.24$，$s^2=404.77$，问这天保险丝熔化时间的方差与通常有无显著差异？（取 $\alpha=0.05$，假定熔化时间服从正态分布.）

解 本题可归结为关于正态总体方差的双侧检验问题.

$$H_0：\sigma^2=400\leftrightarrow H_1：\sigma^2\neq400$$

当 $\alpha=0.05$ 时，查表知 $\chi^2_{0.025}(24)=12.401$，$\chi^2_{0.975}(24)=39.3641$，因此拒绝域为

$$W=\{\chi^2\leqslant 12.401\}\bigcup\{\chi^2\geqslant 39.3641\},$$

由所给的条件可得出检验统计量为

$$\chi^2=\frac{24\times 404.77}{400}=24.2862,$$

可见 $\chi^2\notin W$，因此在显著性水平 $\alpha=0.05$ 下，接受 H_0，即认为该天保险丝熔化时间的方差与通常无显著差异.

7.3.2　两正态总体方差比的 F 检验

前面介绍两个独立正态总体均值差的 T 检验时，我们要求两总体方差相等，要检验其方差是否相等，需用下面介绍的 F 检验法.

设 X_1，X_2，$\cdots$，X_{n_1} 是取自正态总体 $N(\mu_1,\sigma_1^2)$ 的子样，Y_1，Y_2，$\cdots$，Y_{n_2} 是取自正态总体 $N(\mu_2,\sigma_2^2)$ 的子样，且两子样相互独立，要检验

$$H_0:\sigma_1^2=\sigma_2^2\leftrightarrow H_1:\ \sigma_1^2\neq\sigma_2^2$$

当 H_0 为真时，可选用检验统计量

$$F=\frac{S_1^2}{S_2^2}\sim F(n_1-1,\ n_2-1),\tag{7.3.3}$$

对给定的水平 α，由 $P_{H_0}(F\geqslant f_{1-\alpha/2})=\dfrac{\alpha}{2}$，$P_{H_0}(F\leqslant f_{\alpha/2})=\dfrac{\alpha}{2}$，查 F $(n_1-1,\ n_2-1)$ 分布表定出临界值，进而确定出拒绝域 $C=(f\geqslant f_{1-\alpha/2})\bigcup(f\leqslant f_{\alpha/2})$，视 F 统计量的观察值 f 是否落入 C 而作出拒绝或接受 H_0 的判断.

【例 7.9】某中学从初二年级中各随机抽取若干学生施以两种不同的数学教改实验，一段时间后统一测试结果如下.

实验甲：$n_1=25$，$\bar{x}_1=88$，$S_{1n_1}=6$；

实验乙：$n_2=27$，$\bar{x}_2=82$，$S_{2n_2}=8$.

在测试成绩均服从正态分布的条件下，问两种实验效果差异是否显著（$\alpha=0.1$）？

解　1. 首先作方差齐性检验

（1）提出假设.

$$H_0:\sigma_1^2=\sigma_2^2\leftrightarrow H_1:\sigma_1^2\neq\sigma_2^2$$

（2）定临界值. 由

$$F=\frac{S_1^2}{S_2^2}=\frac{n_1 S_{1n_1}^2/(n_1-1)}{n_2 S_{2n_2}^2/(n_2-1)}\sim F(24,\ 26),$$

查表得 $f_{1-\alpha/2}(24,\ 26)=f_{0.95}(24,\ 26)=1.95$，$f_{\alpha/2}(24,\ 26)=\dfrac{1}{f_{0.95}(26,\ 24)}=\dfrac{1}{1.97}=0.508$，

于是拒绝域为

$$C=\{f\geqslant 1.95\}\bigcup(f\leqslant 0.508).$$

（3）计算 f 值.

$$f=\frac{25\times 6^2/24}{27\times 8^2/26}=\frac{25\times 6^2\times 26}{27\times 8^2\times 24}=0.564>0.508.$$

（4）作出判决. 因 $f \notin C$ 故不能拒绝 H_0，认为两子样取自方差没有显著差异的总体.

2. 检验均值是否有显著差异

显然应选用式（7.2.3）所示 T 检验.

（1）提出假设.

$$H_0: \mu_1 = \mu_2 \leftrightarrow H_1: \mu_1 \neq \mu_2$$

（2）计算临界值.

由 $\alpha = 0.10$，t 分布的自由度为 50，得

$$t_{0.05}(50) \approx u_{0.05} = 1.645.$$

（3）计算 t 统计量的值. $S_1^2 = n_1 S_{1n_1}^2 / (n_1 - 1)$，$S_2^2 = n_2 S_{2n_2}^2 / (n_2 - 1)$，于是

$$S_w^2 = \frac{24 \times 37.50 + 26 \times 66.46}{50} = 52.56,$$

$$t = \frac{\overline{x}_1 - \overline{x}_2}{S_w \sqrt{1/25 + 1/27}} = \frac{88 - 82}{7.25 \sqrt{0.077}} = \frac{6}{2.012} = 2.98 > 1.645.$$

故应拒绝 H_0，认为两种数学教改试验效果有显著差异.

7.4 分布拟合检验

前面讨论的总体分布中未知参数的估计和检验都是假定总体分布类型已知. 但是，在实际应用时，总体的分布往往未知，首先应对总体分布类型进行推断，如何对总体的分布进行推断呢? 不难想象，我们可以由子样做经验分布函数的提示，对总体分布类型做假设，然后再对所提的假设进行检验. 由于所用的方法不依赖于总体分布的具体数学形式，在数理统计中，就把这种不依赖于分布的统计方法称为**非参数统计法**.

非参数统计的内容十分丰富，在本节我们主要介绍非参数假设检验中最重要的一类——**χ^2 分布拟合检验**。

7.4.1 总体真实分布 $F_0(x)$ 已知

设总体 X 的分布函数为 $F(x)$，但 $F(x)$ 未知，从 X 中抽取子样 $(X_1, X_2, \cdots, X_n)$ 的观测值为 $(x_1, x_2, \cdots, x_n)$，要据此检验总体 X 的分布函数为某已知函数 $F_0(x)$：

$$H_0: F(x) = F_0(x).$$

我们将 X 的可能取值范围 R 分成 k 个互不相交的区间：$A_1 = [a_0, a_1)$，$A_2 = [a_1, a_2)$，$\cdots$，$A_k = [a_{k-1}, a_k)$（这些区间不一定长度相等，且 a_0 可为 $-\infty$，a_k 可为 $+\infty$）.

以 n_i 表示子样观测值 $(x_1, x_2, \cdots, x_n)$ 中落入区间 A_i 的频数，称之为观测频数，显然有 $\sum_{i=1}^{k} n_i = n$，而事件 $\{X \in A_i\}$ 在 n 次观测中发生的频率为 $\frac{n_i}{n}$.

我们知道，当 H_0 为真时，有

$$P(X \in A_i) = F_0(a_i) - F_0(a_{i-1}) P_i, \quad i = 1, 2, \cdots, k, \tag{7.4.1}$$

于是得到在 H_0 为真时，容量为 n 的子样落入区间 A_i 的理论频数为 np_i，且有 $\sum_{i=1}^{k} np_i =$

$n \sum\limits_{i=1}^{k} p_i = n$，由大数定律知，当 H_0 为真时，$\dfrac{n_i}{n} \xrightarrow{p} p_i$，$n \to \infty$.

即知，当 n 充分大时，n_i 与 np_i 的差异不应太大. 根据这个思想，皮尔逊（K. Pearson）构造出 H_0 的检验统计量为

$$\chi^2 = \sum_{i=1}^{k} \frac{(n_i - np_i)^2}{np_i}, \tag{7.4.2}$$

并证明了如下的结论.

定理 7.1（皮尔逊定理）　当 H_0 为真时，式（7.4.2）所示的 χ^2 统计量的渐近分布是自由度为 $k-1$ 的 χ^2 分布，即

$$\chi^2 = \sum_{i=1}^{k} \frac{(n_i - np_i)^2}{np_i} \longrightarrow \chi^2(k-1), \quad n \to \infty. \tag{7.4.3}$$

于是，对于给定的显著性水平 α，$P\{\chi^2 \geqslant \chi^2_{1-\alpha}\}$ 查 $\chi^2(k-1)$ 分布表，确定出临界值，从而得 H_0 的拒绝域 $C = [\chi^2_{1-\alpha}, \infty]$，将子样观察值代入式（7.4.2）的 χ^2 统计量，算出其观测值 χ^2，视其是否落入 C 而作出拒绝或接受 H_0 的判断.

【例 7.10】 有人对 $\pi = 3.1415926\cdots$ 的小数点后 800 位数字中数字 0，1，2，$\cdots$，9 出现的次数进行了统计，结果见表 7.4.

表 7.4　π 的小数点后 800 位数字的出现次数

数字	0	1	2	3	4	5	6	7	8	9
次数	74	92	83	79	80	73	77	75	76	91

试在显著性水平为 0.05 下检验每个数字出现概率相同的假设.

解　这是一个分布拟合优度检验. 总体总共有 10 类. 若记出现数字 i 的概率为 p_i，则要检验的假设为

$$H_0: p_0 = p_1 = \cdots = p_9 = 0.1.$$

这里 $k=10$，检验拒绝域为 $\{\chi^2 \geqslant \chi^2_{1-\alpha}(9)\}$. 若取 $\alpha = 0.05$，则查表知 $\chi^2_{0.95}(9) = 16.92$. 检验统计量为

$$\chi^2 = \frac{(74-80)^2}{80} + \frac{(92-80)^2}{80} + \cdots + \frac{(91-80)^2}{80} = 5.125.$$

由于 $\chi^2 = 5.125$ 未落入拒绝域，故不拒绝原假设. 在显著性水平为 0.05 下可以认为每个数字出现概率相同的结论成立. 此处检验的 p 值为 $p = P(\chi^2(9) \geqslant 5.125)$，可用统计软件算出 $p = 0.8233$.

上面的检验法称为皮尔逊 χ^2 拟合检验法，它适合下面更一般的情况.

7.4.2　总体真实分布 $F_0(x; \theta_1, \theta_2, \cdots, \theta_m)$ 含有未知参数

设总体 X 的分布函数为 $F(x)$，但 $F(x)$ 未知，从 X 中抽取子样 $(X_1, X_2, \cdots, X_n)$ 的观测值为 $(x_1, x_2, \cdots, x_n)$，要据此检验总体 X 的分布函数为某含有未知参数但已知分布类型的 $F_0(x; \theta_1, \theta_2, \cdots, \theta_m)$：

$$H_0: F(x) = F_0(x; \theta_1, \theta_2, \cdots, \theta_m).$$

在这种情况下，我们首先用 $\theta_1, \theta_2, \cdots, \theta_m$ 的极大似然估计 $\hat{\theta}_1, \hat{\theta}_2, \cdots, \hat{\theta}_m$ 代替

$F_0(x; \theta_1, \hat{\theta}_2, \cdots, \theta_m)$ 中的参数 θ_1, θ_2, $\cdots$, θ_m, 再按 7.4.1 节的处理办法进行检验, 但这时式 (7.4.3) 的 χ^2 统计量的渐近分布将是 $\chi^2(k-m-1)$.

  定理 7.2 (Fisher 定理) 当 H_0 为真时, 用 θ_1, θ_2, $\cdots$, θ_m 的极大似然估计 $\hat{\theta}_1$, $\hat{\theta}_2$, $\cdots$, $\hat{\theta}_m$ 代替 $F_0(x; \theta_1, \theta_2, \cdots\theta_m)$ 中的未知参数 θ_1, θ_2, $\cdots$, θ_m, 并用

$$\hat{P}_i = F_0(a_i; \hat{\theta}_1, \hat{\theta}_2, \cdots, \hat{\theta}_m) - F_0(a_{i-1}; \hat{\theta}_1, \hat{\theta}_2, \cdots, \hat{\theta}_m) \tag{7.4.4}$$

代替式 (7.4.3) 中的 P_i 所得的统计量

$$\chi^2 = \sum_{i=1}^{k} \frac{(n_i - n\hat{p}_i)^2}{n\hat{p}_i} \longrightarrow \chi^2(k-m-1), \ n \to \infty. \tag{7.4.5}$$

【例 7.11】 检查了一本书的 100 页, 记录各页中的印刷错误的个数, 其结果见表 7.5.

表 7.5 各页印刷错误个数统计

错误个数	0	1	2	3	4	5	$\geqslant 6$
页数	35	40	19	3	2	1	0

问能否认为一页的印刷错误个数服从泊松分布 (取 $\alpha = 0.05$)?

  解 这是一个要检验总体是否服从泊松分布的假设检验问题. 本题中把总体分成 7 类, 在原假设下, 每类出现的概率为

$$p_i = \frac{\lambda^i}{i!} e^{-\lambda}, \ i=0, 1, \cdots, 5, \ p_6 = \sum_{i=6}^{+\infty} \frac{\lambda^i}{i!} e^{-\lambda}. \tag{7.4.6}$$

未知参数 λ 可采用极大似然方法进行估计, 为

$$\hat{\lambda} = \frac{1}{100}(1 \times 40 + 2 \times 19 + \cdots + 5 \times 1) = 1.$$

将 $\hat{\lambda}$ 代入式 (7.4.6) 可以估计出诸 $\hat{p}_i$. 于是可计算出检验统计量 χ^2, 见表 7.6.

表 7.6 检验统计量 χ^2 的计算

i	n_i	$\hat{p}_i$	$n\hat{p}_i$	$(n_i-n\hat{p}_i)^2/n\hat{p}_i$
0	35	0.3679	36.79	0.0871
1	40	0.3679	36.79	0.2801
2	19	0.1839	18.39	0.0202
3	3	0.0613	6.13	1.5982
4	2	0.0153	1.53	0.1444
5	1	0.0031	0.31	1.5358
6	0	0.0006	0.06	0.06
合计	100	1.0000	100	$\chi^2 = 3.7258$

若取 $\alpha = 0.05$, 查表知 $\chi^2_{1-a}(k-m-1) = \chi^2_{0.95}(5) = 11.0705$, 故拒绝域为 $W = \{\chi^2 \geqslant 11.0705\}$, 由于 $\chi^2 = 3.7258 < 11.0705$, 故不拒绝原假设. 在显著性水平为 0.05 下可以认为一页的印刷错误个数服从泊松分布. 此处检验的 p 值为 $p = P(\chi^2(5) \geqslant 3.7258) = 0.5895$.

本章小结

当总体分布中的某些参数未知或者分布函数未知时，我们需要提出某些关于总体分布参数或者关于总体分布的假设，然后根据样本对所提出的假设作出接受还是拒绝的判断．常用的参数假设检验统计量有 t 检验、F 检验和 χ^2 检验等，常用的非参数假设检验有 χ^2 拟合检验等．尽管这些检验方法的用途及使用条件不同，但其检验的基本原理都是基于"小概率事件原理"．

本章学习要点：

1. 了解假设检验的基本思想，理解假设检验的基本概念，认识假设检验问题，熟悉假设检验的基本步骤．

2. 理解和掌握单个以及两个正态总体均值的假设检验的思想和方法．

3. 理解和掌握单正态总体方差和两正态总体方差比检验的思想和方法．

4. 理解 χ^2 拟合检验的基本思想，熟悉其基本步骤．

习题 7

1. 有一批枪弹，出厂时，其初速 $v \sim N(950, 100)$（单位：m/s）．经过较长时间储存，取 9 发进行测试，得样本值（单位：m/s）如下

$$914 \quad 920 \quad 910 \quad 934 \quad 953 \quad 945 \quad 912 \quad 924 \quad 940$$

据经验，枪弹经储存后其初速度仍服从正态分布，且标准差保持不变，问是否可认为这批枪弹的初速度有显著降低（$\alpha = 0.05$）？

2. 已知某炼铁厂铁水含碳量（单位：90）服从正态分布 $N(4.55, 0.108^2)$．现在测定了 9 炉铁水，其平均含碳量为 4.484，如果铁水含碳量的方差没有变化，可否认为现在生产的铁水平均含碳量仍为 $4.55(\alpha = 0.05)$？

3. 从一批钢管抽取 10 根，测得其内径（单位：mm）为

$$100.36 \quad 100.31 \; 99.99 \quad 100.11 \quad 100.64 \quad 100.85 \quad 99.42 \quad 99.91 \quad 99.35 \quad 100.10$$

设这批钢管内径服从正态分布 $N(\mu, \sigma^2)$，试分别在下列条件下检验假设（$\alpha = 0.05$）：

$$H_0: \mu = 100 \leftrightarrow H_1: \mu > 100.$$

（1）已知 $\sigma = 0.5$；（2）σ 未知．

4. 如果一个矩形的宽度 w 与长度 l 的比值为 $\dfrac{w}{l} = \dfrac{1}{2}(\sqrt{5} - 1) \approx 0.618$，这样的矩形称为黄金矩形．下面列出某工艺品厂随机抽取的 20 个矩形的宽度与长度的比值．

$$0.693 \quad 0.749 \quad 0.654 \quad 0.670 \quad 0.662 \quad 0.672 \quad 0.615 \quad 0.606 \quad 0.690 \quad 0.628$$
$$0.668 \quad 0.611 \quad 0.606 \quad 0.609 \quad 0.553 \quad 0.570 \quad 0.844 \quad 0.576 \quad 0.933 \quad 0.630$$

设这一工厂生产的矩形的宽度与长度的比值总体服从正态分布，其均值为 μ，试检验假设（取 $\alpha = 0.05$）：

$$H_0: \mu = 0.618 \leftrightarrow H_1: \mu \neq 0.618.$$

5. 表 7.7 给出两种型号的计算器充电以后所能使用的时间（单位：h）的观测值．

表 7.7　计算器的使用时间

| 型 A | 5.5 | 5.6 | 6.3 | 4.6 | 5.3 | 5.0 | 6.2 | 5.8 | 5.1 | 5.2 | 5.9 | |
| 型 B | 3.8 | 4.3 | 4.2 | 4.0 | 4.9 | 4.5 | 5.2 | 4.8 | 4.5 | 3.9 | 3.7 | 4.6 |

设两样本独立，数据所属的两正态总体方差相等，且均值至多差一个平移量. 试问能否认为型号 A 的计算器平均使用时间明显比型号 B 来得长（取 $\alpha=0.01$）？

6. 从某锌矿的东、西两支矿脉中，各抽取样本容量分别为 9 与 8 的样本进行测试，得样本平均数及样本方差如下.

$$东支：\overline{x}_1=0.230,\ s_1^2=0.1337;$$

$$西支：\overline{x}_2=0.269,\ s_2^2=0.1736.$$

若东、西两支矿脉的含锌量都服从正态分布且方差相同，问东、西两支矿脉含锌量的均值是否可以看作一样（取 $\alpha=0.05$）？

7. 两台车床生产同一种滚珠，滚珠直径（单位：mm）服从正态分布. 从中分别抽取 8 个和 9 个产品，测得其直径为

$$甲床：15.0\quad 14.5\quad 15.2\quad 15.5\quad 14.8\quad 15.1\quad 15.2\quad 14.8$$

$$乙床：\quad 15.2\quad 15.0\quad 14.8\quad 15.2\quad 15.0\quad 15.0\quad 14.8\quad 15.1\quad 14.8$$

比较两台车床生产的滚珠直径的方差是否有明显的差异（取 $\alpha=0.05$）.

8. 测得两批电子器件的样品的电阻（单位：Ω）为

$$A\ 批（x）：\quad 0.140\quad 0.138\quad 0.143\quad 0.142\quad 0.144\quad 0.137$$

$$B\ 批（y）：\quad 0.135\quad 0.140\quad 0.142\quad 0.136\quad 0.138\quad 0.140$$

设这两批器材电阻值分别服从分布 $N(\mu_1,\sigma_1^2)$，$N=(\mu_2,\sigma_2^2)$，且两样本独立.

（1）试检验两个总体的方差是否相等（取 $\alpha=0.05$）；

（2）试检验两个总体的均值是否相等（取 $\alpha=0.05$）.

9. 掷一颗骰子 60 次，结果见表 7.8.

表 7.8　掷骰子 60 次结果

点数	1	2	3	4	5	6
次数	7	8	12	11	9	13

试在显著性水平为 0.05 下检验这颗骰子是否均匀.

10. 在一批灯泡中抽取 300 只作寿命检验，其结果见表 7.9.

表 7.9　300 只灯泡的寿命统计

寿命/h	<100	$[100,200)$	$[200,300)$	$\geqslant 300$
灯泡数	121	78	43	58

在显著性水平 $\alpha=0.05$ 下，能否认为灯泡寿命服从指数分布 $E(0.005)$？

第 **8** 章　回归分析

当人们对研究对象的内在特性和各因素间的关系有比较充分的认识时，一般用机理分析方法建立数学模型. 如果由于客观事物内部规律的复杂性及人们认识程度的限制，无法分析实际对象内在的因果关系，建立合乎机理规律的数学模型，那么通常的办法是搜集大量数据，基于对数据的统计分析去建立模型. 本章讨论其中用途非常广泛的一类模型——统计回归模型. 回归模型常用来解决预测、控制、生产工艺优化等问题.

变量之间的关系可以分为两类. 一类叫确定性关系，也叫函数关系，其特征是：一个变量随着其他变量的确定而确定. 另一类关系叫相关关系，变量之间的关系很难用一种精确的方法表示出来. 例如，通常人的年龄越大血压越高，但人的年龄和血压之间没有确定的数量关系，人的年龄和血压之间的关系就是相关关系. 再例如，人身高与脚长是两个变量，它们关系密切，但是脚长不能完全确定人的身高，脚长为 25cm 的人，他的身高是不确定的等.

具有相关关系的变量间由一些变量可以大体预报其他变量. 前者称为解释变量，也叫作自变量，后者称为响应变量，也叫作因变量. 我们希望得到由解释变量预报响应变量的公式，以便通过解释变量去预测或控制响应变量.

回归分析作为处理变量之间的相关关系的一种统计分析方法，其解决问题的大致方法、步骤如下.

（1）收集一组包含因变量和自变量的数据.

（2）确定因变量和自变量之间的定量关系式，即建立数学模型并估计其中的未知参数.

（3）对这些关系式的可信度进行检验.

（4）在许多自变量共同影响着一个因变量的关系中，判断哪个（或哪些）自变量的影响是显著的，哪些自变量的影响是不显著的，将显著的自变量纳入模型中，剔除影响不显著的变量.

（5）利用模型对因变量作出预测或解释.

一般的相关分析研究的是现象之间是否相关、相关的方向和密切程度，而回归分析要分析现象之间的具体形式，确定其因果关系，并用数学模型来表示其具体关系. 比如，从相关分析中得知"质量"和"用户满意度"密切相关，但是这两个变量之间到底是哪个影响哪个，影响程度如何，则需要通过回归分析法来确定.

8.1　一元线性回归

8.1.1　基本概念

我们假定有两个变量 Y 与 X 之间存在相关关系，这种关系可以用 Y 的函数的形式表示出来，即 Y 是所谓的因变量，它仅仅依赖于自变量 X，它们之间的关系可以用方程式表示. 在最简单的情况下，Y 与 X 之间的关系是线性关系. 用线性函数 $a+bX$ 来估计 Y 的数学期望的问题称为一元线性回归问题. 即，上述估计问题相当于对变量 X 的每一个观测值 x，假设 $E(y)=a+bx$，而且，$y \sim N(a+bx, \sigma^2)$，其中 a、b、σ^2 都是未知参数，并且不依赖于 x. 对 y 作这样的正态假设，相当于设

$$y = a + bx + \varepsilon, \tag{8.1.1}$$

其中 $\varepsilon \sim N(0, \sigma^2)$ 为随机误差.

这种线性关系的确定常常可以通过两类方法，一类是根据实际问题所对应的理论分析，如各种经济理论常常会揭示一些基本的数量关系；另一种直观的方法是通过 Y 与 X 的散点图来初步确认.

对于公式（8.1.1）中的系数 a、b，需要由观察值 (x_i, y_i) 来进行估计. 如果由样本得到了 a、b 的估计值为 $\hat{a}$、$\hat{b}$，则对于给定的 x，$a+bx$ 的估计为 $\hat{a}+\hat{b}x$，记作 $\hat{y}$，也就是我们对 y 的估计方程为

$$\hat{y} = \hat{a} + \hat{b}x. \tag{8.1.2}$$

称之为 y 对 x 的线性回归方程，或回归方程，其图形称为回归直线.

【例 8.1】有一种溶剂在不同的温度下其在一定量的水中的溶解度不同，现测得这种溶剂在温度 x 下，溶解于水中的数量 y 如表 8.1 所示.

表 8.1　某种溶剂在不同温度下溶解于水中的数据

x_i	0	4	10	15	21	29	36	51	68
y_i	66.7	71.0	76.3	80.6	85.7	92.9	99.4	113.6	125.1

数据的散点图如图 8.1 所示.

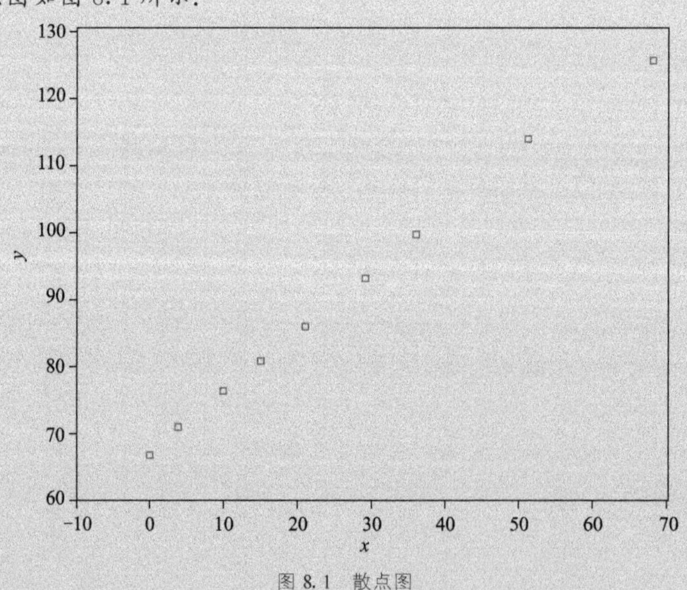

图 8.1　散点图

这里 x 是自变量，y 是随机变量，我们要求 y 对 x 的回归直线方程. 我们因如何估计方程中的系数 $\hat{a}$ 和 $\hat{b}$？

8.1.2　回归系数估计

在样本的容量为 n 的情况下，我们得到 n 对观察值为 (x_i,y_i)，下面我们利用最小二乘法来基于这 n 对观察值估计参数 a、b.

当我们做出这 n 对变量观察值的散点图后，可以看出，我们所要求的回归直线，实际上是这样的一条直线：使所求的直线能够最好地拟合已有的所有点，或者说要使图上所有的点到这条直线的距离最近. 因此所要求的直线实际上就是使所有的点与这条直线间的误差最小的直线.

我们用 y_i 表示 y 的样本观察值，$\hat{y}_i$ 表示根据回归方程所得到的 y 的估计值，则估计值与实际观察值之间的误差为

$$e_i = y_i - \hat{y}_i = y_i - \hat{a} - \hat{b}x_i. \tag{8.1.3}$$

其总的误差，可以表示为误差的平方和的形式，即

$$Q(\hat{a},\hat{b}) = \sum e_i^2 = \sum (y_i - \hat{y}_i)^2 = \sum (y_i - \hat{a} - \hat{b}x_i)^2. \tag{8.1.4}$$

现在要使上式取得极小值，只需令 Q 对 $\hat{a}$、$\hat{b}$ 的一阶偏导等于 0，因此

$$\begin{cases} \dfrac{\partial Q}{\partial \hat{a}} = \dfrac{\partial \sum (y_i - \hat{a} - \hat{b}x_i)^2}{\partial \hat{a}} = -2\left(\sum y - n\hat{a} - \hat{b}\sum x\right) = 0, \\[3mm] \dfrac{\partial Q}{\partial \hat{b}} = \dfrac{\partial \sum (y_i - \hat{a} - \hat{b}x_i)^2}{\partial \hat{b}} = -2\left(\sum xy - \hat{a}\sum x - \hat{b}\sum x^2\right) = 0. \end{cases}$$

$$\tag{8.1.5}$$

由此可解得如下结果：

$$\begin{cases} \hat{a} = \bar{y} - \hat{b}\bar{x}, \\[3mm] \hat{b} = \dfrac{\sum (x-\bar{x})(y-\bar{y})}{\sum (x-\bar{x})^2}. \end{cases} \tag{8.1.6}$$

其中 $\dfrac{1}{n}\sum x = \bar{x}$，$\dfrac{1}{n}\sum y = \bar{y}$，$\hat{a}$、$\hat{b}$ 就是参数 a、b 的无偏估计. 此外，所谓最小二乘估计，实际上就是使误差的平方和最小的估计.

估计出了回归方程的系数，我们就可以在给定 x 值时对 y 进行估计或预测.

在 $\hat{a}$、$\hat{b}$ 的实际计算时，常令

$$\begin{cases} S_{xx} = \sum_{i=1}^n (x_i - \bar{x})^2 = \sum_{i=1}^n x_i^2 - \dfrac{1}{n}\left(\sum_{i=1}^n x_i\right)^2 = \sum_{i=1}^n x_i^2 - n\bar{x}^2, \\[3mm] S_{xy} = \sum_{i=1}^n (x_i - \bar{x})(y_i - \bar{y}) = \sum_{i=1}^n x_i y_i - \dfrac{1}{n}\left(\sum_{i=1}^n x_i\right)\left(\sum_{i=1}^n y_i\right), \\[3mm] S_{yy} = \sum_{i=1}^n (y_i - \bar{y})^2 = \sum_{i=1}^n y_i^2 - \dfrac{1}{n}\left(\sum_{i=1}^n y_i\right)^2 = \sum_{i=1}^n y_i^2 - n\bar{y}^2, \end{cases}$$

则　　　　　　$\hat{a} = \bar{y} - \hat{b}\bar{x}$，$\hat{b} = S_{xy}/S_{xx}$. $\tag{8.1.7}$

【续例 8.1】 求 y 关于 x 的回归方程.

解　此处，有关回归方程计算所需要的数据如下.

$$n=9, \quad \bar{x}=26, \quad \bar{y}=90.1444, \quad S_{xx}=\sum_{i=1}^{9}(x_i-\bar{x})^2=4060, \quad S_{yy}=\sum_{i=1}^{9}(y_i-\bar{y})^2=$$

$$3083.9822, \quad S_{xy}=\sum_{i=1}^{9}(x_i-\bar{x})(y_i-\bar{y})=3534.8,$$

于是 $\quad \hat{b}=\dfrac{S_{xy}}{S_{xx}}=\dfrac{3534.8}{4060}=0.8706, \quad \hat{a}=\bar{y}-\hat{b}\bar{x}=67.5078.$

因此所求的回归直线方程为

$$\hat{y}=67.5078+0.8706x.$$

8.1.3 参数估计量的分布

为了对前面所作的 y 与 x 是线性关系的假设的合理性进行检验，我们必须知道所估计的参数的分布.

由于 $\hat{b}=\dfrac{\sum(x_i-\bar{x})(y_i-\bar{y})}{\sum(x_i-\bar{x})^2}=\dfrac{S_{xy}}{S_{xx}}$，按假定，$y_1, y_2, \cdots, y_n$ 相互独立，而且已知 $y\sim N(a+bx, \sigma^2)$，其中 x_i 为常数，所以由 $\hat{b}$ 的表达式知 $\hat{b}$ 为独立正态变量 $y_1, y_2, \cdots, y_n$ 的线性组合，于是 $\hat{b}$ 也是正态随机变量. 可以证明

$$\hat{b}\sim N(b, \sigma^2/S_{xx}). \tag{8.1.8}$$

另外，对于任意给定的 $x=x_0$，其对应的回归值 $\hat{y}_0=\hat{a}+\hat{b}x_0$，由于 $\hat{a}=\bar{y}-\hat{b}\bar{x}$，所以可以写成 $\hat{y}_0=\hat{a}+\hat{b}x_0=\bar{y}+\hat{b}(x_0-\bar{x})$，也就是说，在 $x=x_0$ 处 y 所对应的估计值也是一个正态分布的随机变量. 可以证明

$$\hat{y}_0\sim N\left(a+bx_0, \left(\dfrac{1}{n}+\dfrac{(x_0-\bar{x})^2}{\sum(x_i-\bar{x})^2}\right)\sigma^2\right). \tag{8.1.9}$$

为了估计方差，考查各个 x_i 处的 y_i 与其相对应的回归值 $\hat{y}_i=\bar{y}+\hat{b}(x_i-\bar{x})$，记残差 $y_i-\hat{y}_i$ 的平方和为 $ESS=\sum_{i=1}^{n}(y_i-\hat{y}_i)^2$.

可以证明，其期望值为 $E(ESS)=(n-2)\sigma^2$.

因此，$E(ESS)/(n-2)$ 是 σ^2 的无偏估计，即

$$\hat{\sigma}^2=\dfrac{ESS}{n-2}=\dfrac{1}{n-2}\sum_{i=1}^{n}(y_i-\hat{y})^2. \tag{8.1.10}$$

而且，其自由度为 $n-2$，其分布为 $\dfrac{(n-2)\hat{\sigma}^2}{\sigma^2}=\dfrac{ESS}{\sigma^2}\sim \chi^2(n-2).$

8.1.4 线性假设的显著性检验

1. t 检验法

现在来检验 $y=a+bx+\varepsilon, \varepsilon\sim N(0, \sigma^2)$ 这一线性假设是否合适，也即要检验假设：

$$H_0: b=0\leftrightarrow H_1: b\neq 0$$

回忆知，若假设 $X\sim N(0, 1)$，$Y\sim \chi^2(n)$，并且 X 与 Y 相互独立，则随机变量 t

$=\dfrac{X}{\sqrt{Y/n}}$ 服从自由度为 n 的 t 分布，记为 $t \sim t\ (n)$.

由上述的 8.1.3 节，显然 $\dfrac{\hat{b}-b}{\sqrt{\sigma^2/S_{xx}}} \sim N(0,\ 1)$，$\dfrac{(n-2)\hat{\sigma}^2}{\sigma^2}=\dfrac{ESS}{\sigma^2} \sim \chi^2(n-2)$.

若记 $\hat{\sigma}/\sqrt{S_{xx}}=Se\ (\hat{b})$ 为 $\hat{b}$ 的估计标准差，则在原假设 $H_0: b=0$ 成立时，有

$$t=\frac{\hat{b}}{\hat{\sigma}}\sqrt{S_{xx}}=\frac{\hat{b}}{Se(\hat{b})} \sim t(n-2). \tag{8.1.11}$$

在给定显著水平 α 下，计算 t 统计量的值与临界值比较，若落入拒绝域，则拒绝原假设 $H_0: b=0$，认为回归结果显著，也就是说 y 与 x 之间存在着线性关系 $y=a+bx+\varepsilon$；否则，就认为回归结果不显著.

2. F 检验法

为考虑 n 个观察值的差异，可用 y_i 与其平均值 $\bar{y}$ 的离差平方和表示，即 $TSS=\displaystyle\sum_{i=1}^{n}(y_i-\bar{y})^2$.

可有如下分解式：

$$\begin{aligned} TSS &= \sum_{i=1}^{n}\left[(y_i-\hat{y}_i)+(\hat{y}_i-\bar{y})\right]^2 \\ &= \sum_{i=1}^{n}(y_i-\hat{y}_i)^2+\sum_{i=1}^{n}(\hat{y}_i-\bar{y})^2 \\ &= ESS+RSS, \end{aligned} \tag{8.1.12}$$

其中，$ESS=\displaystyle\sum_{i=1}^{n}(y_i-\hat{y}_i)^2$ 表示除 x 与 y 的线性关系外，其他因素造成 y 值偏差的平方和，称为剩余平方和或残差平方和；$RSS=\displaystyle\sum_{i=1}^{n}(\hat{y}_i-\bar{y})^2$ 表示由 x 与 y 的线性关系引起的偏差，称为回归平方和. 可以证明 TSS、RSS、ESS 分别服从自由度为 $n-1$、1、$n-2$ 的 χ^2 分布.

故在 H_0 成立时，有

$$F=\frac{RSS/1}{ESS/(n-2)} \sim F(1,\ n-2), \tag{8.1.13}$$

对已给 α，若 $F>F_{\alpha}(1,\ n-2)$，则拒绝 H_0，即回归显著.

【续例 8.1】 检验例 8.1 的回归结果是否显著，取 $\alpha=0.05$.

解　利用前面计算的结果，将数据代入式 (8.1.11)，有 $t=56.58$，在此

$t_{\frac{\alpha}{2}}(n-2)=t_{0.025}(7)=2.3646<56.58$，

所以拒绝 H_0，即认为线性回归的效果是显著的.

将数据代入式 (8.1.13)，计算得 $F=3201.47$，查表（附表 7）知 $F_{\alpha}(1,\ n-2)=F_{0.05}(1,\ 7)=236.8$，显然应拒绝 H_0，认为线性回归效果显著.

8.2　多元线性回归

8.2.1　多元线性回归的概念

一元线性回归分析讨论的回归问题只涉及了一个自变量，但在实际问题中，影响因变量的因素往往有多个．例如，商品的需求除了受自身价格的影响外，还要受到消费者收入、其他商品的价格、消费者偏好等因素的影响；影响水果产量的外界因素有平均气温、平均日照时数、平均湿度等．

因此，在许多场合，仅仅考虑单个变量是不够的，还需要就一个因变量与多个自变量的联系来进行考察，才能获得比较满意的结果．这就产生了测定多因素之间相关关系的问题．

研究在线性相关条件下，两个或两个以上自变量对一个因变量的数量变化关系，称为多元线性回归分析，表现这一数量关系的数学公式，称为多元线性回归模型．

多元线性回归模型是一元线性回归模型的扩展，其基本原理与一元线性回归模型类似，只是在计算上更为复杂，一般需借助计算机来完成．

8.2.2　多元线性回归模型

1. 多元线性回归模型及其矩阵表示

设 y 是一个可观测的随机变量，它受到 p 个非随机因素 x_1，x_2，$\cdots$，x_p 和随机因素 ε 的影响，若 y 与 x_1，x_2，$\cdots$，x_p 有如下线性关系：

$$y = \beta_0 + \beta_1 x_1 + \cdots + \beta_p x_p + \varepsilon, \tag{8.2.1}$$

其中 β_0，β_1，$\cdots$，β_p 是 $p+1$ 个未知参数，ε 是不可测的随机误差，且通常假定 $\varepsilon \sim N(0, \sigma^2)$．我们称式（8.2.1）为多元线性回归模型．称 y 为被解释变量（因变量），$x_i (i=1, 2, \cdots, p)$ 为解释变量（自变量）．

称

$$E(y) = \beta_0 + \beta_1 x_1 + \cdots + \beta_p x_p \tag{8.2.2}$$

为理论回归方程．

对于一个实际问题，要建立多元回归方程，首先要估计出未知参数 β_0，β_1，$\cdots$，β_p，为此我们要进行 n 次独立观测，得到 n 组样本数据 $(x_{i1}, x_{i2}, \cdots, x_{ip}; y_i)$，$i=1, 2, \cdots, n$，它们满足式（8.2.1），即有

$$\begin{cases} y_1 = \beta_0 + \beta_1 x_{11} + \beta_2 x_{12} + \cdots + \beta_p x_{1p} + \varepsilon_1, \\ y_2 = \beta_0 + \beta_1 x_{21} + \beta_2 x_{22} + \cdots + \beta_p x_{2p} + \varepsilon_2, \\ \qquad\qquad\cdots\cdots \\ y_n = \beta_0 + \beta_1 x_{n1} + \beta_2 x_{n2} + \cdots + \beta_p x_{np} + \varepsilon_n, \end{cases} \tag{8.2.3}$$

其中 ε_1，ε_2，$\cdots$，ε_n 相互独立且都服从 $N(0, \sigma^2)$．

式（8.2.3）又可表示成矩阵形式：

$$\boldsymbol{Y} = \boldsymbol{X\beta} + \boldsymbol{\varepsilon}. \tag{8.2.4}$$

这里，$\boldsymbol{Y} = (y_1, y_2, \cdots, y_n)^{\mathrm{T}}$，$\boldsymbol{\beta} = (\beta_0, \beta_1, \cdots, \beta_p)^{\mathrm{T}}$，$\boldsymbol{\varepsilon} = (\varepsilon_1, \varepsilon_2, \cdots, \varepsilon_n)^{\mathrm{T}}$，$\boldsymbol{\varepsilon} \sim N_n(0, \sigma^2 \boldsymbol{I}_n)$，$\boldsymbol{I}_n$ 为 n 阶单位矩阵．

$$X = \begin{bmatrix} 1 & x_{11} & x_{12} & \cdots & x_{1p} \\ 1 & x_{21} & x_{22} & \cdots & x_{2p} \\ \vdots & \vdots & \vdots & & \vdots \\ 1 & x_{n1} & x_{n2} & \cdots & x_{np} \end{bmatrix},$$

$n \times (p+1)$ 阶矩阵 X 称为资料矩阵或设计矩阵，并假设它是列满秩的，即 $r(X) = p+1$.

由模型（8.2.3）以及多元正态分布的性质可知，Y 仍服从 n 维正态分布，它的期望向量为 $X\beta$，方差和协方差阵为 $\sigma^2 I_n$，即 $Y \sim N_n(X\beta, \sigma^2 I_n)$.

2. 参数的最小二乘估计及其性质

与一元线性回归时一样，多元线性回归方程中的未知参数 β_0，β_1，$\cdots$，β_p 仍然可用最小二乘法来估计，即我们选择 $\beta = (\beta_0, \beta_1, \cdots, \beta_p)^{\mathrm{T}}$ 使误差平方和

$$Q(\beta) \triangleq \sum_{i=1}^{n} \varepsilon_i^2 = \varepsilon^{\mathrm{T}} \varepsilon = (Y - X\beta)^{\mathrm{T}}(Y - X\beta)$$

$$= \sum_{i=1}^{n} (y_i - \beta_0 - \beta_1 x_{i1} - \beta_2 x_{i2} - \cdots - \beta_p x_{ip})^2$$

达到最小.

$Q(\beta)$ 是关于 β_0，β_1，$\cdots$，β_p 的非负二次函数，利用微积分的极值求法，得

$$\begin{cases} \dfrac{\partial Q(\hat{\beta})}{\partial \beta_0} = -2 \sum\limits_{i=1}^{n} (y_i - \hat{\beta}_0 - \hat{\beta}_1 x_{i1} - \hat{\beta}_2 x_{i2} - \cdots - \hat{\beta}_p x_{ip}) = 0, \\[2mm] \dfrac{\partial Q(\hat{\beta})}{\partial \beta_1} = -2 \sum\limits_{i=1}^{n} (y_i - \hat{\beta}_0 - \hat{\beta}_1 x_{i1} - \hat{\beta}_2 x_{i2} - \cdots - \hat{\beta}_p x_{ip}) x_{i1} = 0, \\[2mm] \qquad\qquad\qquad\qquad \cdots\cdots \\[2mm] \dfrac{\partial Q(\hat{\beta})}{\partial \beta_k} = -2 \sum\limits_{i=1}^{n} (y_i - \hat{\beta}_0 - \hat{\beta}_1 x_{i1} - \hat{\beta}_2 x_{i2} - \cdots - \hat{\beta}_p x_{ip}) x_{ik} = 0, \\[2mm] \qquad\qquad\qquad\qquad \cdots\cdots \\[2mm] \dfrac{\partial Q(\hat{\beta})}{\partial \beta_p} = -2 \sum\limits_{i=1}^{n} (y_i - \hat{\beta}_0 - \hat{\beta}_1 x_{i1} - \hat{\beta}_2 x_{i2} - \cdots - \hat{\beta}_p x_{ip}) x_{ip} = 0, \end{cases}$$

这里 $\hat{\beta}_i (i = 0, 1, \cdots, p)$ 是 $\beta_i (i = 0, 1, \cdots, p)$ 的最小二乘估计. 上述过程可用矩阵代数运算进行，得到

$$X^{\mathrm{T}}(Y - X\hat{\beta}) = 0,$$

移项得

$$X^{\mathrm{T}} X \hat{\beta} = X^{\mathrm{T}} Y, \tag{8.2.5}$$

称此方程组为正规方程组.

解正规方程组（8.2.5）得

$$\hat{\beta} = (X^{\mathrm{T}} X)^{-1} X^{\mathrm{T}} Y, \tag{8.2.6}$$

称 $\hat{y} = \hat{\beta}_0 + \hat{\beta}_1 x_1 + \hat{\beta}_2 x_2 + \cdots + \hat{\beta}_p x_p$ 为经验回归方程.

将自变量的各组观测值代入回归方程，可得因变量的估计量（拟合值）为

$$\hat{Y} = (\hat{y}_1, \hat{y}_2, \cdots, \hat{y}_p)^2 = X\hat{\beta}.$$

向量 $\boldsymbol{\varepsilon}=\boldsymbol{Y}-\hat{\boldsymbol{Y}}=\boldsymbol{Y}-\boldsymbol{X}\hat{\boldsymbol{\beta}}=[\boldsymbol{I}_n-\boldsymbol{X}(\boldsymbol{X}^{\mathrm{T}}\boldsymbol{X})^{-1}\boldsymbol{X}^{\mathrm{T}}]\boldsymbol{Y}=(\boldsymbol{I}_n-\boldsymbol{H})\boldsymbol{Y}$ 称为残差向量，其中 $\boldsymbol{H}=\boldsymbol{X}(\boldsymbol{X}^{\mathrm{T}}\boldsymbol{X})^{-1}\boldsymbol{X}^{\mathrm{T}}$ 为 n 阶对称幂等矩阵，$\boldsymbol{I}_n$ 为 n 阶单位阵.

记 $\boldsymbol{\varepsilon}^{\mathrm{T}}\boldsymbol{\varepsilon}=\boldsymbol{Y}^{\mathrm{T}}(\boldsymbol{I}_n-\boldsymbol{H})\boldsymbol{Y}=\boldsymbol{Y}^{\mathrm{T}}\boldsymbol{Y}-\hat{\boldsymbol{\beta}}^{\mathrm{T}}\boldsymbol{X}^{\mathrm{T}}\boldsymbol{Y}$ 为残差平方和 ESS.

由于 $E(\boldsymbol{Y})=\boldsymbol{X}\boldsymbol{\beta}$ 且 $(\boldsymbol{I}_n-\boldsymbol{H})\boldsymbol{X}=0$，可以证明

$$E(\boldsymbol{\varepsilon}^{\mathrm{T}}\boldsymbol{\varepsilon})=\sigma^2(n-p-1), \tag{8.2.7}$$

从而 $\hat{\sigma}^2=\dfrac{1}{n-p-1}\boldsymbol{\varepsilon}^{\mathrm{T}}\boldsymbol{\varepsilon}$ 为 σ^2 的一个无偏估计.

下面我们不加证明地叙述估计量的性质.

性质 1 $\hat{\boldsymbol{\beta}}$ 为 $\boldsymbol{\beta}$ 的线性无偏估计，且 $D(\hat{\boldsymbol{\beta}})=Var(\hat{\boldsymbol{\beta}})=\sigma^2(\boldsymbol{X}^{\mathrm{T}}\boldsymbol{X})^{-1}$.

这一性质说明 $\hat{\boldsymbol{\beta}}$ 为 $\boldsymbol{\beta}$ 的线性无偏估计，又由于 $(\boldsymbol{X}^{\mathrm{T}}\boldsymbol{X})^{-1}$ 一般为非对角阵，故 $\hat{\boldsymbol{\beta}}$ 的各个分量间一般是相关的.

性质 2 $E(ESS)=(n-p-1)\sigma^2$.

性质 3 当 $\boldsymbol{Y}\sim N_n(\boldsymbol{X}\boldsymbol{\beta},\sigma^2\boldsymbol{I})$，有以下几点结论.

(1) $\hat{\boldsymbol{\beta}}\sim N(\boldsymbol{\beta},\sigma^2(\boldsymbol{X}^{\mathrm{T}}\boldsymbol{X})^{-1})$；

(2) ESS 与 $\hat{\boldsymbol{\beta}}$ 独立；

(3) $ESS\sim\chi^2(n-p-1)$.

8.2.3 回归系数的显著性检验

给定因变量 y 与 $x_1,x_2,\cdots,x_p$ 的 n 组观测值，利用前述方法确定线性回归方程是否有意义，还有待于显著性检验. 下面分别介绍回归方程显著性的 F 检验和回归系数的 t 检验，同时介绍衡量回归拟合程度的拟合优度检验.

对多元线性回归方程作显著性检验就是要看自变量 $x_1,x_2,\cdots,x_p$ 从整体上对随机变量 y 是否有明显的影响，即检验假设：

$$\begin{cases} H_0: \beta_1=\beta_2=\cdots=\beta_p=0, \\ H_1: \beta_i\neq 0,\ 1\leqslant i\leqslant p, \end{cases}$$

如果 H_0 被接受，则表明 y 与 $x_1,x_2,\cdots,x_p$ 之间不存在线性关系.

我们知道：观测值 $y_1,y_2,\cdots,y_n$ 之所以有差异，是由于下述两个原因引起的，一是 y 与 $x_1,x_2,\cdots,x_p$ 之间确有线性关系时，由于 $x_1,x_2,\cdots,x_p$ 取值的不同而引起 $y_i(i=1,2,\dots,n)$ 值的变化；另一方面是除去 y 与 $x_1,x_2,\cdots,x_p$ 的线性关系以外的因素，如 $x_1,x_2,\cdots,x_p$ 对 y 的非线性影响以及随机因素的影响等. 则数据的总离差平方和

$$TSS=\sum_{i=1}^{n}(y_i-\bar{y})^2=\sum_{i=1}^{n}(\hat{y}_i-\bar{y})^2+\sum_{i=1}^{n}(y_i-\hat{y}_i)^2=RSS+ESS. \tag{8.2.8}$$

RSS 反映了线性拟合值与它们的平均值的总偏差，即由变量 $x_1,x_2,\cdots,x_p$ 的变化引起 $y_1,y_2,\cdots,y_n$ 的波动. 若 $RSS=0$，则每一个拟合值均相当，即 $\hat{y}_i$ 不随 $x_1,x_2,\cdots,x_p$ 而变化，这意味着 $\beta_1=\beta_2=\cdots=\beta_p=0$. 因此，$RSS$ 越大，说明由线性回归关系所描述的 $y_1,y_2,\cdots,y_n$ 的波动性的比例就越大，即 y 与 $x_1,x_2,\cdots,x_p$ 的线性关系就越显著，线性模型的拟合效果越好.

可以证明，ESS 的自由度为 $n-p-1$，RSS 的自由度为 p，因此对应于 TSS 的分解，

也有自由度的分解关系 $n-1=(n-p-1)+p$.

1. 总体显著性的 F 检验

与一元线性回归时一样，可以用 F 统计量检验回归方程的总体显著性. F 统计量为

$$F=\frac{RSS/p}{ESS/(n-p-1)}. \tag{8.2.9}$$

当 H_0 为真时，$F \sim F(p, n-p-1)$，给定显著性水平 α，查 F 分布表得临界值 $F_\alpha(p, n-p-1)$，计算 F 的观测值 F_0，若 $F_0 \leqslant F_\alpha(p, n-p-1)$，则不能拒绝 H_0，即在显著性水平 α 之下，认为 y 与 x_1，x_2，$\cdots$，x_p 的线性关系不显著；当 $F_0 \geqslant F_\alpha(p, n-p-1)$ 时，这种线性关系是显著的.

2. 回归系数显著性的 t 检验

回归方程通过了显著性检验并不意味着每个自变量 $x_i(i=1, 2, \cdots, p)$ 都对 y 有显著的影响，可能其中的某个或某些自变量对 y 的影响并不显著. 我们自然希望从回归方程中剔除那些对 y 的影响不显著的自变量，从而建立一个较为简单有效的回归方程. 这就需要对每一个自变量作考察. 显然，若某个自变量 x_i 对 y 无影响，那么在线性模型中，它的系数 β_i 应为零. 因此检验 x_i 的影响是否显著等价于检验假设

$$H_0: \beta_i=0 \leftrightarrow H_1: \beta_i \neq 0$$

由性质 3 可知：$\hat{\boldsymbol{\beta}} \sim N(\boldsymbol{\beta}, \sigma^2 (\boldsymbol{X}^{\mathrm{T}}\boldsymbol{X})^{-1})$，若记 $p+1$ 阶方阵 $\boldsymbol{C}=(c_{ij})=(\boldsymbol{X}^{\mathrm{T}}\boldsymbol{X})^{-1}$，于是当 H_0 成立时，有

$$\frac{\hat{\beta}_i}{\sigma\sqrt{c_{ii}}} \sim N(0, 1).$$

因为 $\dfrac{ESS}{\sigma^2} \sim \chi^2(n-p-1)$，且与 $\hat{\beta}_i$ 相互独立，根据 t 分布的定义，有

$$t_i=\frac{\hat{\beta}_i}{\hat{\sigma}\sqrt{c_{ii}}} \sim t(n-p-1),$$

这里 $\hat{\sigma}=\sqrt{\dfrac{ESS}{n-p-1}}$，对给定的显著性水平 α，当 $|t_i| > t_{\frac{\alpha}{2}}(n-p-1)$ 时，我们拒绝 H_0；反之，接受 H_0.

8.2.4　拟合优度

拟合优度用于检验模型对样本观测值的拟合程度. 在前面已经指出，在总离差平方和中，若回归平方和占的比例越大，则说明拟合效果越好. 于是，就用回归平方和与总离差平方和的比例作为评判一个模型拟合优度的标准，称为样本决定系数（coefficient of determination）（或称为复相关系数），记为 R^2.

$$R^2=\frac{RSS}{TSS}=1-\frac{ESS}{TSS}. \tag{8.2.10}$$

由 R^2 的意义看来，其值越接近于 1，意味着模型的拟合优度越高. 于是，如果在模型中增加一个自变量，R^2 的值也会随之增加，这会给人一种错觉：要想模型拟合效果好，就得尽可能多引进自变量. 为了防止这种倾向，人们考虑到，增加自变量必定使得自由度减少，于是又定义了引入自由度的修正的复相关系数，记为 R_a^2.

$$R_a^2 = 1 - \frac{ESS/(n-p-1)}{TSS/(n-1)}.$$

在实际应用中，R^2 达到多大才算通过了拟合优度检验，没有绝对的标准，要看具体情况而定. 模型拟合优度并不是判断模型质量的唯一标准，有时为了追求模型的实际意义，可以在一定程度上放宽对拟合优度的要求.

【例 8.2】 某站为预报早稻播种育秧期间（下 /3—下 /4）的低温阴雨日数，通过相关普查和点聚图分析，最后选择了三个相关较好的预报因子（解释变量）：x_1——前一年 9 月份的阴雨日数距平；x_2——前一年 10 月到当年 1 月的阴雨日数距平和；x_3——当年 1 月的阴雨日数距平；因变量 y 为历年早稻播种育秧期间的低温阴雨日数距平. 1981—2000 年的数据见表 8.2. 试建立 y 与 x_1、x_2、x_3 之间的关系.

表 8.2　1981—2000 年的数据

年份	y	x_1	x_2	x_3
1981	-8	0	-6	2
1982	4	2	20	3
1983	7	-1	19	4
1984	-7	-5	-16	-2
1985	12	6	5	1
1986	6	3	-20	-2
1987	-14	-10	-10	-2
1988	4	6	13	2
1989	9	5	29	2
1990	3	-2	6	5
1991	-1	3	-32	3
1992	4	1	11	-5
1993	7	7	11	4
1994	-3	-9	-4	2
1995	5	2	3	0
1996	-11	-3	4	-6
1997	-8	0	-53	-5
1998	-1	4	4	-5
1999	-11	-9	8	-7
2000	6	-5	29	2

解　从数据中容易计算得到：样本容量 $n=20$，样本总平方和 $TSS=1102.55$，回归平方和 $RSS=790.90$，残差平方和 $ESS=311.65$，TSS、RSS、ESS 的自由度分别为 19、3、16.

应用统计软件容易估计模型得到表 8.3.

表 8.3　模型系数计算

变量	系数估计值	系数估计的标准差	t 检验统计量的值	对应的 p 值
截距	0.3406	0.9917	0.34	0.7357
x_1	0.8238	0.2036	4.05	0.0009
x_2	0.1287	0.0532	2.42	0.0277
x_3	0.5990	0.2956	2.03	0.0597

由表 8.3 可知，估计的回归方程为

$$\hat{y} = 0.3406 + 0.8238x_1 + 0.1287x_2 + 0.5990x_3.$$

由估计的回归预测方程可知早稻育秧期间的低温阴雨日数 y 与头年 9 月的阴雨日数距平 x_1 之间的关系最密切.

计算可知回归方程的总体显著性检验的 F 统计量的值为 13.53，而对给定的显著性水平 $\alpha = 0.05$，相应的临界值为 $F_{0.05}(3, 16) = 8.70$，因此该线性回归方程总体上是显著的.

又，变量估计系数的 t 检验统计量的值分别为 $t_1 = 4.05$，$t_2 = 2.42$，$t_3 = 2.03$，相应的临界值为 $t_{0.025}(16) = 2.1199$，于是变量 x_1、x_2 在给定的显著性水平 $\alpha = 0.05$ 下是显著的，而变量 x_3 则不显著. 这一点也可从表 8.3 最后一列的 p 值中看出.

容易计算得模型的复相关系数 $R^2 = 0.7173$，相应的修正的复相关系数 $R_a^2 = 0.6643$.

本章小结

本章介绍了在实际中应用非常广泛的数理统计方法之一——回归分析，并分别对一元线性回归模型和多元线性回归模型介绍了模型设定、参数估计、假设检验的有关内容.

本章学习要点：

1. 理解建立一元线性回归模型和多元线性回归模型的直观意义以及模型的建立和设定方法.

2. 掌握一元线性回归模型和多元线性回归模型的参数 (β, σ^2) 估计方法和结果表示.

3. 理解模型的总体显著性 F 检验以及单个参数的显著性 t 检验方法并能熟练运用.

4. 理解拟合优度的意义.

习题 8

1. 测得 16 名成年女子身高 y 与腿长 x 数据，见表 8.4.

表 8.4　女子身高与腿长数据　　　　　　　　（单位：cm）

x	88	85	88	91	92	93	93	95	96	98	97	96	98	99	100	102
y	143	145	146	147	149	150	153	154	155	156	157	158	159	160	162	164

（1）建立成年女子身高 y 关于腿长 x 的回归方程；

（2）取 $\alpha = 0.05$，检验成年女子身高 y 与腿长 x 之间的线性相关关系是否显著.

2. 某科学基金会希望估计从事某研究的学者的年薪 y 与他们的研究成果（论文、著作等）的质量指标 x_1、从事研究工作的时间 x_2、能成功获得资助的指标 x_3 之间的关系，为此按一定的实验设计方法调查了 24 位研究学者，得到表 8.5 的数据.

表 8.5　从事某种研究的学者的相关指标数据

	1	2	3	4	5	6	7	8	9	10	11	12
x_1	3.5	5.3	5.1	5.8	4.2	6.0	6.8	5.5	3.1	7.2	4.5	4.9
x_2	9	20	18	33	31	13	25	30	5	47	25	11
x_3	6.1	6.4	7.4	6.7	7.5	5.9	6.0	4.0	5.8	8.3	5.0	6.4
y	33.2	40.3	38.7	46.8	41.4	37.5	39.0	40.7	30.1	52.9	38.2	31.8
	13	14	15	16	17	18	19	20	21	22	23	24
x_1	8.0	6.5	6.6	3.7	6.2	7.0	4.0	4.5	5.9	5.6	4.8	3.9
x_2	23	35	39	21	7	40	35	23	33	27	34	15
x_3	7.6	7.0	5.0	4.4	5.5	7.0	6.0	3.5	4.9	4.3	8.0	5.8
y	43.3	44.1	42.5	33.6	34.2	48.0	38.0	35.9	40.4	36.8	45.2	35.1

（1）试建立 y 与 x_1、x_2、x_3 之间关系的回归模型.

（2）该回归模型是否是总体显著的？哪几个解释变量对因变量有显著影响？应如何解释.

（3）若假设误差项服从正态分布 $N(\mu, \sigma^2)$，请估计误差方差.

（4）给出回归模型的复相关系数及修正的复相关系数.

3. 为了了解人口平均预期寿命与人均国内生产总值和体质得分的关系，我们查阅了国家统计局资料，北京体育大学出版社出版的《2000 国民体质监测报告》，表 8.6 是我国大陆 31 个省市的有关数据. 我们希望通过这几组数据考察它们是否具有良好的相关关系，并通过它们的关系从人均国内生产总值（可以看作反映生活水平的一个指标）、体质得分预测其寿命可能的变化范围.

表 8.6　31 个省市人口预期寿命与人均国内生产总值和体质得分数据

序号	预期寿命	体质得分	人均产值	序号	预期寿命	体质得分	人均产值	序号	预期寿命	体质得分	人均产值
1	71.54	66.165	12857	7	70.66	67.29	10763	13	68.95	66.01	11494
2	73.92	71.25	24495	8	71.85	67.71	9907	14	73.34	67.97	20461
3	73.27	70.135	24250	9	71.08	66.525	13255	15	65.96	62.9	5382
4	71.20	65.125	10060	10	71.29	67.13	9088	16	72.37	66.1	19070
5	73.91	69.99	29931	11	74.70	69.505	33772	17	70.07	64.51	10935
6	72.54	65.765	18243	12	65.49	56.775	8744	18	72.55	68.385	22007

续表

序号	预期寿命	体质得分	人均产值	序号	预期寿命	体质得分	人均产值	序号	预期寿命	体质得分	人均产值
19	71.65	66.205	13594	24	67.41	60.485	15205	29	70.17	65.765	10658
20	71.73	65.77	11474	25	78.14	70.29	70622	30	66.03	63.28	11587
21	73.10	67.065	14335	26	76.10	69.345	47319	31	64.37	62.84	9725
22	67.47	63.605	7898	27	74.91	68.415	40643				
23	69.87	64.305	17717	28	72.91	66.495	11781				

（1）试建立预期寿命与体质得分和人均产值之间关系的回归模型.

（2）该回归模型是否是总体显著的？解释变量都对因变量有显著影响吗？应如何解释？

（3）给出回归模型的复相关系数及修正的复相关系数.

附表 1　几种常见的概率分布表

名称	参数	分布律或概率密度	数学期望	方差
(0−1) 分布	$0<p<1$	$P\{X=k\}=p^k(1-p)^{1-k}$，$k=0,1$	p	$p(1-p)$
二项分布	$n\geqslant1$，$0<p<1$	$P\{X=k\}=\mathrm{C}_n^k p^k(1-p)^{n-k}$，$k=0,1,\cdots,n$	np	$np(1-p)$
几何分布	$0<p<1$	$P\{X=k\}=p(1-p)^{k-1}$，$k=1,2,\cdots$	$\dfrac{1}{p}$	$\dfrac{1-p}{p^2}$
负二项分布	$r\geqslant1$，$0<p<1$	$P\{X=k\}=\mathrm{C}_{k-1}^{r-1}p^r(1-p)^{k-r}$，$k=r,r+1,\cdots$	$\dfrac{r}{p}$	$\dfrac{r(1-p)}{p^2}$
超几何分布	n，M，N $(n\leqslant N$，$M\leqslant N)$	$P\{X=k\}=\dfrac{\mathrm{C}_M^k\mathrm{C}_{N-M}^{n-k}}{\mathrm{C}_N^n}$，$k=0,1,2,\cdots,\min(n,M)$	$\dfrac{nM}{N}$	$\dfrac{nM}{N}\left(1-\dfrac{M}{N}\right)\left(\dfrac{N-n}{N-1}\right)$
泊松分布	$\lambda>0$	$P\{X=k\}=\dfrac{\lambda^k\mathrm{e}^{-\lambda}}{k!}$，$k=0,1,2,\cdots$	λ	λ
均匀分布	$a<b$	$f(x)=\begin{cases}\dfrac{1}{b-a},&a<x<b\\0,&\text{其他}\end{cases}$	$\dfrac{a+b}{2}$	$\dfrac{(b-a)^2}{12}$
指数分布	$\lambda>0$	$f(x)=\begin{cases}\lambda\mathrm{e}^{-\lambda x},&x>0\\0,&x\leqslant0\end{cases}$	$\dfrac{1}{\lambda}$	$\dfrac{1}{\lambda^2}$
正态分布	μ，$\sigma>0$	$f(x)=\dfrac{1}{\sqrt{2\pi}\sigma}\mathrm{e}^{-\frac{(x-\mu)^2}{2\sigma^2}}$，$-\infty<x<+\infty$	μ	σ^2
Γ 分布	$\alpha>0$，$\beta>0$	$f(x)=\begin{cases}\dfrac{1}{\beta^\alpha\Gamma(\alpha)}x^{\alpha-1}\mathrm{e}^{-x/\beta},&x>0\\0,&x\leqslant0\end{cases}$	$\alpha\beta$	$\alpha\beta^2$
β 分布	$\alpha>0$，$\beta>0$	$f(x)=\begin{cases}\dfrac{\Gamma(\alpha+\beta)}{\Gamma(\alpha)\Gamma(\beta)}x^{\alpha-1}(1-x)^{\beta-1},&0<x<1\\0,&\text{其他}\end{cases}$	$\dfrac{\alpha}{\alpha+\beta}$	$\dfrac{\alpha\beta}{(\alpha+\beta)^2(\alpha+\beta+1)}$
χ^2 分布	$n\geqslant1$	$f(x)=\begin{cases}\dfrac{1}{2^{n/2}\Gamma(n/2)}x^{\frac{n}{2}-1}\mathrm{e}^{-\frac{x}{2}},&x>0\\0,&x\leqslant0\end{cases}$	n	$2n$

附表 2　正态总体参数的显著性假设检验一览表

	原假设 H_0	检验统计量	H_0 成立时，统计量的分布	备择假设 H_1	拒绝域
1	$\mu \leqslant \mu_0$ $\mu \geqslant \mu_0$ $\mu = \mu_0$ （σ^2 已知）	$U = \dfrac{\bar{X} - \mu_0}{\sigma / \sqrt{n}}$	$N(0，1)$	$\mu > \mu_0$ $\mu < \mu_0$ $\mu \neq \mu_0$	$u \geqslant u_\alpha$ $u \leqslant -u_\alpha$ $\mid u \mid \geqslant u_{\alpha/2}$
2	$\mu \leqslant \mu_0$ $\mu \geqslant \mu_0$ $\mu = \mu_0$ （σ^2 未知）	$T = \dfrac{\bar{X} - \mu_0}{S / \sqrt{n}}$	$t(n-1)$	$\mu > \mu_0$ $\mu < \mu_0$ $\mu \neq \mu_0$	$t \geqslant t_\alpha(n-1)$ $t \leqslant -t_\alpha(n-1)$ $\mid t \mid \geqslant t_{\frac{\alpha}{2}}$
3	$\sigma^2 \leqslant \sigma_0^2$ $\sigma^2 \geqslant \sigma_0^2$ $\sigma^2 = \sigma_0^2$ （μ 已知）	$\chi^2 = \dfrac{1}{\sigma_0^2} \sum\limits_{i=1}^{n} (X_i - \mu)^2$	$\chi^2(n)$	$\sigma^2 > \sigma_0^2$ $\sigma^2 < \sigma_0^2$ $\sigma^2 \neq \sigma_0^2$	$\chi^2 \geqslant \chi_\alpha^2(n)$ $\chi^2 \leqslant \chi_{1-\alpha}^2(n)$ $\chi^2 \geqslant \chi_{\alpha/2}^2(n)$ 或 $\chi^2 \leqslant \chi_{1-\alpha/2}^2(n)$
4	$\sigma^2 \leqslant \sigma_0^2$ $\sigma^2 \geqslant \sigma_0^2$ $\sigma^2 = \sigma_0^2$ （μ 未知）	$\chi^2 = \dfrac{(n-1)S^2}{\sigma_0^2}$	$\chi^2(n-1)$	$\sigma^2 > \sigma_0^2$ $\sigma^2 < \sigma_0^2$ $\sigma^2 \neq \sigma_0^2$	$\chi^2 \geqslant \chi_\alpha^2(n-1)$ $\chi^2 \leqslant \chi_{1-\alpha}^2(n-1)$ $\chi^2 \geqslant \chi_{\alpha/2}^2(n-1)$ 或 $\chi^2 \leqslant \chi_{1-\alpha/2}^2(n-1)$
5	$\mu_1 - \mu_2 \leqslant \delta$ $\mu_1 - \mu_2 \geqslant \delta$ $\mu_1 - \mu_2 = \delta$ （σ_1^2、σ_2^2 已知）	$U = \dfrac{(\bar{X} - \bar{Y}) - \delta}{\sqrt{\dfrac{\sigma_1^2}{n_1} + \dfrac{\sigma_2^2}{n_2}}}$	$N(0，1)$	$\mu_1 - \mu_2 > \delta$ $\mu_1 - \mu_2 < \delta$ $\mu_1 - \mu_2 \neq \delta$	$u \geqslant u_\alpha$ $u \leqslant -u_\alpha$ $\mid u \mid \geqslant u_{\alpha/2}$
6	$\mu_1 - \mu_2 \leqslant \delta$ $\mu_1 - \mu_2 \geqslant \delta$ $\mu_1 - \mu_2 = \delta$ （$\sigma_1^2 = \sigma_2^2 = \sigma^2$ 未知）	$T = \dfrac{(\bar{X} - \bar{Y}) - \delta}{S_w \sqrt{\dfrac{1}{n_1} + \dfrac{1}{n_2}}}$	$t(n_1 + n_2 - 2)$	$\mu_1 - \mu_2 > \delta$ $\mu_1 - \mu_2 < \delta$ $\mu_1 - \mu_2 \neq \delta$	$t \geqslant t_\alpha(n_1 + n_2 - 2)$ $t \leqslant -t_\alpha(n_1 + n_2 - 2)$ $\mid t \mid \geqslant t_{\alpha/2}(n_1 + n_2 - 2)$
7	$\sigma_1^2 \leqslant \sigma_2^2$ $\sigma_1^2 \geqslant \sigma_2^2$ $\sigma_1^2 = \sigma_2^2$ （μ_1、μ_2 已知）	$F = \dfrac{n_2}{n_1} \cdot \dfrac{\sum\limits_{i=1}^{n_1} (X_i - \mu_1)^2}{\sum\limits_{i=1}^{n_2} (X_i - \mu_2)^2}$	$F(n_1，n_2)$	$\sigma_1^2 > \sigma_2^2$ $\sigma_1^2 < \sigma_2^2$ $\sigma_1^2 \neq \sigma_2^2$	$F \geqslant F_\alpha(n_1，n_2)$ $F \leqslant F_{1-\alpha}(n_1，n_2)$ $F \geqslant F_{\alpha/2}(n_1，n_2)$ 或 $F \leqslant F_{1-\alpha/2}(n_1，n_2)$
8	$\sigma_1^2 \leqslant \sigma_2^2$ $\sigma_1^2 \geqslant \sigma_2^2$ $\sigma_1^2 = \sigma_2^2$ （μ_1、μ_2 未知）	$F = \dfrac{S_1^2 \mid \sigma_1^2}{S_2^2 \mid \sigma_2^2}$	$F(n_1 - 1，n_2 - 1)$	$\sigma_1^2 > \sigma_2^2$ $\sigma_1^2 < \sigma_2^2$ $\sigma_1^2 \neq \sigma_2^2$	$F \geqslant F_\alpha(n_1 - 1，n_2 - 1)$ $F \leqslant F_{1-\alpha}(n_1 - 1，n_2 - 1)$ $F \geqslant F_{\alpha/2}(n_1 - 1，n_2 - 1)$ 或 $F \leqslant F_{1-\alpha/2}(n_1 - 1，n_2 - 1)$

附表 3　标准正态分布表

$$\Phi(x) = P(X \leqslant x) = \int_{-\infty}^{x} \frac{1}{\sqrt{2\pi}} e^{-\frac{t^2}{2}} \mathrm{d}t$$

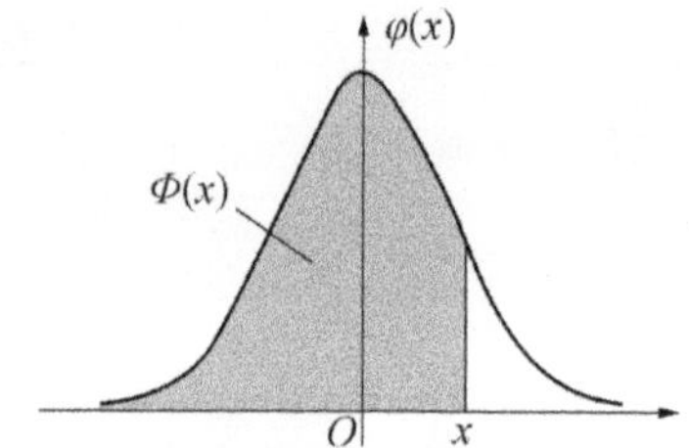

x	0	1	2	3	4	5	6	7	8	9
0.0	0.50000	0.50399	0.50798	0.51197	0.51595	0.51994	0.52392	0.52790	0.53188	0.53586
0.1	0.53983	0.54380	0.54776	0.55172	0.55567	0.55962	0.56356	0.56749	0.57142	0.57535
0.2	0.57926	0.58317	0.58706	0.59095	0.59483	0.59871	0.60257	0.60642	0.61026	0.61409
0.3	0.61791	0.62172	0.62552	0.62930	0.63307	0.63683	0.64058	0.64431	0.64803	0.65173
0.4	0.65542	0.65910	0.66276	0.66640	0.67003	0.67364	0.67724	0.68082	0.68439	0.68793
0.5	0.69146	0.69497	0.69847	0.70194	0.70540	0.70884	0.71226	0.71566	0.71904	0.72240
0.6	0.72575	0.72907	0.73237	0.73565	0.73891	0.74215	0.74537	0.74857	0.75175	0.75490
0.7	0.75804	0.76115	0.76424	0.76730	0.77035	0.77337	0.77637	0.77935	0.78230	0.78524
0.8	0.78814	0.79103	0.79389	0.79673	0.79955	0.80234	0.80511	0.80785	0.81057	0.81327
0.9	0.81594	0.81859	0.82121	0.82381	0.82639	0.82894	0.83147	0.83398	0.83646	0.83891
1.0	0.84134	0.84375	0.84614	0.84849	0.85083	0.85314	0.85543	0.85769	0.85993	0.86214
1.1	0.86433	0.86650	0.86864	0.87076	0.87286	0.87493	0.87698	0.87900	0.88100	0.88298
1.2	0.88493	0.88686	0.88877	0.89065	0.89251	0.89435	0.89617	0.89796	0.89973	0.90147
1.3	0.90320	0.90490	0.90658	0.90824	0.90988	0.91149	0.91309	0.91466	0.91621	0.91774
1.4	0.91924	0.92073	0.92220	0.92364	0.92507	0.92647	0.92785	0.92922	0.93056	0.93189
1.5	0.93319	0.93448	0.93574	0.93699	0.93822	0.93943	0.94062	0.94179	0.94295	0.94408
1.6	0.94520	0.94630	0.94738	0.94845	0.94950	0.95053	0.95154	0.95254	0.95352	0.95449
1.7	0.95543	0.95637	0.95728	0.95818	0.95907	0.95994	0.96080	0.96164	0.96246	0.96327
1.8	0.96407	0.96485	0.96562	0.96638	0.96712	0.96784	0.96856	0.96926	0.96995	0.97062
1.9	0.97128	0.97193	0.97257	0.97320	0.97381	0.97441	0.97500	0.97558	0.97615	0.97670
2.0	0.97725	0.97778	0.97831	0.97882	0.97932	0.97982	0.98030	0.98077	0.98124	0.98169
2.1	0.98214	0.98257	0.98300	0.98341	0.98382	0.98422	0.98461	0.98500	0.98537	0.98574
2.2	0.98610	0.98645	0.98679	0.98713	0.98745	0.98778	0.98809	0.98840	0.98870	0.98899
2.3	0.98928	0.98956	0.98983	0.99010	0.99036	0.99061	0.99086	0.99111	0.99134	0.99158
2.4	0.99180	0.99202	0.99224	0.99245	0.99266	0.99286	0.99305	0.99324	0.99343	0.99361
2.5	0.99379	0.99396	0.99413	0.99430	0.99446	0.99461	0.99477	0.99492	0.99506	0.99520
2.6	0.99534	0.99547	0.99560	0.99573	0.99585	0.99598	0.99609	0.99621	0.99632	0.99643
2.7	0.99653	0.99664	0.99674	0.99683	0.99693	0.99702	0.99711	0.99720	0.99728	0.99736
2.8	0.99744	0.99752	0.99760	0.99767	0.99774	0.99781	0.99788	0.99795	0.99801	0.99807
2.9	0.99813	0.99819	0.99825	0.99831	0.99836	0.99841	0.99846	0.99851	0.99856	0.99861
3.0	0.99865	0.99869	0.99874	0.99878	0.99882	0.99886	0.99889	0.99893	0.99896	0.99900
3.1	0.99903	0.99906	0.99910	0.99913	0.99916	0.99918	0.99921	0.99924	0.99926	0.99929
3.2	0.99931	0.99934	0.99936	0.99938	0.99940	0.99942	0.99944	0.99946	0.99948	0.99950
3.3	0.99952	0.99953	0.99955	0.99957	0.99958	0.99960	0.99961	0.99962	0.99964	0.99965
3.4	0.99966	0.99968	0.99969	0.99970	0.99971	0.99972	0.99973	0.99974	0.99975	0.99976
3.5	0.99977	0.99978	0.99978	0.99979	0.99980	0.99981	0.99981	0.99982	0.99983	0.99983
3.6	0.99984	0.99985	0.99985	0.99986	0.99986	0.99987	0.99987	0.99988	0.99988	0.99989
3.7	0.99989	0.99990	0.99990	0.99990	0.99991	0.99991	0.99992	0.99992	0.99992	0.99992
3.8	0.99993	0.99993	0.99993	0.99994	0.99994	0.99994	0.99994	0.99995	0.99995	0.99995

附表 4　泊松分布表

$$P\{X \leqslant x\} = \sum_{k=0}^{x} \frac{\lambda^{k}}{k!} \cdot e^{-\lambda}$$

x \ λ	0.1	0.2	0.3	0.4	0.5	0.6	0.7	0.8	0.9
0	0.90484	0.81873	0.74082	0.67032	0.60653	0.54881	0.49659	0.44933	0.40657
1	0.99532	0.98248	0.96306	0.93845	0.90980	0.87810	0.84420	0.80879	0.77248
2	0.99985	0.99885	0.99640	0.99207	0.98561	0.97688	0.96586	0.95258	0.93714
3	1.00000	0.99994	0.99973	0.99922	0.99825	0.99664	0.99425	0.99092	0.98654
4		1.00000	0.99998	0.99994	0.99983	0.99961	0.99921	0.99859	0.99766
5			1.00000	1.00000	0.99999	0.99996	0.99991	0.99982	0.99966
6					1.00000	1.00000	0.99999	0.99998	0.99996
7							1.00000	1.00000	1.00000

x \ λ	1	1.5	2	2.5	3	3.5	4	4.5	5
0	0.36788	0.22313	0.13534	0.08208	0.04979	0.03020	0.01832	0.01111	0.00674
1	0.73576	0.55783	0.40601	0.28730	0.19915	0.13589	0.09158	0.06110	0.04043
2	0.91970	0.80885	0.67668	0.54381	0.42319	0.32085	0.23810	0.17358	0.12465
3	0.98101	0.93436	0.85712	0.75758	0.64723	0.53663	0.43347	0.34230	0.26503
4	0.99634	0.98142	0.94735	0.89118	0.81526	0.72544	0.62884	0.53210	0.44049
5	0.99941	0.99554	0.98344	0.95798	0.91608	0.85761	0.78513	0.70293	0.61596
6	0.99992	0.99907	0.99547	0.98581	0.96649	0.93471	0.88933	0.83105	0.76218
7	0.99999	0.99983	0.99890	0.99575	0.98810	0.97326	0.94887	0.91341	0.86663
8	1.00000	0.99997	0.99976	0.99886	0.99620	0.99013	0.97864	0.95974	0.93191
9		1.00000	0.99995	0.99972	0.99890	0.99669	0.99187	0.98291	0.96817
10			0.99999	0.99994	0.99971	0.99898	0.99716	0.99333	0.98630
11			1.00000	0.99999	0.99993	0.99971	0.99908	0.99760	0.99455
12				1.00000	0.99998	0.99992	0.99973	0.99919	0.99798
13					1.00000	0.99998	0.99992	0.99975	0.99930
14						1.00000	0.99998	0.99993	0.99977
15							1.00000	0.99998	0.99993
16								0.99999	0.99998
17								1.00000	0.99999
18									1.00000

附表 4（续）

x \ λ	5.5	6	6.5	7	7.5	8	8.5	9	9.5
0	0.00409	0.00248	0.00150	0.00091	0.00055	0.00034	0.00020	0.00012	0.00007
1	0.02656	0.01735	0.01128	0.00730	0.00470	0.00302	0.00193	0.00123	0.00079
2	0.08838	0.06197	0.04304	0.02964	0.02026	0.01375	0.00928	0.00623	0.00416
3	0.20170	0.15120	0.11185	0.08177	0.05915	0.04238	0.03011	0.02123	0.01486
4	0.35752	0.28506	0.22367	0.17299	0.13206	0.09963	0.07436	0.05496	0.04026
5	0.52892	0.44568	0.36904	0.30071	0.24144	0.19124	0.14960	0.11569	0.08853
6	0.68604	0.60630	0.52652	0.44971	0.37815	0.31337	0.25618	0.20678	0.16495
7	0.80949	0.74398	0.67276	0.59871	0.52464	0.45296	0.38560	0.32390	0.26866
8	0.89436	0.84724	0.79157	0.72909	0.66197	0.59255	0.52311	0.45565	0.39182
9	0.94622	0.91608	0.87738	0.83050	0.77641	0.71662	0.65297	0.58741	0.52183
10	0.97475	0.95738	0.93316	0.90148	0.86224	0.81589	0.76336	0.70599	0.64533
11	0.98901	0.97991	0.96612	0.94665	0.92076	0.88808	0.84866	0.80301	0.75199
12	0.99555	0.99117	0.98397	0.97300	0.95733	0.93620	0.90908	0.87577	0.83643
13	0.99831	0.99637	0.99290	0.98719	0.97844	0.96582	0.94859	0.92615	0.89814
14	0.99940	0.99860	0.99704	0.99428	0.98974	0.98274	0.97257	0.95853	0.94001
15	0.99980	0.99949	0.99884	0.99759	0.99539	0.99177	0.98617	0.97796	0.96653
16	0.99994	0.99983	0.99957	0.99904	0.99804	0.99628	0.99339	0.98889	0.98227
17	0.99998	0.99994	0.99985	0.99964	0.99921	0.99841	0.99700	0.99468	0.99107
18	0.99999	0.99998	0.99995	0.99987	0.99970	0.99935	0.99870	0.99757	0.99572
19	1.00000	0.99999	0.99998	0.99996	0.99989	0.99975	0.99947	0.99894	0.99804
20		1.00000	1.00000	0.99999	0.99996	0.99991	0.99979	0.99956	0.99914
21				1.00000	0.99999	0.99997	0.99992	0.99983	0.99964
22					1.00000	0.99999	0.99997	0.99993	0.99985
23						1.00000	0.99999	0.99998	0.99994
24							1.00000	0.99999	0.99998
25								1.00000	0.99999
26									1.00000

附表 4（续）

x \ λ	10	11	12	13	14	15	16	17	18	19	20
0	0.00005	0.00002	0.00001	0.00000	0.00000						
1	0.00050	0.00020	0.00008	0.00003	0.00001	0.00000	0.00000	0.00000			
2	0.00277	0.00121	0.00052	0.00022	0.00009	0.00004	0.00002	0.00001	0.00000	0.00000	
3	0.01034	0.00492	0.00229	0.00105	0.00047	0.00021	0.00009	0.00004	0.00002	0.00001	0.00000
4	0.02925	0.01510	0.00760	0.00374	0.00181	0.00086	0.00040	0.00018	0.00008	0.00004	0.00002
5	0.06709	0.03752	0.02034	0.01073	0.00553	0.00279	0.00138	0.00067	0.00032	0.00015	0.00007
6	0.13014	0.07861	0.04582	0.02589	0.01423	0.00763	0.00401	0.00206	0.00104	0.00052	0.00025
7	0.22022	0.14319	0.08950	0.05403	0.03162	0.01800	0.01000	0.00543	0.00289	0.00151	0.00078
8	0.33282	0.23199	0.15503	0.09976	0.06206	0.03745	0.02199	0.01260	0.00706	0.00387	0.00209
9	0.45793	0.34051	0.24239	0.16581	0.10940	0.06985	0.04330	0.02612	0.01538	0.00886	0.00499
10	0.58304	0.45989	0.34723	0.25168	0.17568	0.11846	0.07740	0.04912	0.03037	0.01832	0.01081
11	0.69678	0.57927	0.46160	0.35316	0.26004	0.18475	0.12699	0.08467	0.05489	0.03467	0.02139
12	0.79156	0.68870	0.57597	0.46310	0.35846	0.26761	0.19312	0.13502	0.09167	0.06056	0.03901
13	0.86446	0.78129	0.68154	0.57304	0.46445	0.36322	0.27451	0.20087	0.14260	0.09840	0.06613
14	0.91654	0.85404	0.77202	0.67513	0.57044	0.46565	0.36753	0.28083	0.20808	0.14975	0.10486
15	0.95126	0.90740	0.84442	0.76361	0.66936	0.56809	0.46674	0.37145	0.28665	0.21479	0.15651
16	0.97296	0.94408	0.89871	0.83549	0.75592	0.66412	0.56596	0.46774	0.37505	0.29203	0.22107
17	0.98572	0.96781	0.93703	0.89046	0.82720	0.74886	0.65934	0.56402	0.46865	0.37836	0.29703
18	0.99281	0.98231	0.96258	0.93017	0.88264	0.81947	0.74235	0.65496	0.56224	0.46948	0.38142
19	0.99655	0.99071	0.97872	0.95733	0.92350	0.87522	0.81225	0.73632	0.65092	0.56061	0.47026
20	0.99841	0.99533	0.98840	0.97499	0.95209	0.91703	0.86817	0.80548	0.73072	0.64717	0.55909
21	0.99930	0.99775	0.99393	0.98592	0.97116	0.94689	0.91077	0.86147	0.79912	0.72550	0.64370
22	0.99970	0.99896	0.99695	0.99238	0.98329	0.96726	0.94176	0.90473	0.85509	0.79314	0.72061
23	0.99988	0.99954	0.99853	0.99603	0.99067	0.98054	0.96331	0.93670	0.89889	0.84902	0.78749
24	0.99995	0.99980	0.99931	0.99801	0.99498	0.98883	0.97768	0.95935	0.93174	0.89325	0.84323
25	0.99998	0.99992	0.99969	0.99903	0.99739	0.99381	0.98688	0.97476	0.95539	0.92687	0.88781
26	0.99999	0.99997	0.99987	0.99955	0.99869	0.99669	0.99254	0.98483	0.97177	0.95144	0.92211
27	1.00000	0.99999	0.99994	0.99980	0.99936	0.99828	0.99589	0.99117	0.98268	0.96873	0.94752
28		1.00000	0.99998	0.99991	0.99970	0.99914	0.99781	0.99502	0.98970	0.98046	0.96567
29			0.99999	0.99996	0.99986	0.99958	0.99887	0.99727	0.99406	0.98815	0.97818
30			1.00000	0.99998	0.99994	0.99980	0.99943	0.99855	0.99667	0.99302	0.98652
31				0.99999	0.99997	0.99991	0.99972	0.99925	0.99819	0.99600	0.99191
32				1.00000	0.99999	0.99996	0.99987	0.99963	0.99904	0.99777	0.99527
33					1.00000	0.99998	0.99994	0.99982	0.99951	0.99879	0.99731
34						0.99999	0.99997	0.99991	0.99975	0.99936	0.99851
35						1.00000	0.99999	0.99996	0.99988	0.99967	0.99920
36							0.99999	0.99998	0.99994	0.99984	0.99958
37							1.00000	0.99999	0.99997	0.99992	0.99978
38								1.00000	0.99999	0.99996	0.99989
39									0.99999	0.99998	0.99995
40									1.00000	0.99999	0.99997
41										1.00000	0.99999
42											0.99999
43											1.00000

附表 5　*t* 分布表

$P\{t(n) > t_\alpha(n)\} = \alpha$

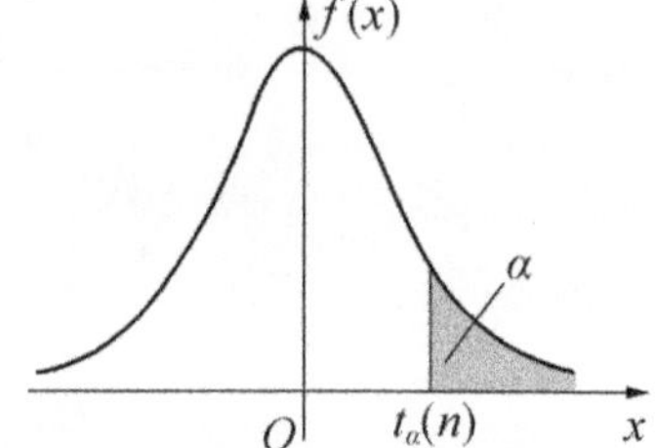

n \ α	0.2	0.15	0.100	0.050	0.025	0.010	0.005
1	1.3764	1.9626	3.0777	6.3138	12.7062	31.8205	63.6567
2	1.0607	1.3862	1.8856	2.9200	4.3027	6.9646	9.9248
3	0.9785	1.2498	1.6377	2.3534	3.1824	4.5407	5.8409
4	0.9410	1.1896	1.5332	2.1318	2.7764	3.7469	4.6041
5	0.9195	1.1558	1.4759	2.0150	2.5706	3.3649	4.0321
6	0.9057	1.1342	1.4398	1.9432	2.4469	3.1427	3.7074
7	0.8960	1.1192	1.4149	1.8946	2.3646	2.9980	3.4995
8	0.8889	1.1081	1.3968	1.8595	2.3060	2.8965	3.3554
9	0.8834	1.0997	1.3830	1.8331	2.2622	2.8214	3.2498
10	0.8791	1.0931	1.3722	1.8125	2.2281	2.7638	3.1693
11	0.8755	1.0877	1.3634	1.7959	2.2010	2.7181	3.1058
12	0.8726	1.0832	1.3562	1.7823	2.1788	2.6810	3.0545
13	0.8702	1.0795	1.3502	1.7709	2.1604	2.6503	3.0123
14	0.8681	1.0763	1.3450	1.7613	2.1448	2.6245	2.9768
15	0.8662	1.0735	1.3406	1.7531	2.1314	2.6025	2.9467
16	0.8647	1.0711	1.3368	1.7459	2.1199	2.5835	2.9208
17	0.8633	1.0690	1.3334	1.7396	2.1098	2.5669	2.8982
18	0.8620	1.0672	1.3304	1.7341	2.1009	2.5524	2.8784
19	0.8610	1.0655	1.3277	1.7291	2.0930	2.5395	2.8609
20	0.8600	1.0640	1.3253	1.7247	2.0860	2.5280	2.8453
21	0.8591	1.0627	1.3232	1.7207	2.0796	2.5176	2.8314
22	0.8583	1.0614	1.3212	1.7171	2.0739	2.5083	2.8188
23	0.8575	1.0603	1.3195	1.7139	2.0687	2.4999	2.8073
24	0.8569	1.0593	1.3178	1.7109	2.0639	2.4922	2.7969
25	0.8562	1.0584	1.3163	1.7081	2.0595	2.4851	2.7874
26	0.8557	1.0575	1.3150	1.7056	2.0555	2.4786	2.7787
27	0.8551	1.0567	1.3137	1.7033	2.0518	2.4727	2.7707
28	0.8546	1.0560	1.3125	1.7011	2.0484	2.4671	2.7633
29	0.8542	1.0553	1.3114	1.6991	2.0452	2.4620	2.7564
30	0.8538	1.0547	1.3104	1.6973	2.0423	2.4573	2.7500
31	0.8534	1.0541	1.3095	1.6955	2.0395	2.4528	2.7440
32	0.8530	1.0535	1.3086	1.6939	2.0369	2.4487	2.7385
33	0.8526	1.0530	1.3077	1.6924	2.0345	2.4448	2.7333
34	0.8523	1.0525	1.3070	1.6909	2.0322	2.4411	2.7284
35	0.8520	1.0520	1.3062	1.6896	2.0301	2.4377	2.7238
36	0.8517	1.0516	1.3055	1.6883	2.0281	2.4345	2.7195
37	0.8514	1.0512	1.3049	1.6871	2.0262	2.4314	2.7154
38	0.8512	1.0508	1.3042	1.6860	2.0244	2.4286	2.7116
39	0.8509	1.0504	1.3036	1.6849	2.0227	2.4258	2.7079
40	0.8507	1.0500	1.3031	1.6839	2.0211	2.4233	2.7045
41	0.8505	1.0497	1.3025	1.6829	2.0195	2.4208	2.7012
42	0.8503	1.0494	1.3020	1.6820	2.0181	2.4185	2.6981
43	0.8501	1.0491	1.3016	1.6811	2.0167	2.4163	2.6951
44	0.8499	1.0488	1.3011	1.6802	2.0154	2.4141	2.6923
45	0.8497	1.0485	1.3006	1.6794	2.0141	2.4121	2.6896
46	0.8495	1.0483	1.3002	1.6787	2.0129	2.4102	2.6870
47	0.8493	1.0480	1.2998	1.6779	2.0117	2.4083	2.6846
48	0.8492	1.0478	1.2994	1.6772	2.0106	2.4066	2.6822
49	0.8490	1.0475	1.2991	1.6766	2.0096	2.4049	2.6800
50	0.8489	1.0473	1.2987	1.6759	2.0086	2.4033	2.6778
55	0.8482	1.0463	1.2971	1.6730	2.0040	2.3961	2.6682
60	0.8477	1.0455	1.2958	1.6706	2.0003	2.3901	2.6603
70	0.8468	1.0442	1.2938	1.6669	1.9944	2.3808	2.6479
80	0.8461	1.0432	1.2922	1.6641	1.9901	2.3739	2.6387
90	0.8456	1.0424	1.2910	1.6620	1.9867	2.3685	2.6316
100	0.8452	1.0418	1.2901	1.6602	1.9840	2.3642	2.6259
200	0.8434	1.0391	1.2858	1.6525	1.9719	2.3451	2.6006
∞	0.8416	1.0364	1.2816	1.6449	1.9600	2.3263	2.5758

附表 6　χ^2 分布表

$P\{\chi^2(n) > \chi_\alpha^2(n)\} = \alpha$

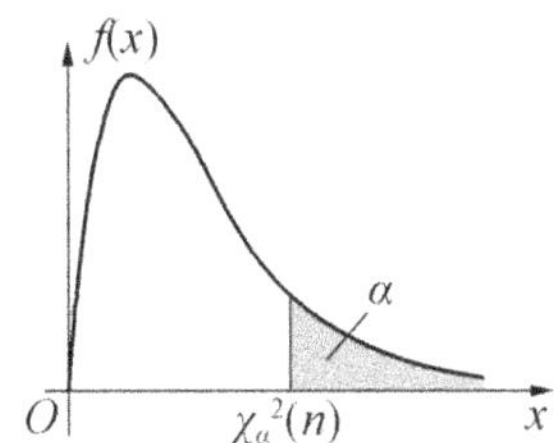

n \ α	0.995	0.990	0.975	0.950	0.900	0.100	0.050	0.025	0.010	0.005
1	0.0000	0.0002	0.0010	0.0039	0.0158	2.7055	3.8415	5.0239	6.6349	7.8794
2	0.0100	0.0201	0.0506	0.1026	0.2107	4.6052	5.9915	7.3778	9.2103	10.5966
3	0.0717	0.1148	0.2158	0.3518	0.5844	6.2514	7.8147	9.3484	11.3449	12.8382
4	0.2070	0.2971	0.4844	0.7107	1.0636	7.7794	9.4877	11.1433	13.2767	14.8603
5	0.4117	0.5543	0.8312	1.1455	1.6103	9.2364	11.0705	12.8325	15.0863	16.7496
6	0.6757	0.8721	1.2373	1.6354	2.2041	10.6446	12.5916	14.4494	16.8119	18.5476
7	0.9893	1.2390	1.6899	2.1673	2.8331	12.0170	14.0671	16.0128	18.4753	20.2777
8	1.3444	1.6465	2.1797	2.7326	3.4895	13.3616	15.5073	17.5345	20.0902	21.9550
9	1.7349	2.0879	2.7004	3.3251	4.1682	14.6837	16.9190	19.0228	21.6660	23.5894
10	2.1559	2.5582	3.2470	3.9403	4.8652	15.9872	18.3070	20.4832	23.2093	25.1882
11	2.6032	3.0535	3.8157	4.5748	5.5778	17.2750	19.6751	21.9200	24.7250	26.7568
12	3.0738	3.5706	4.4038	5.2260	6.3038	18.5493	21.0261	23.3367	26.2170	28.2995
13	3.5650	4.1069	5.0088	5.8919	7.0415	19.8119	22.3620	24.7356	27.6882	29.8195
14	4.0747	4.6604	5.6287	6.5706	7.7895	21.0641	23.6848	26.1189	29.1412	31.3193
15	4.6009	5.2293	6.2621	7.2609	8.5468	22.3071	24.9958	27.4884	30.5779	32.8013
16	5.1422	5.8122	6.9077	7.9616	9.3122	23.5418	26.2962	28.8454	31.9999	34.2672
17	5.6972	6.4078	7.5642	8.6718	10.0852	24.7690	27.5871	30.1910	33.4087	35.7185
18	6.2648	7.0149	8.2307	9.3905	10.8649	25.9894	28.8693	31.5264	34.8053	37.1565
19	6.8440	7.6327	8.9065	10.1170	11.6509	27.2036	30.1435	32.8523	36.1909	38.5823
20	7.4338	8.2604	9.5908	10.8508	12.4426	28.4120	31.4104	34.1696	37.5662	39.9968
21	8.0337	8.8972	10.2829	11.5913	13.2396	29.6151	32.6706	35.4789	38.9322	41.4011
22	8.6427	9.5425	10.9823	12.3380	14.0415	30.8133	33.9244	36.7807	40.2894	42.7957
23	9.2604	10.1957	11.6886	13.0905	14.8480	32.0069	35.1725	38.0756	41.6384	44.1813
24	9.8862	10.8564	12.4012	13.8484	15.6587	33.1962	36.4150	39.3641	42.9798	45.5585
25	10.5197	11.5240	13.1197	14.6111	16.4734	34.3816	37.6525	40.6465	44.3141	46.9279
26	11.1602	12.1981	13.8439	15.3792	17.2919	35.5632	38.8851	41.9232	45.6417	48.2899
27	11.8076	12.8785	14.5734	16.1514	18.1139	36.7412	40.1133	43.1945	46.9629	49.6449
28	12.4613	13.5647	15.3079	16.9279	18.9392	37.9159	41.3371	44.4608	48.2782	50.9934
29	13.1211	14.2565	16.0471	17.7084	19.7677	39.0875	42.5570	45.7223	49.5879	52.3356
30	13.7867	14.9535	16.7908	18.4927	20.5992	40.2560	43.7730	46.9792	50.8922	53.6720
31	14.4578	15.6555	17.5387	19.2806	21.4336	41.4217	44.9853	48.2319	52.1914	55.0027
32	15.1340	16.3622	18.2908	20.0719	22.2706	42.5847	46.1943	49.4804	53.4858	56.3281
33	15.8153	17.0735	19.0467	20.8665	23.1102	43.7452	47.3999	50.7251	54.7755	57.6484
34	16.5013	17.7891	19.8063	21.6643	23.9523	44.9032	48.6024	51.9660	56.0609	58.9639
35	17.1918	18.5089	20.5694	22.4650	24.7967	46.0588	49.8018	53.2033	57.3421	60.2748
36	17.8867	19.2327	21.3359	23.2686	25.6433	47.2122	50.9985	54.4373	58.6192	61.5812
37	18.5858	19.9602	22.1056	24.0749	26.4921	48.3634	52.1923	55.6680	59.8925	62.8833
38	19.2889	20.6914	22.8785	24.8839	27.3430	49.5126	53.3835	56.8955	61.1621	64.1814
39	19.9959	21.4262	23.6543	25.6954	28.1958	50.6598	54.5722	58.1201	62.4281	65.4756
40	20.7065	22.1643	24.4330	26.5093	29.0505	51.8051	55.7585	59.3417	63.6907	66.7660
45	24.3110	25.9013	28.3662	30.6123	33.3504	57.5053	61.6562	65.4102	69.9568	73.1661
50	27.9907	29.7067	32.3574	34.7643	37.6886	63.1671	67.5048	71.4202	76.1539	79.4900
55	31.7348	33.5705	36.3981	38.9580	42.0596	68.7962	73.3115	77.3805	82.2921	85.7490
60	35.5345	37.4849	40.4817	43.1880	46.4589	74.3970	79.0819	83.2977	88.3794	91.9517
70	43.2752	45.4417	48.7576	51.7393	55.3289	85.5270	90.5312	95.0232	100.4252	104.2149
80	51.1719	53.5401	57.1532	60.3915	64.2778	96.5782	101.8795	106.6286	112.3288	116.3211
90	59.1963	61.7541	65.6466	69.1260	73.2911	107.5650	113.1453	118.1359	124.1163	128.2989
100	67.3276	70.0649	74.2219	77.9295	82.3581	118.4980	124.3421	129.5612	135.8067	140.1695

附表 7　F 分布表

$$P\{F(n_1,n_2) > F_\alpha(n_1,n_2)\} = \alpha$$

$$(\alpha = 0.10)$$

n_2＼n_1	1	2	3	4	5	6	7	8	9	10	11	12	13	14	15	16	17	18	19	20	25	30	40	60	120	∞
1	39.86	49.50	53.59	55.83	57.24	58.20	58.91	59.44	59.86	60.19	60.47	60.71	60.90	61.07	61.22	61.35	61.46	61.57	61.66	61.74	62.05	62.26	62.53	62.79	63.06	63.33
2	8.53	9.00	9.16	9.24	9.29	9.33	9.35	9.37	9.38	9.39	9.40	9.41	9.41	9.42	9.42	9.43	9.43	9.44	9.44	9.44	9.45	9.46	9.47	9.47	9.48	9.49
3	5.54	5.46	5.39	5.34	5.31	5.28	5.27	5.25	5.24	5.23	5.22	5.22	5.21	5.20	5.20	5.20	5.19	5.19	5.19	5.18	5.17	5.17	5.16	5.15	5.14	5.13
4	4.54	4.32	4.19	4.11	4.05	4.01	3.98	3.95	3.94	3.92	3.91	3.90	3.89	3.88	3.87	3.86	3.86	3.85	3.85	3.84	3.83	3.82	3.80	3.79	3.78	3.76
5	4.06	3.78	3.62	3.52	3.45	3.40	3.37	3.34	3.32	3.30	3.28	3.27	3.26	3.25	3.24	3.23	3.22	3.22	3.21	3.21	3.19	3.17	3.16	3.14	3.12	3.11
6	3.78	3.46	3.29	3.18	3.11	3.05	3.01	2.98	2.96	2.94	2.92	2.90	2.89	2.88	2.87	2.86	2.85	2.85	2.84	2.84	2.81	2.80	2.78	2.76	2.74	2.72
7	3.59	3.26	3.07	2.96	2.88	2.83	2.78	2.75	2.72	2.70	2.68	2.67	2.65	2.64	2.63	2.62	2.61	2.61	2.60	2.59	2.57	2.56	2.54	2.51	2.49	2.47
8	3.46	3.11	2.92	2.81	2.73	2.67	2.62	2.59	2.56	2.54	2.52	2.50	2.49	2.48	2.46	2.45	2.45	2.44	2.43	2.42	2.40	2.38	2.36	2.34	2.32	2.29
9	3.36	3.01	2.81	2.69	2.61	2.55	2.51	2.47	2.44	2.42	2.40	2.38	2.36	2.35	2.34	2.33	2.32	2.31	2.30	2.30	2.27	2.25	2.23	2.21	2.18	2.16
10	3.29	2.92	2.73	2.61	2.52	2.46	2.41	2.38	2.35	2.32	2.30	2.28	2.27	2.26	2.24	2.23	2.22	2.22	2.21	2.20	2.17	2.16	2.13	2.11	2.08	2.06
11	3.23	2.86	2.66	2.54	2.45	2.39	2.34	2.30	2.27	2.25	2.23	2.21	2.19	2.18	2.17	2.16	2.15	2.14	2.13	2.12	2.10	2.08	2.05	2.03	2.00	1.97
12	3.18	2.81	2.61	2.48	2.39	2.33	2.28	2.24	2.21	2.19	2.17	2.15	2.13	2.12	2.10	2.09	2.08	2.08	2.07	2.06	2.03	2.01	1.99	1.96	1.93	1.90
13	3.14	2.76	2.56	2.43	2.35	2.28	2.23	2.20	2.16	2.14	2.12	2.10	2.08	2.07	2.05	2.04	2.03	2.02	2.01	2.01	1.98	1.96	1.93	1.90	1.88	1.85
14	3.10	2.73	2.52	2.39	2.31	2.24	2.19	2.15	2.12	2.10	2.07	2.05	2.04	2.02	2.01	2.00	1.99	1.98	1.97	1.96	1.93	1.91	1.89	1.86	1.83	1.80
15	3.07	2.70	2.49	2.36	2.27	2.21	2.16	2.12	2.09	2.06	2.04	2.02	2.00	1.99	1.97	1.96	1.95	1.94	1.93	1.92	1.89	1.87	1.85	1.82	1.79	1.76
16	3.05	2.67	2.46	2.33	2.24	2.18	2.13	2.09	2.06	2.03	2.01	1.99	1.97	1.95	1.94	1.93	1.92	1.91	1.90	1.89	1.86	1.84	1.81	1.78	1.75	1.72
17	3.03	2.64	2.44	2.31	2.22	2.15	2.10	2.06	2.03	2.00	1.98	1.96	1.94	1.93	1.91	1.90	1.89	1.88	1.87	1.86	1.83	1.81	1.78	1.75	1.72	1.69
18	3.01	2.62	2.42	2.29	2.20	2.13	2.08	2.04	2.00	1.98	1.95	1.93	1.92	1.90	1.89	1.87	1.86	1.85	1.84	1.84	1.80	1.78	1.75	1.72	1.69	1.66
19	2.99	2.61	2.40	2.27	2.18	2.11	2.06	2.02	1.98	1.96	1.93	1.91	1.89	1.88	1.86	1.85	1.84	1.83	1.82	1.81	1.78	1.76	1.73	1.70	1.67	1.63
20	2.97	2.59	2.38	2.25	2.16	2.09	2.04	2.00	1.96	1.94	1.91	1.89	1.87	1.86	1.84	1.83	1.82	1.81	1.80	1.79	1.76	1.74	1.71	1.68	1.64	1.61
21	2.96	2.57	2.36	2.23	2.14	2.08	2.02	1.98	1.95	1.92	1.90	1.87	1.86	1.84	1.83	1.81	1.80	1.79	1.78	1.78	1.74	1.72	1.69	1.66	1.62	1.59
22	2.95	2.56	2.35	2.22	2.13	2.06	2.01	1.97	1.93	1.90	1.88	1.86	1.84	1.83	1.81	1.80	1.79	1.78	1.77	1.76	1.73	1.70	1.67	1.64	1.60	1.57
23	2.94	2.55	2.34	2.21	2.11	2.05	1.99	1.95	1.92	1.89	1.87	1.84	1.83	1.81	1.80	1.78	1.77	1.76	1.75	1.74	1.71	1.69	1.66	1.62	1.59	1.55
24	2.93	2.54	2.33	2.19	2.10	2.04	1.98	1.94	1.91	1.88	1.85	1.83	1.81	1.80	1.78	1.77	1.76	1.75	1.74	1.73	1.70	1.67	1.64	1.61	1.57	1.53
25	2.92	2.53	2.32	2.18	2.09	2.02	1.97	1.93	1.89	1.87	1.84	1.82	1.80	1.79	1.77	1.76	1.75	1.74	1.73	1.72	1.68	1.66	1.63	1.59	1.56	1.52
26	2.91	2.52	2.31	2.17	2.08	2.01	1.96	1.92	1.88	1.86	1.83	1.81	1.79	1.77	1.76	1.75	1.73	1.72	1.71	1.71	1.67	1.65	1.61	1.58	1.54	1.50
27	2.90	2.51	2.30	2.17	2.07	2.00	1.95	1.91	1.87	1.85	1.82	1.80	1.78	1.76	1.75	1.74	1.72	1.71	1.70	1.70	1.66	1.64	1.60	1.57	1.53	1.49
28	2.89	2.50	2.29	2.16	2.06	2.00	1.94	1.90	1.87	1.84	1.81	1.79	1.77	1.75	1.74	1.73	1.71	1.70	1.69	1.69	1.65	1.63	1.59	1.56	1.52	1.48
29	2.89	2.50	2.28	2.15	2.06	1.99	1.93	1.89	1.86	1.83	1.80	1.78	1.76	1.75	1.73	1.72	1.71	1.69	1.68	1.68	1.64	1.62	1.58	1.55	1.51	1.47
30	2.88	2.49	2.28	2.14	2.05	1.98	1.93	1.88	1.85	1.82	1.79	1.77	1.75	1.74	1.72	1.71	1.70	1.69	1.68	1.67	1.63	1.61	1.57	1.54	1.50	1.46
31	2.87	2.48	2.27	2.14	2.04	1.97	1.92	1.88	1.84	1.81	1.79	1.77	1.75	1.73	1.71	1.70	1.69	1.68	1.67	1.66	1.62	1.60	1.56	1.53	1.49	1.45
32	2.87	2.48	2.26	2.13	2.04	1.97	1.91	1.87	1.83	1.81	1.78	1.76	1.74	1.72	1.71	1.69	1.68	1.67	1.66	1.65	1.62	1.59	1.56	1.52	1.48	1.44
33	2.86	2.47	2.26	2.12	2.03	1.96	1.91	1.86	1.83	1.80	1.77	1.75	1.73	1.72	1.70	1.69	1.67	1.66	1.65	1.64	1.61	1.58	1.55	1.51	1.47	1.43
34	2.86	2.47	2.25	2.12	2.02	1.96	1.90	1.86	1.82	1.79	1.77	1.75	1.73	1.71	1.69	1.68	1.67	1.66	1.65	1.64	1.60	1.58	1.54	1.50	1.46	1.42
35	2.85	2.46	2.25	2.11	2.02	1.95	1.90	1.85	1.82	1.79	1.76	1.74	1.72	1.70	1.69	1.67	1.66	1.65	1.64	1.63	1.60	1.57	1.53	1.50	1.46	1.41
40	2.84	2.44	2.23	2.09	2.00	1.93	1.87	1.83	1.79	1.76	1.74	1.71	1.70	1.68	1.66	1.65	1.64	1.62	1.61	1.61	1.57	1.54	1.51	1.47	1.42	1.38
45	2.82	2.42	2.21	2.07	1.98	1.91	1.85	1.81	1.77	1.74	1.72	1.70	1.68	1.66	1.64	1.63	1.62	1.60	1.59	1.58	1.55	1.52	1.48	1.44	1.40	1.35
50	2.81	2.41	2.20	2.06	1.97	1.90	1.84	1.80	1.76	1.73	1.70	1.68	1.66	1.64	1.63	1.61	1.60	1.59	1.58	1.57	1.53	1.50	1.46	1.42	1.38	1.33
60	2.79	2.39	2.18	2.04	1.95	1.87	1.82	1.77	1.74	1.71	1.68	1.66	1.64	1.62	1.60	1.59	1.58	1.56	1.55	1.54	1.50	1.48	1.44	1.40	1.35	1.29
120	2.75	2.35	2.13	1.99	1.90	1.82	1.77	1.72	1.68	1.65	1.63	1.60	1.58	1.56	1.55	1.53	1.52	1.50	1.49	1.48	1.44	1.41	1.37	1.32	1.26	1.19
∞	2.71	2.30	2.08	1.94	1.85	1.77	1.72	1.67	1.63	1.60	1.57	1.55	1.52	1.50	1.49	1.47	1.46	1.44	1.43	1.42	1.38	1.34	1.30	1.24	1.17	1.01

n_1 / n_2	1	2	3	4	5	6	7	8	9	10	11	12	13	14	15	16	17	18	19	20	25	30	40	60	120	∞
1	161.45	199.50	215.71	224.58	230.16	233.99	236.77	238.88	240.54	241.88	242.98	243.91	244.69	245.36	245.95	246.46	246.92	247.32	247.69	248.01	249.26	250.10	251.14	252.20	253.25	254.31
2	18.51	19.00	19.16	19.25	19.30	19.33	19.35	19.37	19.38	19.40	19.40	19.41	19.42	19.42	19.43	19.43	19.44	19.44	19.44	19.45	19.46	19.46	19.47	19.48	19.49	19.50
3	10.13	9.55	9.28	9.12	9.01	8.94	8.89	8.85	8.81	8.79	8.76	8.74	8.73	8.71	8.70	8.69	8.68	8.67	8.67	8.66	8.63	8.62	8.59	8.57	8.55	8.53
4	7.71	6.94	6.59	6.39	6.26	6.16	6.09	6.04	6.00	5.96	5.94	5.91	5.89	5.87	5.86	5.84	5.83	5.82	5.81	5.80	5.77	5.75	5.72	5.69	5.66	5.63
5	6.61	5.79	5.41	5.19	5.05	4.95	4.88	4.82	4.77	4.74	4.70	4.68	4.66	4.64	4.62	4.60	4.59	4.58	4.57	4.56	4.52	4.50	4.46	4.43	4.40	4.37
6	5.99	5.14	4.76	4.53	4.39	4.28	4.21	4.15	4.10	4.06	4.03	4.00	3.98	3.96	3.94	3.92	3.91	3.90	3.88	3.87	3.83	3.81	3.77	3.74	3.70	3.67
7	5.59	4.74	4.35	4.12	3.97	3.87	3.79	3.73	3.68	3.64	3.60	3.57	3.55	3.53	3.51	3.49	3.48	3.47	3.46	3.44	3.40	3.38	3.34	3.30	3.27	3.23
8	5.32	4.46	4.07	3.84	3.69	3.58	3.50	3.44	3.39	3.35	3.31	3.28	3.26	3.24	3.22	3.20	3.19	3.17	3.16	3.15	3.11	3.08	3.04	3.01	2.97	2.93
9	5.12	4.26	3.86	3.63	3.48	3.37	3.29	3.23	3.18	3.14	3.10	3.07	3.05	3.03	3.01	2.99	2.97	2.96	2.95	2.94	2.89	2.86	2.83	2.79	2.75	2.71
10	4.96	4.10	3.71	3.48	3.33	3.22	3.14	3.07	3.02	2.98	2.94	2.91	2.89	2.86	2.85	2.83	2.81	2.80	2.79	2.77	2.73	2.70	2.66	2.62	2.58	2.54
11	4.84	3.98	3.59	3.36	3.20	3.09	3.01	2.95	2.90	2.85	2.82	2.79	2.76	2.74	2.72	2.70	2.69	2.67	2.66	2.65	2.60	2.57	2.53	2.49	2.45	2.40
12	4.75	3.89	3.49	3.26	3.11	3.00	2.91	2.85	2.80	2.75	2.72	2.69	2.66	2.64	2.62	2.60	2.58	2.57	2.56	2.54	2.50	2.47	2.43	2.38	2.34	2.30
13	4.67	3.81	3.41	3.18	3.03	2.92	2.83	2.77	2.71	2.67	2.63	2.60	2.58	2.55	2.53	2.51	2.50	2.48	2.47	2.46	2.41	2.38	2.34	2.30	2.25	2.21
14	4.60	3.74	3.34	3.11	2.96	2.85	2.76	2.70	2.65	2.60	2.57	2.53	2.51	2.48	2.46	2.44	2.43	2.41	2.40	2.39	2.34	2.31	2.27	2.22	2.18	2.13
15	4.54	3.68	3.29	3.06	2.90	2.79	2.71	2.64	2.59	2.54	2.51	2.48	2.45	2.42	2.40	2.38	2.37	2.35	2.34	2.33	2.28	2.25	2.20	2.16	2.11	2.07
16	4.49	3.63	3.24	3.01	2.85	2.74	2.66	2.59	2.54	2.49	2.46	2.42	2.40	2.37	2.35	2.33	2.32	2.30	2.29	2.28	2.23	2.19	2.15	2.11	2.06	2.01
17	4.45	3.59	3.20	2.96	2.81	2.70	2.61	2.55	2.49	2.45	2.41	2.38	2.35	2.33	2.31	2.29	2.27	2.26	2.24	2.23	2.18	2.15	2.10	2.06	2.01	1.96
18	4.41	3.55	3.16	2.93	2.77	2.66	2.58	2.51	2.46	2.41	2.37	2.34	2.31	2.29	2.27	2.25	2.23	2.22	2.20	2.19	2.14	2.11	2.06	2.02	1.97	1.92
19	4.38	3.52	3.13	2.90	2.74	2.63	2.54	2.48	2.42	2.38	2.34	2.31	2.28	2.26	2.23	2.21	2.20	2.18	2.17	2.16	2.11	2.07	2.03	1.98	1.93	1.88
20	4.35	3.49	3.10	2.87	2.71	2.60	2.51	2.45	2.39	2.35	2.31	2.28	2.25	2.22	2.20	2.18	2.17	2.15	2.14	2.12	2.07	2.04	1.99	1.95	1.90	1.84
21	4.32	3.47	3.07	2.84	2.68	2.57	2.49	2.42	2.37	2.32	2.28	2.25	2.22	2.20	2.18	2.16	2.14	2.12	2.11	2.10	2.05	2.01	1.96	1.92	1.87	1.81
22	4.30	3.44	3.05	2.82	2.66	2.55	2.46	2.40	2.34	2.30	2.26	2.23	2.20	2.17	2.15	2.13	2.11	2.10	2.08	2.07	2.02	1.98	1.94	1.89	1.84	1.78
23	4.28	3.42	3.03	2.80	2.64	2.53	2.44	2.37	2.32	2.27	2.24	2.20	2.18	2.15	2.13	2.11	2.09	2.08	2.06	2.05	2.00	1.96	1.91	1.86	1.81	1.76
24	4.26	3.40	3.01	2.78	2.62	2.51	2.42	2.36	2.30	2.25	2.22	2.18	2.15	2.13	2.11	2.09	2.07	2.05	2.04	2.03	1.97	1.94	1.89	1.84	1.79	1.73
25	4.24	3.39	2.99	2.76	2.60	2.49	2.40	2.34	2.28	2.24	2.20	2.16	2.14	2.11	2.09	2.07	2.05	2.04	2.02	2.01	1.96	1.92	1.87	1.82	1.77	1.71
26	4.23	3.37	2.98	2.74	2.59	2.47	2.39	2.32	2.27	2.22	2.18	2.15	2.12	2.09	2.07	2.05	2.03	2.02	2.00	1.99	1.94	1.90	1.85	1.80	1.75	1.69
27	4.21	3.35	2.96	2.73	2.57	2.46	2.37	2.31	2.25	2.20	2.17	2.13	2.10	2.08	2.06	2.04	2.02	2.00	1.99	1.97	1.92	1.88	1.84	1.79	1.73	1.67
28	4.20	3.34	2.95	2.71	2.56	2.45	2.36	2.29	2.24	2.19	2.15	2.12	2.09	2.06	2.04	2.02	2.00	1.99	1.97	1.96	1.91	1.87	1.82	1.77	1.71	1.65
29	4.18	3.33	2.93	2.70	2.55	2.43	2.35	2.28	2.22	2.18	2.14	2.10	2.08	2.05	2.03	2.01	1.99	1.97	1.96	1.94	1.89	1.85	1.81	1.75	1.70	1.64
30	4.17	3.32	2.92	2.69	2.53	2.42	2.33	2.27	2.21	2.16	2.13	2.09	2.06	2.04	2.01	1.99	1.98	1.96	1.95	1.93	1.88	1.84	1.79	1.74	1.68	1.62
31	4.16	3.30	2.91	2.68	2.52	2.41	2.32	2.25	2.20	2.15	2.11	2.08	2.05	2.03	2.00	1.98	1.96	1.95	1.93	1.92	1.87	1.83	1.78	1.73	1.67	1.61
32	4.15	3.29	2.90	2.67	2.51	2.40	2.31	2.24	2.19	2.14	2.10	2.07	2.04	2.01	1.99	1.97	1.95	1.94	1.92	1.91	1.85	1.82	1.77	1.71	1.66	1.59
33	4.14	3.28	2.89	2.66	2.50	2.39	2.30	2.23	2.18	2.13	2.09	2.06	2.03	2.00	1.98	1.96	1.94	1.93	1.91	1.90	1.84	1.81	1.76	1.70	1.64	1.58
34	4.13	3.28	2.88	2.65	2.49	2.38	2.29	2.23	2.17	2.12	2.08	2.05	2.02	1.99	1.97	1.95	1.93	1.92	1.90	1.89	1.83	1.80	1.75	1.69	1.63	1.57
35	4.12	3.27	2.87	2.64	2.49	2.37	2.29	2.22	2.16	2.11	2.07	2.04	2.01	1.99	1.96	1.94	1.92	1.91	1.89	1.88	1.82	1.79	1.74	1.68	1.62	1.56
40	4.08	3.23	2.84	2.61	2.45	2.34	2.25	2.18	2.12	2.08	2.04	2.00	1.97	1.95	1.92	1.90	1.89	1.87	1.85	1.84	1.78	1.74	1.69	1.64	1.58	1.51
60	4.00	3.15	2.76	2.53	2.37	2.25	2.17	2.10	2.04	1.99	1.95	1.92	1.89	1.86	1.84	1.82	1.80	1.78	1.76	1.75	1.69	1.65	1.59	1.53	1.47	1.39
120	3.92	3.07	2.68	2.45	2.29	2.18	2.09	2.02	1.96	1.91	1.87	1.83	1.80	1.78	1.75	1.73	1.71	1.69	1.67	1.66	1.60	1.55	1.50	1.43	1.35	1.25
∞	3.84	3.00	2.60	2.37	2.21	2.10	2.01	1.94	1.88	1.83	1.79	1.75	1.72	1.69	1.67	1.64	1.62	1.60	1.59	1.57	1.51	1.46	1.39	1.32	1.22	1.01

附表 7(续)

$$(\alpha = 0.025)$$

n_1 \ n_2	1	2	3	4	5	6	7	8	9	10	11	12	13	14	15	16	17	18	19	20	25	30	40	60	120	∞
1	648	799	864	900	922	937	948	957	963	969	973	977	980	983	985	987	989	990	992	993	998	1001	1006	1010	1014	1018
2	38.51	39.00	39.17	39.25	39.30	39.33	39.36	39.37	39.39	39.40	39.41	39.41	39.42	39.43	39.43	39.44	39.44	39.44	39.45	39.45	39.46	39.46	39.47	39.48	39.49	39.50
3	17.44	16.04	15.44	15.10	14.88	14.73	14.62	14.54	14.47	14.42	14.37	14.34	14.30	14.28	14.25	14.23	14.21	14.20	14.18	14.17	14.12	14.08	14.04	13.99	13.95	13.90
4	12.22	10.65	9.98	9.60	9.36	9.20	9.07	8.98	8.90	8.84	8.79	8.75	8.71	8.68	8.66	8.63	8.61	8.59	8.58	8.56	8.50	8.46	8.41	8.36	8.31	8.26
5	10.01	8.43	7.76	7.39	7.15	6.98	6.85	6.76	6.68	6.62	6.57	6.52	6.49	6.46	6.43	6.40	6.38	6.36	6.34	6.33	6.27	6.23	6.18	6.12	6.07	6.02
6	8.81	7.26	6.60	6.23	5.99	5.82	5.70	5.60	5.52	5.46	5.41	5.37	5.33	5.30	5.27	5.24	5.22	5.20	5.18	5.17	5.11	5.07	5.01	4.96	4.90	4.85
7	8.07	6.54	5.89	5.52	5.29	5.12	4.99	4.90	4.82	4.76	4.71	4.67	4.63	4.60	4.57	4.54	4.52	4.50	4.48	4.47	4.40	4.36	4.31	4.25	4.20	4.14
8	7.57	6.06	5.42	5.05	4.82	4.65	4.53	4.43	4.36	4.30	4.24	4.20	4.16	4.13	4.10	4.08	4.05	4.03	4.02	4.00	3.94	3.89	3.84	3.78	3.73	3.67
9	7.21	5.71	5.08	4.72	4.48	4.32	4.20	4.10	4.03	3.96	3.91	3.87	3.83	3.80	3.77	3.74	3.72	3.70	3.68	3.67	3.60	3.56	3.51	3.45	3.39	3.33
10	6.94	5.46	4.83	4.47	4.24	4.07	3.95	3.85	3.78	3.72	3.66	3.62	3.58	3.55	3.52	3.50	3.47	3.45	3.44	3.42	3.35	3.31	3.26	3.20	3.14	3.08
11	6.72	5.26	4.63	4.28	4.04	3.88	3.76	3.66	3.59	3.53	3.47	3.43	3.39	3.36	3.33	3.30	3.28	3.26	3.24	3.23	3.16	3.12	3.06	3.00	2.94	2.88
12	6.55	5.10	4.47	4.12	3.89	3.73	3.61	3.51	3.44	3.37	3.32	3.28	3.24	3.21	3.18	3.15	3.13	3.11	3.09	3.07	3.01	2.96	2.91	2.85	2.79	2.73
13	6.41	4.97	4.35	4.00	3.77	3.60	3.48	3.39	3.31	3.25	3.20	3.15	3.12	3.08	3.05	3.03	3.00	2.98	2.96	2.95	2.88	2.84	2.78	2.72	2.66	2.60
14	6.30	4.86	4.24	3.89	3.66	3.50	3.38	3.29	3.21	3.15	3.09	3.05	3.01	2.98	2.95	2.92	2.90	2.88	2.86	2.84	2.78	2.73	2.67	2.61	2.55	2.49
15	6.20	4.77	4.15	3.80	3.58	3.41	3.29	3.20	3.12	3.06	3.01	2.96	2.92	2.89	2.86	2.84	2.81	2.79	2.77	2.76	2.69	2.64	2.59	2.52	2.46	2.40
16	6.12	4.69	4.08	3.73	3.50	3.34	3.22	3.12	3.05	2.99	2.93	2.89	2.85	2.82	2.79	2.76	2.74	2.72	2.70	2.68	2.61	2.57	2.51	2.45	2.38	2.32
17	6.04	4.62	4.01	3.66	3.44	3.28	3.16	3.06	2.98	2.92	2.87	2.82	2.79	2.75	2.72	2.70	2.67	2.65	2.63	2.62	2.55	2.50	2.44	2.38	2.32	2.25
18	5.98	4.56	3.95	3.61	3.38	3.22	3.10	3.01	2.93	2.87	2.81	2.77	2.73	2.70	2.67	2.64	2.62	2.60	2.58	2.56	2.49	2.44	2.38	2.32	2.26	2.19
19	5.92	4.51	3.90	3.56	3.33	3.17	3.05	2.96	2.88	2.82	2.76	2.72	2.68	2.65	2.62	2.59	2.57	2.55	2.53	2.51	2.44	2.39	2.33	2.27	2.20	2.13
20	5.87	4.46	3.86	3.51	3.29	3.13	3.01	2.91	2.84	2.77	2.72	2.68	2.64	2.60	2.57	2.55	2.52	2.50	2.48	2.46	2.40	2.35	2.29	2.22	2.16	2.09
21	5.83	4.42	3.82	3.48	3.25	3.09	2.97	2.87	2.80	2.73	2.68	2.64	2.60	2.56	2.53	2.51	2.48	2.46	2.44	2.42	2.36	2.31	2.25	2.18	2.11	2.04
22	5.79	4.38	3.78	3.44	3.22	3.05	2.93	2.84	2.76	2.70	2.65	2.60	2.56	2.53	2.50	2.47	2.45	2.43	2.41	2.39	2.32	2.27	2.21	2.14	2.08	2.00
23	5.75	4.35	3.75	3.41	3.18	3.02	2.90	2.81	2.73	2.67	2.62	2.57	2.53	2.50	2.47	2.44	2.42	2.39	2.37	2.36	2.29	2.24	2.18	2.11	2.04	1.97
24	5.72	4.32	3.72	3.38	3.15	2.99	2.87	2.78	2.70	2.64	2.59	2.54	2.50	2.47	2.44	2.41	2.39	2.36	2.35	2.33	2.26	2.21	2.15	2.08	2.01	1.94
25	5.69	4.29	3.69	3.35	3.13	2.97	2.85	2.75	2.68	2.61	2.56	2.51	2.48	2.44	2.41	2.38	2.36	2.34	2.32	2.30	2.23	2.18	2.12	2.05	1.98	1.91
26	5.66	4.27	3.67	3.33	3.10	2.94	2.82	2.73	2.65	2.59	2.54	2.49	2.45	2.42	2.39	2.36	2.34	2.31	2.29	2.28	2.21	2.16	2.09	2.03	1.95	1.88
27	5.63	4.24	3.65	3.31	3.08	2.92	2.80	2.71	2.63	2.57	2.51	2.47	2.43	2.39	2.36	2.34	2.31	2.29	2.27	2.25	2.18	2.13	2.07	2.00	1.93	1.85
28	5.61	4.22	3.63	3.29	3.06	2.90	2.78	2.69	2.61	2.55	2.49	2.45	2.41	2.37	2.34	2.32	2.29	2.27	2.25	2.23	2.16	2.11	2.05	1.98	1.91	1.83
29	5.59	4.20	3.61	3.27	3.04	2.88	2.76	2.67	2.59	2.53	2.48	2.43	2.39	2.36	2.32	2.30	2.27	2.25	2.23	2.21	2.14	2.09	2.03	1.96	1.89	1.81
30	5.57	4.18	3.59	3.25	3.03	2.87	2.75	2.65	2.57	2.51	2.46	2.41	2.37	2.34	2.31	2.28	2.26	2.23	2.21	2.20	2.12	2.07	2.01	1.94	1.87	1.79
31	5.55	4.16	3.57	3.23	3.01	2.85	2.73	2.64	2.56	2.50	2.44	2.40	2.36	2.32	2.29	2.26	2.24	2.22	2.20	2.18	2.11	2.06	1.99	1.92	1.85	1.77
32	5.53	4.15	3.56	3.22	3.00	2.84	2.71	2.62	2.54	2.48	2.43	2.38	2.34	2.31	2.28	2.25	2.22	2.20	2.18	2.16	2.09	2.04	1.98	1.91	1.83	1.75
33	5.51	4.13	3.54	3.20	2.98	2.82	2.70	2.61	2.53	2.47	2.41	2.37	2.33	2.29	2.26	2.23	2.21	2.19	2.17	2.15	2.08	2.03	1.96	1.89	1.81	1.73
34	5.50	4.12	3.53	3.19	2.97	2.81	2.69	2.59	2.52	2.45	2.40	2.35	2.31	2.28	2.25	2.22	2.20	2.17	2.15	2.13	2.06	2.01	1.95	1.88	1.80	1.72
35	5.48	4.11	3.52	3.18	2.96	2.80	2.68	2.58	2.50	2.44	2.39	2.34	2.30	2.27	2.23	2.21	2.18	2.16	2.14	2.12	2.05	2.00	1.93	1.86	1.79	1.70
40	5.42	4.05	3.46	3.13	2.90	2.74	2.62	2.53	2.45	2.39	2.33	2.29	2.25	2.21	2.18	2.15	2.13	2.11	2.09	2.07	1.99	1.94	1.88	1.80	1.72	1.64
60	5.29	3.93	3.34	3.01	2.79	2.63	2.51	2.41	2.33	2.27	2.22	2.17	2.13	2.09	2.06	2.03	2.01	1.98	1.96	1.94	1.87	1.82	1.74	1.67	1.58	1.48
120	5.15	3.80	3.23	2.89	2.67	2.52	2.39	2.30	2.22	2.16	2.10	2.05	2.01	1.98	1.94	1.92	1.89	1.87	1.84	1.82	1.75	1.69	1.61	1.53	1.43	1.31
∞	5.02	3.69	3.12	2.79	2.57	2.41	2.29	2.19	2.11	2.05	1.99	1.94	1.90	1.87	1.83	1.80	1.78	1.75	1.73	1.71	1.63	1.57	1.48	1.39	1.27	1.01

n_1 / n_2	1	2	3	4	5	6	7	8	9	10	11	12	13	14	15	16	17	18	19	20	25	30	40	60	120	∞
1	4052	4999	5403	5625	5764	5859	5928	5981	6022	6056	6083	6106	6126	6143	6157	6170	6181	6192	6201	6209	6240	6261	6287	6313	6339	6366
2	98.50	99.00	99.17	99.25	99.30	99.33	99.36	99.37	99.39	99.40	99.41	99.42	99.42	99.43	99.43	99.44	99.44	99.44	99.45	99.45	99.46	99.47	99.47	99.48	99.49	99.50
3	34.12	30.82	29.46	28.71	28.24	27.91	27.67	27.49	27.35	27.23	27.13	27.05	26.98	26.92	26.87	26.83	26.79	26.75	26.72	26.69	26.58	26.50	26.41	26.32	26.22	26.13
4	21.20	18.00	16.69	15.98	15.52	15.21	14.98	14.80	14.66	14.55	14.45	14.37	14.31	14.25	14.20	14.15	14.11	14.08	14.05	14.02	13.91	13.84	13.75	13.65	13.56	13.46
5	16.26	13.27	12.06	11.39	10.97	10.67	10.46	10.29	10.16	10.05	9.96	9.89	9.82	9.77	9.72	9.68	9.64	9.61	9.58	9.55	9.45	9.38	9.29	9.20	9.11	9.02
6	13.75	10.92	9.78	9.15	8.75	8.47	8.26	8.10	7.98	7.87	7.79	7.72	7.66	7.60	7.56	7.52	7.48	7.45	7.42	7.40	7.30	7.23	7.14	7.06	6.97	6.88
7	12.25	9.55	8.45	7.85	7.46	7.19	6.99	6.84	6.72	6.62	6.54	6.47	6.41	6.36	6.31	6.28	6.24	6.21	6.18	6.16	6.06	5.99	5.91	5.82	5.74	5.65
8	11.26	8.65	7.59	7.01	6.63	6.37	6.18	6.03	5.91	5.81	5.73	5.67	5.61	5.56	5.52	5.48	5.44	5.41	5.38	5.36	5.26	5.20	5.12	5.03	4.95	4.86
9	10.56	8.02	6.99	6.42	6.06	5.80	5.61	5.47	5.35	5.26	5.18	5.11	5.05	5.01	4.96	4.92	4.89	4.86	4.83	4.81	4.71	4.65	4.57	4.48	4.40	4.31
10	10.04	7.56	6.55	5.99	5.64	5.39	5.20	5.06	4.94	4.85	4.77	4.71	4.65	4.60	4.56	4.52	4.49	4.46	4.43	4.41	4.31	4.25	4.17	4.08	4.00	3.91
11	9.65	7.21	6.22	5.67	5.32	5.07	4.89	4.74	4.63	4.54	4.46	4.40	4.34	4.29	4.25	4.21	4.18	4.15	4.12	4.10	4.01	3.94	3.86	3.78	3.69	3.60
12	9.33	6.93	5.95	5.41	5.06	4.82	4.64	4.50	4.39	4.30	4.22	4.16	4.10	4.05	4.01	3.97	3.94	3.91	3.88	3.86	3.76	3.70	3.62	3.54	3.45	3.36
13	9.07	6.70	5.74	5.21	4.86	4.62	4.44	4.30	4.19	4.10	4.02	3.96	3.91	3.86	3.82	3.78	3.75	3.72	3.69	3.66	3.57	3.51	3.43	3.34	3.25	3.17
14	8.86	6.51	5.56	5.04	4.69	4.46	4.28	4.14	4.03	3.94	3.86	3.80	3.75	3.70	3.66	3.62	3.59	3.56	3.53	3.51	3.41	3.35	3.27	3.18	3.09	3.01
15	8.68	6.36	5.42	4.89	4.56	4.32	4.14	4.00	3.89	3.80	3.73	3.67	3.61	3.56	3.52	3.49	3.45	3.42	3.40	3.37	3.28	3.21	3.13	3.05	2.96	2.87
16	8.53	6.23	5.29	4.77	4.44	4.20	4.03	3.89	3.78	3.69	3.62	3.55	3.50	3.45	3.41	3.37	3.34	3.31	3.28	3.26	3.16	3.10	3.02	2.93	2.84	2.75
17	8.40	6.11	5.18	4.67	4.34	4.10	3.93	3.79	3.68	3.59	3.52	3.46	3.40	3.35	3.31	3.27	3.24	3.21	3.19	3.16	3.07	3.00	2.92	2.83	2.75	2.65
18	8.29	6.01	5.09	4.58	4.25	4.01	3.84	3.71	3.60	3.51	3.43	3.37	3.32	3.27	3.23	3.19	3.16	3.13	3.10	3.08	2.98	2.92	2.84	2.75	2.66	2.57
19	8.18	5.93	5.01	4.50	4.17	3.94	3.77	3.63	3.52	3.43	3.36	3.30	3.24	3.19	3.15	3.12	3.08	3.05	3.03	3.00	2.91	2.84	2.76	2.67	2.58	2.49
20	8.10	5.85	4.94	4.43	4.10	3.87	3.70	3.56	3.46	3.37	3.29	3.23	3.18	3.13	3.09	3.05	3.02	2.99	2.96	2.94	2.84	2.78	2.69	2.61	2.52	2.42
21	8.02	5.78	4.87	4.37	4.04	3.81	3.64	3.51	3.40	3.31	3.24	3.17	3.12	3.07	3.03	2.99	2.96	2.93	2.90	2.88	2.79	2.72	2.64	2.55	2.46	2.36
22	7.95	5.72	4.82	4.31	3.99	3.76	3.59	3.45	3.35	3.26	3.18	3.12	3.07	3.02	2.98	2.94	2.91	2.88	2.85	2.83	2.73	2.67	2.58	2.50	2.40	2.31
23	7.88	5.66	4.76	4.26	3.94	3.71	3.54	3.41	3.30	3.21	3.14	3.07	3.02	2.97	2.93	2.89	2.86	2.83	2.80	2.78	2.69	2.62	2.54	2.45	2.35	2.26
24	7.82	5.61	4.72	4.22	3.90	3.67	3.50	3.36	3.26	3.17	3.09	3.03	2.98	2.93	2.89	2.85	2.82	2.79	2.76	2.74	2.64	2.58	2.49	2.40	2.31	2.21
25	7.77	5.57	4.68	4.18	3.85	3.63	3.46	3.32	3.22	3.13	3.06	2.99	2.94	2.89	2.85	2.81	2.78	2.75	2.72	2.70	2.60	2.54	2.45	2.36	2.27	2.17
26	7.72	5.53	4.64	4.14	3.82	3.59	3.42	3.29	3.18	3.09	3.02	2.96	2.90	2.86	2.81	2.78	2.75	2.72	2.69	2.66	2.57	2.50	2.42	2.33	2.23	2.13
27	7.68	5.49	4.60	4.11	3.78	3.56	3.39	3.26	3.15	3.06	2.99	2.93	2.87	2.82	2.78	2.75	2.71	2.68	2.66	2.63	2.54	2.47	2.38	2.29	2.20	2.10
28	7.64	5.45	4.57	4.07	3.75	3.53	3.36	3.23	3.12	3.03	2.96	2.90	2.84	2.79	2.75	2.72	2.68	2.65	2.63	2.60	2.51	2.44	2.35	2.26	2.17	2.07
29	7.60	5.42	4.54	4.04	3.73	3.50	3.33	3.20	3.09	3.00	2.93	2.87	2.81	2.77	2.73	2.69	2.66	2.63	2.60	2.57	2.48	2.41	2.33	2.23	2.14	2.04
30	7.56	5.39	4.51	4.02	3.70	3.47	3.30	3.17	3.07	2.98	2.91	2.84	2.79	2.74	2.70	2.66	2.63	2.60	2.57	2.55	2.45	2.39	2.30	2.21	2.11	2.01
31	7.53	5.36	4.48	3.99	3.67	3.45	3.28	3.15	3.04	2.96	2.88	2.82	2.77	2.72	2.68	2.64	2.61	2.58	2.55	2.52	2.43	2.36	2.27	2.18	2.09	1.98
32	7.50	5.34	4.46	3.97	3.65	3.43	3.26	3.13	3.02	2.93	2.86	2.80	2.74	2.70	2.65	2.62	2.58	2.55	2.53	2.50	2.41	2.34	2.25	2.16	2.06	1.96
33	7.47	5.31	4.44	3.95	3.63	3.41	3.24	3.11	3.00	2.91	2.84	2.78	2.72	2.68	2.63	2.60	2.56	2.53	2.51	2.48	2.39	2.32	2.23	2.14	2.04	1.93
34	7.44	5.29	4.42	3.93	3.61	3.39	3.22	3.09	2.98	2.89	2.82	2.76	2.70	2.66	2.61	2.58	2.54	2.51	2.49	2.46	2.37	2.30	2.21	2.12	2.02	1.91
35	7.42	5.27	4.40	3.91	3.59	3.37	3.20	3.07	2.96	2.88	2.80	2.74	2.69	2.64	2.60	2.56	2.53	2.50	2.47	2.44	2.35	2.28	2.19	2.10	2.00	1.89
40	7.31	5.18	4.31	3.83	3.51	3.29	3.12	2.99	2.89	2.80	2.73	2.66	2.61	2.56	2.52	2.48	2.45	2.42	2.39	2.37	2.27	2.20	2.11	2.02	1.92	1.81
60	7.08	4.98	4.13	3.65	3.34	3.12	2.95	2.82	2.72	2.63	2.56	2.50	2.44	2.39	2.35	2.31	2.28	2.25	2.22	2.20	2.10	2.03	1.94	1.84	1.73	1.60
120	6.85	4.79	3.95	3.48	3.17	2.96	2.79	2.66	2.56	2.47	2.40	2.34	2.28	2.23	2.19	2.15	2.12	2.09	2.06	2.03	1.93	1.86	1.76	1.66	1.53	1.38
∞	6.63	4.61	3.78	3.32	3.02	2.80	2.64	2.51	2.41	2.32	2.25	2.18	2.13	2.08	2.04	2.00	1.97	1.93	1.90	1.88	1.77	1.70	1.59	1.47	1.32	1.03

附表 7（续）

$$(\alpha = 0.005)$$

n_1 / n_2	1	2	3	4	5	6	7	8	9	10	11	12	13	14	15	16	17	18	19	20	25	30	40	60	120	∞
1	16211	19999	21615	22500	23056	23437	23715	23925	24091	24224	24334	24426	24505	24572	24630	24681	24727	24767	24803	24836	24960	25044	25148	25253	25359	25464
2	198.50	199.00	199.17	199.25	199.30	199.33	199.36	199.37	199.39	199.40	199.41	199.42	199.42	199.43	199.43	199.44	199.44	199.44	199.45	199.45	199.46	199.47	199.47	199.48	199.49	199.50
3	55.55	49.80	47.47	46.19	45.39	44.84	44.43	44.13	43.88	43.69	43.52	43.39	43.27	43.17	43.08	43.01	42.94	42.88	42.83	42.78	42.59	42.47	42.31	42.15	41.99	41.83
4	31.33	26.28	24.26	23.15	22.46	21.97	21.62	21.35	21.14	20.97	20.82	20.70	20.60	20.51	20.44	20.37	20.31	20.26	20.21	20.17	20.00	19.89	19.75	19.61	19.47	19.32
5	22.78	18.31	16.53	15.56	14.94	14.51	14.20	13.96	13.77	13.62	13.49	13.38	13.29	13.21	13.15	13.09	13.03	12.98	12.94	12.90	12.76	12.66	12.53	12.40	12.27	12.14
6	18.63	14.54	12.92	12.03	11.46	11.07	10.79	10.57	10.39	10.25	10.13	10.03	9.95	9.88	9.81	9.76	9.71	9.66	9.62	9.59	9.45	9.36	9.24	9.12	9.00	8.88
7	16.24	12.40	10.88	10.05	9.52	9.16	8.89	8.68	8.51	8.38	8.27	8.18	8.10	8.03	7.97	7.91	7.87	7.83	7.79	7.75	7.62	7.53	7.42	7.31	7.19	7.08
8	14.69	11.04	9.60	8.81	8.30	7.95	7.69	7.50	7.34	7.21	7.10	7.01	6.94	6.87	6.81	6.76	6.72	6.68	6.64	6.61	6.48	6.40	6.29	6.18	6.06	5.95
9	13.61	10.11	8.72	7.96	7.47	7.13	6.88	6.69	6.54	6.42	6.31	6.23	6.15	6.09	6.03	5.98	5.94	5.90	5.86	5.83	5.71	5.62	5.52	5.41	5.30	5.19
10	12.83	9.43	8.08	7.34	6.87	6.54	6.30	6.12	5.97	5.85	5.75	5.66	5.59	5.53	5.47	5.42	5.38	5.34	5.31	5.27	5.15	5.07	4.97	4.86	4.75	4.64
11	12.23	8.91	7.60	6.88	6.42	6.10	5.86	5.68	5.54	5.42	5.32	5.24	5.16	5.10	5.05	5.00	4.96	4.92	4.89	4.86	4.74	4.65	4.55	4.45	4.34	4.23
12	11.75	8.51	7.23	6.52	6.07	5.76	5.52	5.35	5.20	5.09	4.99	4.91	4.84	4.77	4.72	4.67	4.63	4.59	4.56	4.53	4.41	4.33	4.23	4.12	4.01	3.90
13	11.37	8.19	6.93	6.23	5.79	5.48	5.25	5.08	4.94	4.82	4.72	4.64	4.57	4.51	4.46	4.41	4.37	4.33	4.30	4.27	4.15	4.07	3.97	3.87	3.76	3.65
14	11.06	7.92	6.68	6.00	5.56	5.26	5.03	4.86	4.72	4.60	4.51	4.43	4.36	4.30	4.25	4.20	4.16	4.12	4.09	4.06	3.94	3.86	3.76	3.66	3.55	3.44
15	10.80	7.70	6.48	5.80	5.37	5.07	4.85	4.67	4.54	4.42	4.33	4.25	4.18	4.12	4.07	4.02	3.98	3.95	3.91	3.88	3.77	3.69	3.58	3.48	3.37	3.26
16	10.58	7.51	6.30	5.64	5.21	4.91	4.69	4.52	4.38	4.27	4.18	4.10	4.03	3.97	3.92	3.87	3.83	3.80	3.76	3.73	3.62	3.54	3.44	3.33	3.22	3.11
17	10.38	7.35	6.16	5.50	5.07	4.78	4.56	4.39	4.25	4.14	4.05	3.97	3.90	3.84	3.79	3.75	3.71	3.67	3.64	3.61	3.49	3.41	3.31	3.21	3.10	2.98
18	10.22	7.21	6.03	5.37	4.96	4.66	4.44	4.28	4.14	4.03	3.94	3.86	3.79	3.73	3.68	3.64	3.60	3.56	3.53	3.50	3.38	3.30	3.20	3.10	2.99	2.87
19	10.07	7.09	5.92	5.27	4.85	4.56	4.34	4.18	4.04	3.93	3.84	3.76	3.70	3.64	3.59	3.54	3.50	3.46	3.43	3.40	3.29	3.21	3.11	3.00	2.89	2.78
20	9.94	6.99	5.82	5.17	4.76	4.47	4.26	4.09	3.96	3.85	3.76	3.68	3.61	3.55	3.50	3.46	3.42	3.38	3.35	3.32	3.20	3.12	3.02	2.92	2.81	2.69
21	9.83	6.89	5.73	5.09	4.68	4.39	4.18	4.01	3.88	3.77	3.68	3.60	3.54	3.48	3.43	3.38	3.34	3.31	3.27	3.24	3.13	3.05	2.95	2.84	2.73	2.61
22	9.73	6.81	5.65	5.02	4.61	4.32	4.11	3.94	3.81	3.70	3.61	3.54	3.47	3.41	3.36	3.31	3.27	3.24	3.21	3.18	3.06	2.98	2.88	2.77	2.66	2.55
23	9.63	6.73	5.58	4.95	4.54	4.26	4.05	3.88	3.75	3.64	3.55	3.47	3.41	3.35	3.30	3.25	3.21	3.18	3.15	3.12	3.00	2.92	2.82	2.71	2.60	2.48
24	9.55	6.66	5.52	4.89	4.49	4.20	3.99	3.83	3.69	3.59	3.50	3.42	3.35	3.30	3.25	3.20	3.16	3.12	3.09	3.06	2.95	2.87	2.77	2.66	2.55	2.43
25	9.48	6.60	5.46	4.84	4.43	4.15	3.94	3.78	3.64	3.54	3.45	3.37	3.30	3.25	3.20	3.15	3.11	3.08	3.04	3.01	2.90	2.82	2.72	2.61	2.50	2.38
26	9.41	6.54	5.41	4.79	4.38	4.10	3.89	3.73	3.60	3.49	3.40	3.33	3.26	3.20	3.15	3.11	3.07	3.03	3.00	2.97	2.85	2.77	2.67	2.56	2.45	2.33
27	9.34	6.49	5.36	4.74	4.34	4.06	3.85	3.69	3.56	3.45	3.36	3.28	3.22	3.16	3.11	3.07	3.03	2.99	2.96	2.93	2.81	2.73	2.63	2.52	2.41	2.29
28	9.28	6.44	5.32	4.70	4.30	4.02	3.81	3.65	3.52	3.41	3.32	3.25	3.18	3.12	3.07	3.03	2.99	2.95	2.92	2.89	2.77	2.69	2.59	2.48	2.37	2.25
29	9.23	6.40	5.28	4.66	4.26	3.98	3.77	3.61	3.48	3.38	3.29	3.21	3.15	3.09	3.04	2.99	2.95	2.92	2.88	2.86	2.74	2.66	2.56	2.45	2.33	2.21
30	9.18	6.35	5.24	4.62	4.23	3.95	3.74	3.58	3.45	3.34	3.25	3.18	3.11	3.06	3.01	2.96	2.92	2.89	2.85	2.82	2.71	2.63	2.52	2.42	2.30	2.18
31	9.13	6.32	5.20	4.59	4.20	3.92	3.71	3.55	3.42	3.31	3.22	3.15	3.08	3.03	2.98	2.93	2.89	2.86	2.82	2.79	2.68	2.60	2.49	2.38	2.27	2.14
32	9.09	6.28	5.17	4.56	4.17	3.89	3.68	3.52	3.39	3.29	3.20	3.12	3.06	3.00	2.95	2.90	2.86	2.83	2.80	2.77	2.65	2.57	2.47	2.36	2.24	2.11
33	9.05	6.25	5.14	4.53	4.14	3.86	3.66	3.49	3.37	3.26	3.17	3.09	3.03	2.97	2.92	2.88	2.84	2.80	2.77	2.74	2.62	2.54	2.44	2.33	2.21	2.09
34	9.01	6.22	5.11	4.50	4.11	3.84	3.63	3.47	3.34	3.24	3.15	3.07	3.01	2.95	2.90	2.85	2.81	2.78	2.75	2.72	2.60	2.52	2.42	2.30	2.19	2.06
35	8.98	6.19	5.09	4.48	4.09	3.81	3.61	3.45	3.32	3.21	3.12	3.05	2.98	2.93	2.88	2.83	2.79	2.76	2.72	2.69	2.58	2.50	2.39	2.28	2.16	2.04
40	8.83	6.07	4.98	4.37	3.99	3.71	3.51	3.35	3.22	3.12	3.03	2.95	2.89	2.83	2.78	2.74	2.70	2.66	2.63	2.60	2.48	2.40	2.30	2.18	2.06	1.93
60	8.49	5.79	4.73	4.14	3.76	3.49	3.29	3.13	3.01	2.90	2.82	2.74	2.68	2.62	2.57	2.53	2.49	2.45	2.42	2.39	2.27	2.19	2.08	1.96	1.83	1.69
120	8.18	5.54	4.50	3.92	3.55	3.28	3.09	2.93	2.81	2.71	2.62	2.54	2.48	2.42	2.37	2.33	2.29	2.25	2.22	2.19	2.07	1.98	1.87	1.75	1.61	1.43
∞	7.88	5.30	4.28	3.72	3.35	3.09	2.90	2.74	2.62	2.52	2.43	2.36	2.29	2.24	2.19	2.14	2.10	2.06	2.03	2.00	1.88	1.79	1.67	1.53	1.36	1.01

参 考 文 献

[1] 盛骤，谢式千，潘承毅. 概率论与数理统计. 4 版. 北京：高等教育出版社，2008.

[2] 孙荣恒. 趣味随机问题. 北京：科学出版社，2004.

[3] 华中科技大学数学系. 概率论与数理统计. 3 版. 北京：高等教育出版社，2003.

[4] 盛骤，谢式千. 概率论与数理统计及其应用. 北京：高等教育出版社，2004.

[5] 吴传生. 经济数学——概率论与数理统计. 2 版. 北京：高等教育出版社，2004.

[6] 丁正生. 概率论与数理统计简明教程. 北京：高等教育出版社，2005.

[7] 王松桂，张忠占，等. 概率论与数理统计. 北京：科学出版社，2006.

[8] 李博纳. 概率论与数理统计. 北京：高等教育出版社，2006.

[9] 杨荣，郑文端. 概率论与数理统计. 北京：清华大学出版社，2007.

[10] 韩明. 概率论与数理统计. 上海：同济大学出版社，2004.

[11] 吴赣昌. 概率论与数理统计. 4 版. 北京：人民大学出版社，2006.

[12] 贾怀勤. 应用统计学. 4 版. 北京：外经贸大学出版社，2006.

[13] 曹振华，赵平. 概率论与数理统计. 南京：东南大学出版社，2007.

[14] 沈恒范. 概率论与数理统计教程. 4 版. 北京：高等教育出版社，2003.

[15] 周概容. 概率论与数理统计. 北京：高等教育出版社，2008.

[16] 王玉孝，姜炳麟，汪彩云. 概率论、随机过程与数理统计. 北京：北京邮电大学出版社，2008.

[17] 韩旭里，张宏伟. 概率论与数理统计. 长沙：国防科技大学出版社，2005.

[18] 赵秀恒，米立民. 概率论与数理统计. 北京：高等教育出版社，2008.

[19] 李昌兴. 概率论与数理统计辅导. 西安：陕西教育出版社，2009.

[20] 李昌兴. 概率统计简明教程——重点 难点 考点辅导与精析. 西安：西北工业大学出版社，2010.

[21] 袁卫. 统计学. 3 版. 北京：高等教育出版社，2010.

[22] 王明慈，沈恒范. 概率论与数理统计. 2 版. 北京：高等教育出版社，2007.